U0036248

2018年綠色殯葬論壇學術研討會論文集

Proceedings of the 2018 Symposium on Green Funeral

王慧芬◎主編

王治國、王琛發、郭慧娟、趙志國、邱達能、
盧　軍、胡立中、潘衛良、馮月忠、楊盈璋、
陳伯瑋、曾煥棠、黃棟銘、張秀菊、郭燦輝、
李慧仁、郭宇銨、王清華、黃玉鈴、何冠妤、
徐廷華、詹坤金、涂進財、黃勇融、楊雅玲、
魏君曲、張孟桃、鄧明宇、英俊宏、顏鴻昌、
李佳諭、康美玲、張文玉◎著

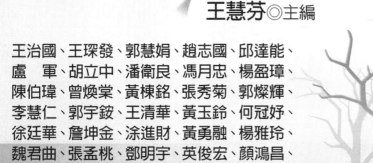

2018綠色殯葬論壇學術研討會論文集的出版，感謝福壽文創學院及馮月忠建築師事務所的支持贊助，特此致謝！

主編序

　　環保意識的抬頭，綠色環保成為世界潮流，為了追求地球永續的存在，世界各國政府乃至各行各業也紛紛配合這股潮流發展，最傳統的殯葬產業也不例外。因應此一需求，作為台灣第一所殯葬專業科系的仁德醫護管理專科學校生命關懷事業科，特於2018年10月27-28日舉辦了「2018年綠色殯葬論壇學術研討會」。會中邀集了來自台灣、日本、中國與馬來西亞等地殯葬產業、學術界，以及各領域之專家學者，共同針對綠色殯葬、產業創新發展、殯葬文化等議題進行專業或跨領域的思考與分析，並共謀發展。

　　2018年綠色殯葬論壇學術研討會論文集中所收錄的論文大致可以分為四個大主軸：一、亞洲各國綠色殯葬的推動情況；二、綠色殯葬實務與創新；三、中華殯葬文化研究與省思；四、多元宗教關懷與殯葬儀節。

　　第一大主軸是亞洲各國綠色殯葬的推動情況，有區域跨國性台灣、日本、馬來西亞與中國等地綠色殯葬推動、生態殯葬改革、南洋華人殯葬的探討與研究；亦有以環保自然葬為專題，探究其發展與困境，集結產官學三方的不同視角，更具有指標性。第二主軸是綠色殯葬實務與創新，此一主軸深具創新、跨領域思考特色，從不同領域切入殯葬實務，如強調傳承家風的文化陵園規劃、綠色建築設計理念的殯葬設施、創新綠色葬具研發與綠色葬法、個人化創新告別式的設計、芳療在遺體處理運用層面、成套服務商業模式在殯葬服務的運用等新觀點的提出、新詮釋與新構築。第三主軸中華殯葬文化研究與省思，有跪拜禮連貫古今演變的嚴謹考證論述，從周、漢、唐、宋到明清，以及現代儀節變易溯源。或是專論唐代官修禮書重葬祭的教化意義；以及唐代道家影響下厚葬文化等等殯葬文化議題。最後一個主軸為殯葬儀節與多元宗教關懷，儒家、墨家與佛教的殯葬生死觀、台灣多元宗教與殯葬、悲傷輔導與文化撫慰等議題進行古今時空對話與重新詮釋。研究者直探

各家思想與中華殯葬文化源頭,進行跨越古今時空對話,重新詮釋與賦予中華殯葬文化新時代意義;或從多元宗教儀節、祭拜到追思等進行時代思考,或從心理學切入的角度,重新省思殯葬禮儀的現代意義。

　　各篇論文從不同的領域與視角切入,提供了綠色殯葬的新啟發與跨領域的視角,且融入新時代變革與創新元素,賦予殯葬新詮釋與新建構。期許經由這些論文的提出讓我們思索殯葬產業未來前景,重新省思中華殯葬文化的深刻底蘊與時代精神,同時也希望能作為政府推動綠色殯葬政策時參考之用。

王慧芬 謹識

目　錄

1

中國傳統跪拜禮數考——
兼論「禮」的繁簡演變

王治國

中國長沙民政職業技術學院殯儀學院榮譽院長

一、禮的界說

兩條狗相見時，會以搖尾巴表示親熱，以齜牙咧嘴表示敵意；兩隻猩猩之間會以相互梳毛、捉蝨子表示友好，弱者會以低身俯首等示弱的方式向強者討好，承認強者的地位等。這就是動物界的「禮儀性」行為，人類的禮儀就是從這裡發展起來的，並將禮儀發展到國家制度和社會禮俗的層面，旨在維持一種等差有序的社會關係格局。中國傳統的「禮」是周禮。據儒家的說法，是西周時代由周公制定（「制禮作樂」），周公對夏禮和商禮進行損（減少）益（增加）而制定了周禮。本文從禮節的角度討論禮的繁簡演變。

禮之用，一是用於對天地、祖宗、山川河澤神靈等超感覺對象的溝通；二是用於人際交往。人們透過這些禮，表達自己的虔誠與敬意。我們從如下三方面理解禮的結構：

1.程序禮：就是禮的操作中的儀式規範，如婚禮、喪祭禮的程序規範。
2.物化禮：就是為表達禮意而貢獻的物品，如供品。
3.肢體禮：就是為表達禮意而做出的身體動作（「儀」），如跪拜。

本文僅討論肢體禮。所謂「跪拜禮數」，指行跪拜禮時的叩頭次數。就是討論中國歷史上行跪拜禮時次數不斷增加的演變情況。文章篇幅有限，故只能止於淺層次的討論。

二、跪拜等禮節淺述

兩漢以前，華夏尚無桌、椅，人們席地而坐。那時，「坐」就是將屁股擱在自己的腳後跟上（類似今天日本、韓國人坐姿）；「跪」相當於有客人來了，便將身體稍升起、雙膝著地、身體向前傾一傾，算是打一個招呼禮；「拜」是「伸腰及股而勢危者為跪，因跪而益致其恭，以頭著地為拜。」（張自烈《正字通・足部》，引朱熹《坐跪拜說》）所謂「勢危」就是身體前傾，即「拜」是頭至地。另一說，「拜」是下跪後兩手拱合，俯頭至手與

心平。因為頭不至地而至手，故又稱為「空首」，也稱為「拜手」，簡稱為「拜」。孫詒讓釋曰：「凡經典男子行禮單言拜者，皆即空首，詳言之則曰拜手，略言之則曰拜。」（《周禮正義》卷四九）這二者之間的差異與本文主旨無關，故存而不論。

拜禮是當時通常的禮儀，相當於後世的鞠躬禮。「古人之拜，如今之鞠躬。」（顧炎武《日知錄》卷二十八「百拜」）

「稽顙」即跪著以頭觸地。它是先秦、兩漢時最重的禮節，用於對天地、對父母、臣對君等。顙，額頭。稽，停留。稽顙就是以頭叩地，還要停留一下，以示極敬之意。

古代還有「揖」，是站著行拱手禮。《史記·高祖本記》：「酈生不拜，長揖。」酈生見了劉邦不稽顙磕頭，而是雙手抱拳作揖打拱，行平輩人禮。「長揖」就是拱手高舉、自上而下行相見禮。長揖比一般的揖又顯得客氣一點，大約類似於老朋友見面行禮。《漢書·周勃傳》：天子「至中營，將軍（周）亞夫揖曰：『介胄之士不拜，請以軍禮見。』」此指軍營中糾糾武人身穿甲胄，見了天子，不方便行拜禮，就變通一下，站著行拱手禮。揖是站著行平輩禮，跪是坐著行平輩禮，兩者的輕重大體相當。

上述次序大體是：坐－跪－拜－揖－稽顙。坐是比較正式場合的相處姿勢。但這樣坐久了會很累，因而獨處時，人就會將兩腿伸直，形似一隻簸箕，故稱「箕踞」。面對客人時，這是一種非常無禮的坐姿。《莊子·至樂》：莊子妻死，惠子往吊，「莊子則方箕踞鼓盆而歌。」妻子死了，莊子箕踞坐地、又唱歌，這是非常無禮的行為。

中國人是魏晉南北朝時期開始普遍流行桌子、椅子、方凳、圓凳、床等高位傢俱。「隋唐時代傢俱的一個顯著變化，是桌子和椅子的廣泛使用。」「桌椅的廣泛使用，不僅改變了多年來形成的席地而坐的習慣，而且也引起了人們其他生活習慣的改變。」（參見上海古籍出版社《中國文化史三百題》59題「我國古代有哪些傢俱？」，1987年11月）由於坐高位椅子，從前的坐姿及跪拜禮就發生了變化：「跪」必須從椅子上起來，雙膝著地；「拜」則雙手伏地，以頭觸地（即叩首、磕頭）。跪不一定拜，拜則必須跪，拜重於跪，兩者均表示臣服。後世多「跪拜」連用，相當於從前的「稽

顙」，稽顙二字反而很少使用了。因而，唐以後文獻中的「跪」、「拜」就成了秦漢以前的「稽顙」，以頭叩地。有時叩得頭「嘭嘭」響，民間稱為「磕響頭」。

　　古時沒有錄影設備，古人也沒有將這些禮節的演變過程畫下來，我們只能從文獻以及一些當時墓葬的磚畫、壁畫上去理解。這就很難免不產生理解上的歧義，如從前的拜，頭是否碰到地就是其一。漢代學者對先秦文獻進行注釋、唐代學者又對兩漢的文獻進行注疏、明清學者對從前的文獻全部進行注釋（如《十三經注疏》），就因為後人已經看不太懂前人的文獻了。

　　跪拜或叩首是重禮節，各時代跪拜的次數不同，當然跪拜次數多禮節就更重。當然次數最多因而最重的跪拜禮節（比如明代的五跪三拜、清代的三跪叩頭禮）只施於天地、父母、祖宗神靈、皇帝等特殊對象。本文也正是從這一視角討論中國跪拜禮節的演變。

東漢畫像石：講學圖。均席地而坐

古人招待客人：席地而坐

《麟堂秋宴圖》（局部），圖中坐具為「交椅」。明・尤子求繪

現代人坐於椅子上

三、「周禮」中的跪拜禮節

(一)《儀禮》的情況

　　《儀禮》共十七篇，冠、婚、喪、祭四禮，另有《士相見禮》、《鄉飲酒禮》、《鄉射禮》等平時一般民俗活動的禮儀，記載了大量的「揖」、「拜」、「再拜」、「再拜稽顙」。由於當時人們席地而坐，因而顧炎武說「古人之拜如今之鞠躬」。

◆ 《儀禮‧士冠禮》

　　周禮中「冠、婚、喪、祭」被認為是人生最重要的四大禮儀。我們看冠禮中的肢體禮儀。

　　主人（被加冠禮的父親）迎接主賓（主持加冠禮人）「三揖，至於階。」從大門進來，主人對主賓揖（拱手）一次，引向右行；再左轉，主人又對賓揖一次；進到祖廟台階前，主人再揖一次，引主賓登階進入祖廟之堂。一共是三揖。這是平輩人之間行禮，後世相沿，迄今仍大體如此。

　　加冠完成，加冠子見母親。「（冠者）北面見於母，母拜，受（脯肉），子拜，送，母又拜。」即兒子在堂下面朝北（拜）見母親，母親拜，接受兒子送的脯肉（敬過祖宗的，視為福肉）；兒子對母親行拜禮，送母親離開，母親對兒子行拜禮。這裡，兒子行一拜禮、母親行兩拜禮。古代，婦女與男子行禮，女先拜，男答拜，女又拜，謂之「俠拜」。俠者，夾也。這是嫡長子行冠禮，他將來要承宗廟的，代表祖宗，故母親仍以俠拜回拜。

　　主人送主賓出來。「賓出，主人送于外門外，再拜，歸賓俎。」主人送主賓到大門外，向他行「再拜禮」，拜兩次，送脯肉給主賓。（引者注：為區別此「賓」與一般贊禮之賓，有時譯為「主賓」。）

◆ 《儀禮‧士昏禮》

　　新郎去新娘家迎取新娘，「主人玄端迎於門外，西面，再拜。賓東面答拜。主人揖入，賓執雁從。至於廟門，揖入，三揖至於階。三讓，主人升，

西面。賓升，北面，奠雁，再拜稽首。」這是說，岳父大著黑色禮服在自家大門東側迎接，新郎從東側過來，岳父面朝西，對新郎行「再拜禮」；新郎面朝東向岳父回拜禮。然後，岳父引新郎上祖廟行禮，每拐一個彎就行一個揖手禮，一共行了三次揖手禮。在祖廟門口謙讓三次，岳父先登上台階進入祖廟堂上，面朝西；新郎接著進入，面朝北（面對女方祖宗的神靈牌位），呈上雁（表達「信」之禮物），行再拜稽顙禮。這個重禮是獻給新娘的祖宗神靈的，感謝他們送給自己一位如意新娘。

◆ 《儀禮・士喪禮》

《儀禮・士喪禮》：「吊者致命，主人哭，拜，稽顙成踴。」人家來弔喪，孝子對頭人家哭、拜、叩首，然後踴（頓足、跳躍），表達感謝和自己的悲痛。

《儀禮》中的其他篇章的描述大體如此。一揖、一拜、兩拜、加稽顙就到了最重之禮，並不繁瑣。不再引述。

(二)《禮記》的情況

《禮記・雜記下》：「焚，孔子拜鄉人為火來者。拜之，士一，大夫再。亦相吊之道也。」這是說，孔子家的馬廄失火，孔子向為失火而來慰問的鄉人行一拜禮，表示感謝。對士人（級別）行一拜禮；對大夫（級別）行兩拜禮。這也是相互弔問的行禮原則。

四、漢代祭天、大喪行再拜禮

建武三十年（54年），光武帝泰山祭天，「事畢，皇帝再拜，群臣稱萬歲。」行再拜禮。《後漢書・志第七・祭祀上・封禪》

皇帝崩，下葬時，從至墓穴者「皆再拜」；「皇帝進跪，臨羨道房戶，西向」；「太常跪曰：『皇帝敬再拜，請哭。』」這是國喪兼親喪，新皇帝及百官行再拜禮。《後漢書・志第六・禮儀下・大喪》

祭天、大喪均國家大禮，行最重之禮，再拜為當時最重之禮節無疑。禮儀程序，文多不引。

五、唐代皇帝祭天、大喪行再拜禮

(一)皇帝祭天行禮

《大唐開元禮》卷第四「吉禮」：皇帝冬至圓丘祭天、皇帝正月上辛於圓丘祈穀，均行「再拜」禮。

「奠玉帛」程序時，「皇帝至版位，西向立。每立定，太常卿與博士退立于左。謁者、贊引各引祀官次入就位，立定。太常卿前奏稱：『請再拜。』退，復位。皇帝再拜。奉禮曰：『眾官再拜。』眾官在位者皆再拜。其先拜者不拜。」

「奠玉帛」有三個儀節，皇帝均行再拜禮，共三次。「進熟」程序亦如此。陪同皇帝參加祭祀的大臣亦行再拜禮。禮儀程序，文多不引。

(二)皇帝大喪行禮

元陵是唐代宗陵名。唐代宗大曆十四年（779年）崩，十月己酉葬入元陵。顏真卿為禮儀使，總持喪儀全過程，並編定《元陵儀注》。這是唐代人記錄唐代的禮儀。大喪，皇帝崩，新皇帝以孝子兼繼承人身分治喪。此為家喪兼國喪，備極隆重，禮儀規格最高最重，與祭天同。引如下：

大斂：（各人「依班序立」）「侍中版奏『外辦』，內高品扶皇帝就位立定，典儀曰『再拜』，禮儀使奏請『再拜』，皇帝哭踊再拜，在位者皆哭踊再拜，十五舉聲。禮儀使奏請『止哭』，內外皆止哭。」

整個大喪，迄至小祥、大祥、禫，釋服從吉，凡跪拜處，至重處亦是「再拜、哭踊」。這是是唐代最重之禮節。文多不引。

六、《朱子家禮》、《宋史》中的再拜禮

《朱子家禮》是中國傳統文化（宋明理學形態）最近的民俗經典，影響中國民俗領域六百餘年，迄至清末，並傳播到日本、朝鮮與東南亞。我們看其中的肢體禮節。

(一)冠禮

「賓至，主人迎入，升堂。」儐者入告主人，主人出門左，西向再拜，賓答拜。主人揖贊者，贊者報揖。主人遂揖而行，賓、贊從之。入門，分庭而行，揖讓而至階，又揖讓而升。這是說，襄助人告訴主人，行加冠禮的主賓來了，父親就到大門口迎接，面朝西、行再拜禮，就是磕兩個頭。主賓答拜禮。

「主人以冠者見於祠堂。」「冠者進立於兩階間，再拜。」父親帶著加冠的兒子去祠堂謁見祖宗神靈，行再拜禮。

(二)婚禮

「遂醮其子，而命之迎。」「又再拜。進詣父坐前，東向跪。」這是說，兒子要去迎娶新娘前，父子向他囑咐並敬一杯酒。兒子行再拜禮。

「主人出迎，婿入，奠雁。」「婿升自西階，北向跪，置雁於地。主人侍者受之。婿俛伏，興，再拜。主人不答拜。」這是說，新郎到了女方家，主人（即岳父）迎入自家祠堂（即祖廟）去拜祖宗。新郎在這裡行再拜禮，岳父不答拜。與周禮中的婚禮大體相同。

(三)喪禮

「朝奠」。「主人以下再拜，哭盡哀。」朝奠就是給死者上早飯禮，還有「食時上食」、「夕奠」。按照「事死如事生」，生者一日三餐，死者也要三奠飯。三奠時，孝長子（主人）以下都行再拜禮。

(四)祭祖

　　四時祭：族長（主人）帶領族內眾人於祠堂內祭祀祖先。「既得日，祝開中門，主人以下北向立，如朔望之位，皆再拜。」「主人再拜，降，復位，與在位者皆再拜。祝闔門。」整個過程均為再拜禮節。

　　冠婚喪祭，是中國傳統文化中四項最重要的人生禮儀，用的是最重的禮節，即再拜禮。《朱子家禮》是具有憂患意識、以天下為己任的宋代儒學大家們的力圖「復古」之作，故用「再拜」作為最重之禮節。

　　（北宋張載《張子語錄·中》：「為天地立心，為生民立命，為往聖繼絕學，為萬世開太平。」此語錄被後世傳播極廣，影響至深，也是理解宋明理學的一個理論關鍵點。）

(五)宋代南郊祭天行再拜禮

　　《宋史·志第五十二·禮二（吉禮二）》詳細記載了宋代皇家南郊祭天的禮儀情況。北宋仁宗天聖五年（1027年），「帝再拜，還內。」「尚儀奏：『請皇太后禦坐！』司賓贊：『再拜！』」其餘參加者均行「再拜」禮，即叩頭兩次。

　　禮儀程序，文多不引。

七、元代大禮行三叩頭

　　《元史·卷六十七·志第十八·禮樂一》：「制朝儀始末：世祖至元八年（1271年）秋八月己未，初起朝儀。」

　　「元正受朝儀」：就是農曆大年初一，皇帝上朝與百官見面，接受朝賀並分享新年快樂（然後宴饗群臣）。禮儀分別為：進朝時「鞠躬」，曰「平身」；引至丹墀拜位，知班報班齊。宣贊唱曰「拜」；通贊贊曰「鞠躬」；曰「拜」，曰「興」；曰「拜」，曰「興」，曰「都點檢稍前」。宣贊報曰「聖躬萬福」，通贊贊曰「復位」；曰「拜」，曰「興」；曰「拜」，曰「興」；

曰「平身」，曰「摺笏」，曰「鞠躬」，曰「三舞蹈」，曰「跪左膝，三叩頭」；曰「山呼」，曰「山呼」，曰「再山呼」。注曰：凡傳「山呼」，控鶴呼噪應和曰「萬歲」，傳「再山呼」，應曰「萬萬歲」。後仿此。

這是新年初一皇帝與大臣們見面並接受其朝賀的儀式。皇帝正式出場時，最高禮節是「三舞蹈」、「三叩頭」，然後三呼「萬歲」。當禮官傳「山呼」時，控鶴官就引領百官呼噪一聲「萬歲」！又傳「山呼」時，又呼噪一聲「萬歲」！！「再山呼」時，再呼噪一聲「萬萬歲」！！！「控鶴」是皇帝宿衛近侍之官，儀式上他們負責引導山呼「萬歲」。儀式程序，文多不引。順言之，大陸神州「文革」中，祝「偉大領袖」「萬歲！萬歲！！萬萬歲！！！」祝「誰誰副統帥永遠健康！永遠健康！！永遠健康！！！」這些都不是無源之水、無根之木，而是有文化傳統根源的。

其他大儀，如天壽聖節受朝儀、郊廟禮成受賀儀、皇帝即位受朝儀、群臣上皇帝尊號禮成受朝賀儀、冊立皇后儀、冊立皇太子儀、太皇太后上尊號進冊寶儀、皇太后上尊號進冊寶儀、太皇太后加上尊號進冊寶儀等，這些「國家級」儀式，均「並同元正受朝儀」或「同前儀」，即用上述儀節。

八、明代祭天、大喪行禮

明代至重儀節是五拜三叩頭。

(一)明初制禮

◆ 常朝儀

「古禮，天子有外朝、內朝、燕朝。漢宣帝五日一朝。唐制，天子日御紫宸殿見群臣曰『常參』，朔望御宣政殿見群臣曰『入閣』。宋則侍從官日朝垂拱謂之『常參』，百司五日一朝紫宸為『六參』，在京朝官朔望朝紫宸為『朔參』、『望參』。

明洪武三年定制，朔望日，帝皮弁服御奉天殿，百官朝服於丹墀東西，再拜。班首詣前，同百官鞠躬，稱『聖躬萬福』。復位，皆再拜，分班對

立。省府台部官有奏，由西階升殿。奏畢降階，百官出。十七年，罷朔望起居禮。後更定，朔望御奉天殿，常朝官序立丹墀，東西向，謝恩見辭官序立奉天門外，北向。升座作樂。常朝官一拜三叩頭，樂止，複班。謝恩見辭官序立奉天門外，北向。升座作樂。常朝官一拜三叩頭，樂止，複班。謝恩見辭官於奉天門外，五拜三叩頭畢，駕興。」（《明史卷五十三·志第二十九·禮七（嘉禮一）》）

　　常朝是臣子對皇帝的一般朝見儀式，最高為「五拜三叩頭」，源於明初洪武三年（1371年）制定的朝儀。

(二)大喪行五拜三叩頭

　　《明會典》卷之九十六、禮部五十四，皇帝崩「大喪禮」：

　　洪武三十一年（1398年），高皇帝喪禮。永樂二十二年（1424年），文皇帝喪禮。「遺詔：喪禮一遵洪武舊制。」「部議：宮中自皇太子以下，成服日為始，服斬衰二十七月而除；親王、世子、郡王及王妃、世子妃、郡王妃、公主、郡主以下，聞喪皆哭盡哀。行五拜三叩頭禮。」「在京文武官初聞喪，素服、烏紗帽、黑角帶，明日清晨，詣思善門外哭，五拜三叩首，退，各置斬衰服，於本衙門宿歇。不飲酒、不食肉。」

　　明代朱元璋、朱棣的大喪，皇太子（新皇帝）以下均行「五拜三叩首」禮了。

(三)祭天行一拜三叩頭

　　嘉靖朝，皇帝於圜丘祭天，備極隆重。「是日質明，帝常服詣奉天殿，行一拜三叩頭禮。」「百官行一拜三叩頭，禮畢，還宮。」（《明史卷四十八·志第二十四·禮二（吉禮二）》）

　　嘉靖朝在武宗朝之後，圜丘祭天亦是國家大禮，這裡一拜三叩頭為至重禮，不知何故。

(四)祭祖

明孝宗崩，武宗繼立，「禮部始進奉安孝肅神主儀」。「（神位前）帝行五拜三叩頭禮」「太皇太后以下四拜」。新皇帝兒子對亡父皇帝行禮，五拜三叩頭；太皇太后是孝宗的母親，行四拜禮。其他人大體上按身分行此兩類禮節。儀式程序，文多不引。（明史·卷五十二·禮六）

「奉先殿」：即在太廟中祭祀先祖神靈。「嘉靖十四年，定內殿之祭並禮儀。清明、中元、聖誕、冬至、正旦，有祝文，樂如宴樂。兩宮壽旦，皇后並妃嬪生日，皆有祭，無祝文、樂。立春、元宵、四月八日、端陽、中秋、重陽、十二月八日，皆有祭，用時食。舊無祝文，今增告詞。舊儀，但一室一拜，至中室跪祝畢，又四拜，焚祝帛。今就位四拜，獻帛爵，祝畢，後妃助亞獻，執事終獻，撤饌又四拜。」（明史·卷五十二·禮六）此時，全部行四拜禮，即磕頭四次。行禮開始一次，結束時一次。

武宗時仍行五拜三叩頭；「嘉靖十四年，定內殿之祭並禮儀。」透露出明朝廷修改了內廷的禮儀，這裡是行四叩頭禮。

九、三跪九叩首禮出於清代

《大清通禮·卷之一·吉禮》「南郊郊天」。

「皇帝詣案前，次第恭閱，畢，行一跪三拜禮，興，復位立。」這是皇帝檢查獻給神靈的各種祭品，行一跪三叩首禮。「皇帝行三跪九拜禮，王公、百官均隨行禮，興，樂止。」這是正式開始祭天。後面多處行三跪九叩首禮。拜即叩首，三跪九拜就是跪三次、磕九個頭。

清·昭槤《嘯亭雜錄·內務府定制》：「福晉父率闔族謝恩，行三跪九叩禮。」福晉即夫人，是滿清皇室宗親貴婦人的尊號，稱親王、郡王之妻。此是福晉之父率一族人對皇帝的恩賜行三跪九叩首大禮。清代設內務府，總管皇室諸事務，下屬「掌儀司」，負責掌管禮儀，什麼情況行一叩禮、行一跪三叩禮、行三跪九叩禮，如何回禮等，都有詳細規定。文多而不引。

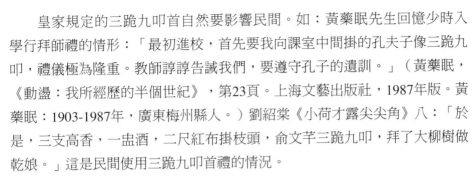

皇家規定的三跪九叩首自然要影響民間。如：黃藥眠先生回憶少時入學行拜師禮的情形：「最初進校，首先要我向課室中間掛的孔夫子像三跪九叩，禮儀極為隆重。教師諄諄告誡我們，要遵守孔子的遺訓。」（黃藥眠，《動盪：我所經歷的半個世紀》，第23頁。上海文藝出版社，1987年版。黃藥眠：1903-1987年，廣東梅州縣人。）劉紹棠《小荷才露尖尖角》八：「於是，三支高香，一盅酒，二尺紅布掛枝頭，俞文芊三跪九叩，拜了大柳樹做乾娘。」這是民間使用三跪九叩首禮的情況。

清末，世界形勢大變，清國已漸衰落，卻不諳世事，仍以天朝上國自居，妄自尊大，視西方來華為「朝覲」（進貢與覲見），要求使者行三跪九叩首禮，遂發生康熙、乾隆兩朝均發生著名的「禮儀之爭」，英國、俄羅斯使團來華人員均拒絕行三跪九叩首禮。

「辛亥」役成，孫中山在南京被革命黨人推舉為臨時大總統。他提請廢止跪拜禮，以普通相見為一鞠躬，最重禮為三鞠躬。全體代表一致決議通過。1912年8月17日，袁世凱政府發布《民國禮制》，正式廢除跪拜禮[1]。跪拜禮尤其是三跪九叩禮，這一帶有濃厚奴性色彩的禮節被拋棄。但它現在仍盛行於祭祖、寺廟等儀式活動中，人們並不忌諱對神靈的三跪九叩首。

此均是後話，不題。

十、諡號、避諱的繁瑣化

諡號、避諱同為中國皇家禮制的重要構成部分。在跪拜禮節的繁瑣化之時，諡號、避諱也在繁瑣化。

---

[1]　1912年8月17日，袁世凱政府發布《民國禮制》，凡二章七條，文簡而全錄如下：

第一章　男子禮。第一條　男子禮為脫帽鞠躬。第二條　慶典、祀典、婚禮、喪禮、聘問，用脫帽三鞠躬禮。第三條　公宴、公禮及尋常慶弔、交際宴會，用脫帽一鞠躬禮。第四條　尋常相見，用脫帽禮。第五條　軍人員警有特別規定的，不適用本制。

第二章　女子禮。第六條　女子禮適應第二條、第三條之規定，但不脫帽。尋常相見，用一鞠躬禮。第七條　本制自公布日施行。

(一)謚號的繁瑣化

古代帝王、諸侯、卿大夫或士人死後，朝廷根據他們生前的功績與德行給予一個具有褒貶含義的稱號，稱為「謚號」。如：諸葛亮謚「忠武」，後世稱「忠武侯」（故諸葛祠堂曰「武侯祠」，但完整地應稱「忠武侯祠」）；北宋范仲淹謚「文正」，後世稱「范文正公」；岳飛謚「武穆」，後世稱「岳武穆」。

謚號是一些固定的字，它們被賦予了特定的含義，用來標誌死者生前的功績、德行及遭遇。如：經緯天地曰「文」、威強睿德曰「武」、布義行剛曰「景」、柔質慈民曰「惠」等，這些是褒義的謚號；如：亂而不損曰「靈」、去禮遠眾曰「煬」、殺戮無辜曰「厲」、怙威肆行曰「醜」等，這些是貶義的謚號。

開始，謚號是一個字、最多不過兩個字。後來，謚號的字數變得越來越長。這是從唐玄宗開始的。唐前期五帝：高祖李淵謚「太武」；太宗李世民謚「文」；高宗李治謚「天皇」；中宗謚「孝和」；睿宗謚「大聖真」；都只有一到三個字。

唐玄宗開始，不斷給先帝加謚號、改謚號。天寶十三年（753年）改高祖謚號為「神堯大聖大光孝」皇帝，太宗為「文武大聖廣大孝」皇帝，高宗為「天皇大聖大弘孝」皇帝，中宗為「大和大聖大興孝」皇帝，都是七個字了。後來，玄宗謚為「至道大聖大明孝」皇帝，仍七字。肅宗謚為「文明武德大聖大宣孝」皇帝，九字。唐玄宗時代正好處於中國傳統農業文明由盛而衰的轉折時期，好像沒事幹了，就來玩這些禮儀把戲。

貞觀「九年（634年）五月，崩於垂拱前殿，年七十一。謚曰大武，廟號高祖。上元元年（674年，唐高宗年號），改謚神堯皇帝。天寶八載（749年，唐玄宗年號），謚神堯大聖皇帝；十三載（754年，唐玄宗年號），增謚神堯大聖大光孝皇帝。」（《新唐書·卷一·本紀第一·高祖》）

貞觀二十三年五月「皇帝崩于含風殿，年五十三。……謚曰文。上元元年，改謚文武聖皇帝；天寶八載，謚文武大聖皇帝；十三載，增謚文武大聖大廣孝皇帝。」（《新唐書·卷二·本紀第二·太宗》）

　　唐德宗即位後，禮儀使顏真卿上疏《請複七聖謚號狀》，要求廢除濫謚、虛謚，於朝中引起一場軒然大波。最終，濫謚、虛謚派占了上風。唐後期，國運日衰，政治日益黑暗，皇帝的謚號卻越玩越長，唐宣宗李忱謚竟達十八個字：「元聖至明成武獻文睿智章仁神聰懿道大孝」皇帝，好聽的字幾乎全用上了，不換氣還讀不過來。

　　濫謚虛謚成為定式。明朝皇帝的謚號為十七字，如：明太祖朱元璋初謚「高」皇帝。成祖奪得帝位後，增為十七字；到世宗靖嘉十七年（1538年）增至二十一字：「開天行道肇紀立極大聖至神仁文義武俊德成功高」皇帝。

　　清太祖努爾哈赤謚二十五字：「承天廣運聖德神功肇紀立極仁孝睿武端毅欽安弘文定業高」皇帝，簡稱「高皇帝」，為歷史上皇帝謚號最長者。滿清尚未入關前就學會了玩漢族人的這套無聊的謚法把戲了。其他清帝謚號二十一字，活得最窩囊的光緒皇帝，謚「同天崇運大中至正經文緯武仁孝睿智端儉寬勤景」皇帝，簡稱「景皇帝」；慈禧太后謚二十三字：「孝欽慈禧端佑康頤昭豫莊誠壽恭欽獻崇熙配天興聖顯」皇后，簡稱「慈禧太后」。

　　謚號失去了它原來的實際意義，謚號便逐漸變成一類政治文字遊戲，虛有其表的一個空殼。辛亥革命後，它便被人們拋棄了。

(二)避諱的繁瑣化

　　避諱指臣下對君主及尊者不得直呼其名，而要用其他方式代稱。是中國古代特有的一種文化現象。周禮中避諱尚不多，也容易回避，但後世越搞越繁瑣，使得避不勝避。

　　如《禮記‧曲禮上》：「不避嫌名。」即不避同音字。後世同音字也避起來。《三國志‧吳志》載：赤烏五年（242年）孫權立子孫和為太子，遂改「禾興」為「嘉興」。因「和」而避「禾」字。據史家考證，此為避嫌名之始。

　　魏晉南北朝後，避嫌名之俗愈演愈烈。諸如，隋文帝父楊忠，兼避「中」；唐高祖父李昞，兼避「丙」；唐代詩人李賀，其父名晉肅，「晉」與「進」同音，一些人乘機鼓噪，認為應當避諱，阻撓李賀參加進士科興考

試，韓愈為此寫〈諱辨〉一文，予以駁斥；宋英宗趙曙，兼避「署、暑、薯、豎、屬、贖、杼、澍、樹、抒」等；清康熙帝玄炫，兼避「炫、弦、率、牽、茲、曄」等。

這無疑要給政治和日常生活帶來很大的麻煩，稍不注意，便要身罹大禍。清乾隆年間大興「文字獄」，江西有個舉人王錫侯作《字貫》一書，犯了康熙、雍正的廟諱和乾隆的聖諱，乾隆帝大怒，認為「大逆不法」，「罪不容誅」，因而殺了不少人。

十一、《日知錄》中對禮儀繁瑣化的討論

《日知錄》是明清之際學者顧炎武積三十餘年的讀書心得筆記，其中對中國傳統禮制多有反省，茲引數條如下。

(一)關於「百拜」

明清之際顧炎武《日知錄》卷二十八「百拜」敘說之，如下：

「若平禮止是一拜、再拜，即人臣於君亦再拜，《孟子》『以君命將之，再拜稽首而受』是也。禮至末世而繁，自唐以下即有四拜。《大明會典》：『四拜者，百官見東宮親王之禮。見其父母亦行四拜禮。其餘官長及親戚朋友相見止行兩拜禮。』是四拜唯于父母得行之。今人書狀，動稱『百拜』何也？

古人未有四拜之禮。唐李涪《刊誤》曰：『夫郊天祭地止於再拜，其禮至重，尚不可加。』【趙氏曰】如李涪說，是唐人郊廟尚祇再拜，前明《會典》：臣見君行五拜禮，見親王、東宮四拜，子于父母亦四拜。蓋儀文度數久則習以為常，成上下通行之具，故必須加隆以示差別，亦風會之不得不然也。今代婦謁姑章，其拜必四。詳其所自，初則再拜，次則跪獻衣服、文史，承其筐篋，則跪而受之，常於此際授受多誤，故四拜相屬耳。

《戰國策》：蘇秦路過洛陽，『嫂蛇行匍伏，四拜，自跪而謝』。此四拜之始，蓋因謝罪而加拜，非禮之常也。

今人上父母書用百拜，亦為無理。若以古人之拜乎，則古人必稽首然後為敬，而百拜僅賓主一日之禮，非所施于父母；若以今人之拜乎，則天子止于五拜，而又安得百也？此二者過猶不及，明知其不然而書之，此以偽事其親也。」──顧炎武《日知錄》卷二十八「百拜」

第一段引文大意：

1. 平常的禮儀是一拜、再拜，即使是人臣對君主也只是再拜。再拜就是拜兩次，比拜一次又稍重一點敬意。《孟子》「以君命將之，再拜稽首而受」。《孟子・萬章下》說：國君派人給君子送糧食、肉類以禮遇君子，君子行再拜、繼而稽顙（叩頭）禮。

2. 對天地、祖宗神靈等對象行稽顙禮。《儀禮・少牢饋食禮》：「主人再拜稽顙。」這是士人祭祀時行向祖宗行再拜、繼而稽顙（叩頭）禮。《儀禮》一書載大量的「拜」、「再拜」、「再拜稽顙」，行禮的對象不同因而用禮各異。此處不贅述。

3. 末世禮煩，開始出現了「四拜」。「自唐以下」是指唐末五代以後、還是包括了唐代本身，不詳。不過，應當是指唐末五代以後的情況。

4.《大明會典》規定：四拜禮用於百官參見東宮（太子）親王；見父母亦行四拜禮。其餘官長及親戚朋友相見只用兩拜禮。

5. 對父母四拜還是可以接受，對官長及其他人就沒有必要行四拜禮了。

6. 時人撰寫文書，動輒就用「百拜」（儘管是誇張之言），什麼意思嘛？

第二段引文大意：

1. 古人沒有四拜之禮。顧炎武所說的「古人」係指周禮時代之人。唐代李涪說，唐代天子郊祭天地也只用再拜，這個禮已至重了，不能再增加了。

2. 顧炎武說，現在（新）婦謁見公公婆婆，也用四拜禮。考察起來，源自《朱子家禮・婚禮》「婦見舅姑」章：這個四拜的來由，新婦先向公公呈上禮物並行再拜禮；接著向婆婆呈上禮物並行再拜禮（「文

史」一詞在這裡不知何意）。這樣誤解就成了四拜之禮。

3. 趙氏（趙翼，清代官員兼學者）注，按李涪的說法，唐天子郊祭天地與祖廟只用再拜禮；但前明朝《大明會典》裡，臣觀見君是行五拜禮，見親王、東宮太子行四拜禮，兒子見父母也是四拜禮。大約儀節規範久之就習以為常、上下通行，必須刻意加重禮節才能顯出差別來，於是大家都跟著走。

第三段引文大意：

《戰國策·秦策一》說，蘇秦從前貧窮困頓時，父母、妻子、嫂嫂很鄙視他。後來蘇秦遊說成功，佩六國相印（宰相），榮華富貴衣錦還鄉，他們的態度就發生了根本變化，尤其是嫂嫂像一條蛇爬在地上，行四拜禮，跪著不敢起來。顧炎武說，這是謝罪而加拜，不是正常狀態下的禮節。這個故事帶有很濃的小說色彩，當是當時一些憤世嫉俗的文人的激憤之作。

第四段引文大意：

今天人們給父母寫信用「百拜」，也沒有道理。如果以古人拜的敬意，則古人在行拜禮後，必須再加稽首，才能表達敬意，而且古人的「百拜」是聚會一整天共行了一百次拜禮（「百」表示多），不是說一次向父母行百拜禮；如果以今天的拜禮的規範，那麼向天子行禮也只用五拜，對父母又怎麼用百拜呢？這兩種情況都是過了頭、因而沒有達到禮的要求，實在是對父母親「作偽」。

(二)關於「九頓首三拜」

顧炎武《日知錄》卷二十八「九頓首三拜」敘說之，如下：

「九頓首出《春秋傳》；然申包胥元是『三頓首』，未嘗九也。杜注：『《無衣》三章，章三頓首。』每頓首必三，此亡國之餘，情至迫切，而變其平日之禮者也。七日夜哭於鄰國之庭，古人有此禮乎？七日哭也，九頓首也，皆亡國之禮也，不可通用也。

韓之戰，秦獲晉侯，晉大夫三拜稽首。古但有再拜稽首，無三拜也。申包胥之九頓首，晉大夫之三拜也。

《楚語》：『椒舉遇蔡聲子，降三拜，納其乘馬。』亦亡人之禮也。

《周書・宣帝紀》：『詔諸應拜者皆以三拜成禮。』後代變而彌增，則有四拜。……然未有四拜。」──　顧炎武《日知錄》卷二十八「九頓首三拜」

這一篇說了四件事，分述如下：

第一件事：申包胥哭秦師。見於《左傳・定公四年》（前506年）。吳闔閭伐楚，楚師敗績，乘勝攻入楚國都城郢（今湖北江陵），楚昭王逃竄，下落不明。楚臣申包胥赴秦請救兵，對秦哀公說，吳是野豬、長蛇一類的蠻夷禍害，今日滅了楚，明日就會危害秦國。秦哀公猶豫不決，要申包胥先去賓館安歇，等我們商量好了就告訴你。申包胥不肯，說我們的國君現在下落不明，我怎麼能去安歇呢？他就站在秦宮圍牆邊哭，一連哭了七天七夜，水米不進（「立，依於庭牆而哭，日夜不絕聲，勺飲不入口七日。秦哀公為之賦《無衣》。九頓首而坐。」）

《詩經・秦風・無衣》是秦國一首戰爭準備出征詩，全詩三段，如下：

豈曰無衣？與子同袍。王于興師，修我戈矛，與子同仇。
豈曰無衣？與子同澤。王于興師，修我戈戟，與子偕作。
豈曰無衣？與子同裳。王于興師，修我甲兵，與子偕行。

大意是，我們同心協力，準備好武器去打仗，一同進退，幹到底。「袍澤」一詞即源於此，意謂軍中戰友。秦哀公（派人）將此詩宣示給申包胥聽，表示秦軍同意救楚，申包胥於是叩了九個頭，然後才坐了下來。顧炎武說：「每次頓首三次，此亡國之餘，心情迫切之而做出的變禮，況且在別國都城宮殿邊上哭七天七夜，古人有這樣的禮嗎？所以，七日哭、九頓首，都是皆亡國之禮，不可通用！」九頓首是申包胥臨時而作，此前不見諸記載，先秦時再拜稽顙是最重的禮節，因而顧炎武說是「亡國之禮」。也就說，清朝將顧炎武視為「亡國之禮」的九叩首定為常態之國禮了。

第二件事：秦晉韓之戰。見於《左傳・僖公十五年》（前645年）：晉國與秦國在韓原交戰，結果晉惠公在混戰中被秦軍俘獲；參戰的晉大夫們一看，也不打仗了，披頭散髮、拔起帳蓬，跟在後來就來了。秦穆公對他們

說：諸位賢卿為什麼這樣悲傷地跟在後面呢？我只是請你們的國君去西邊走一走、玩一玩而已，不會傷害他的（外交辭令）。晉大夫一聽，馬上就行了三拜稽首以表示感謝（「晉大夫三拜稽首」）。此事另見於《史記·晉世家》、《國語·晉語第三》。

顧炎武說，古代只有再拜稽首，無三拜稽首。申包胥之九頓首，晉大夫之三拜，性質一樣，都是亡國、亡君之變禮。正常狀態下是不能用的。

第三件事：椒舉遇蔡聲子。載於《國語·楚語四》（前506年）「聲子談楚才晉用」：楚國大臣椒舉娶了申公子牟的女兒為妻，子牟有罪，逃跑了，楚康王認為是椒舉放跑的，要殺他，嚇得椒舉跑到鄭國，準備由這裡去晉國。蔡國的聲子路過鄭國，他與椒舉是朋友，請他吃飯，席間表示，想幫助他歸楚國。椒舉很高興，當即「降三拜」，就是從坐席上起身、在席側拜三次，還送了四匹馬給他，聲子都接受了。後來，蔡聲子赴楚國遊說令尹子木，果然使椒舉平安回歸到了楚國。這裡，顧炎武說，椒舉是「逃亡」之人，三拜是「亡人之禮」，急迫之間胡亂行禮，正常狀態只有再拜。

第四件事：詔諸應拜者，皆以三拜成禮事見於《周書·宣帝紀》：578年六月北周武帝崩，長子宣帝宇文贇繼位。他生性荒淫，嬉戲無度。九月下詔「詔諸應拜者皆以三拜成禮。」即位九個月即傳位年僅七歲的太子宇文衍，次年五月病死，年二十二。581年隋國公楊堅纂立，建立隋朝。顧炎武說，北周宣帝「下詔凡是應行拜禮之處，均以三拜成禮」。此時，三拜即三叩頭。

顧炎武是明末清初人，他未見過「三跪九叩首」。三跪九叩首是在他後來定為禮制的。至於民間的「五體投地」、「磕頭如搗蒜」之類，亦為形勢急迫的臨時之禮節，亦不可以為訓。

(三)顧炎武：禮至末世而繁

顧炎武非常反感禮之濫，濫則偽。「禮至末世而繁」，這是他讀史得出的一個驚世之論，極具歷史透視感，非常值得玩味。他通曉歷史，經歷了明朝的亡國，是亡國之臣，故後來讀史、著書立說多為有感而發。

十二、百餘間「禮」之亂象與啟示

(一)「禮」之亂象

　　民國建立，舊式禮制廢除。執政們很想建立新的禮制規範，以圖重鼓民族精神，帶來新的氣象。但收效似乎不盡人意。百餘年來，內憂外患，政局多變，西學與傳統之學攪到一起，理不清楚，也從未認真清理過，於是形成禮之亂象。

　　前述1912年8月17日，袁世凱政府發布有《民國禮制》。其中規定在婚姻、喪禮上行三鞠躬禮，這在民間是很難被接受的。如：中國傳統婚禮中有「拜天地」、「拜父母」、「夫妻對拜」，作者小時候（20世紀60年代）都曾見過新婚夫妻向公婆行三叩首禮；喪禮中有對亡父母行「三跪九叩首」，在民國之初行三鞠躬禮如何行得通呢？

　　1930年代起，民國推行「新生活運動」，以圖改變國民的精神狀況及其生活習俗，據一些文章載，有禁止過「農曆新年」的規定，認為此類傳統使國民精神萎靡。而一些文化大佬則關著門一家人偷偷「過年」。1960年代，「新生活運動」在台灣延續。具體內容與進程，文多不引。

　　新中國成立，在反對「封建迷信」、「移風易俗」、「無產階級專政條件下繼續革命」等旗號下，對傳統民俗、尤其是婚喪舊式禮俗進行了持續的抨擊與限定，如：禁止設靈堂、披麻戴孝、三跪九叩首等，推行戴白花、黑臂紗、三鞠躬等；1974年前後一度提倡新娘子自己走到男家去、不辦婚酒的「婚禮新主張」等（可參見當時的報紙、人民畫報）。

　　史無前例的「文革」，曾提出「四個偉大」（偉大的導師、偉大的領袖、偉大的統帥、偉大的舵手），並全民「早請示、晚彙報」，全民跳「忠字舞」，前吃飯行「敬祝」禮。一度將禮繁推到極致。

(二)幾點啟示

◆啟示一：我們正處於「秦火」之後的禮樂空白時期

　　網路上，一位禮儀師模樣的人物率領一批人行四十八拜祭祖的視頻。那些人跪一地，他上前行禮，一次三叩頭，那些人在原地行跪拜，這樣需要十二次才能做完。中途，一些年紀大的人坐在地上不動，體力已經不行了，他還在興趣盎然地繼續做。經打聽，據說是山東鄆城的地方風俗（未經最後核實）。這毫無儒家、佛教、道教等任何文獻根據，是一些民間人士自己搞出來的。

　　一些殯葬商家為謀利則打著「孝道」的旗號，隨意設置喪禮項目，迫使喪家就範，以謀取商業利潤。對商業利潤的無止境追求是將喪禮導向無限繁瑣化的最有力的推手。

　　下圖是某殯儀館的女子殯儀服務禮儀隊。年輕漂亮的女孩子穿著花花綠綠的裸肩露大腿的連衣裙，笑容可掬，請問這是治婚還是治喪呢？人家死了親人，有的死了兒子女兒，白髮人送黑髮人，悲痛欲絕，這一班笑瞇瞇的女

某殯儀館的女子殯儀服務禮儀隊

孩子跑過去，人家受得了嗎？設身處地想一想，自己家裡死了人，人家這麼來服務，能接受嗎？儒家有「喪以哀，祭以敬」原則，就是以悲痛的心情辦喪事，以虔誠恭敬的心情祭祀祖先。改良喪、祭禮儀只能順著這個原則走。這說明，我們的殯葬服務隊伍對傳統婚喪禮儀知識的嚴重缺乏，簡直就是一片空白！後因遭嚴重質疑而取消。

　　現在，一些地方政府出台紅頭文件規定：死了爹娘，不准設靈堂、不准上祭（只准用鮮花）、不准披麻戴孝（戴小白花、黑臂紗）、一天內將喪事辦完等。我們暫不評價它的合理與否，只是說，此舉既無法律根據，又無文獻根據，屬於拍腦袋想出來的，有斬斷傳統喪禮之嫌。餘不贅述。

◆ 啟示二：禮繁是缺乏安全感的產物

　　傳統農業文明的衰落，邏輯上是精神先衰落。人們變得日益缺乏自信，既不自信，也不信人。歃血為盟沒有用、賭咒發誓沒有用、宣誓也沒有用、簽協議沒有用，於是就透過不斷強化一些外在的形式，如禮儀的繁瑣化，來尋求安全感。

　　我們假設，洪秀全的「太平天國」如果成功，中國自身就是世界的全部，那麼這個「天朝」政府開國後，洪秀全會殺光他所有的功臣勳宿、自己死後將所有的嬪妃與宮女全部殉葬、對自己的跪拜禮會規定到「三十三跪九十九拜」、自己的子子孫孫全部封王而享受世襲恩蔭等。就是說，這個朝代會沿著朱家明朝的路走一直走，走得更遠，做得更澈底，沿著既有的繁瑣化極端化走向無限。只要能摁得住內部的反對傾向就行。

　　禮儀絕不是一個孤立的現象。跪拜禮的愈益繁瑣化是中國傳統的農業文明遭遇到「極致危機」時社會內部壓制的一部分，其意義在於維持日益僵硬的文明機體並強化生機漸失的社會秩序。

◆ 啟示三：禮越多情越疏

　　從明、清時代大量的小說，如《三言兩拍》、《金瓶梅》、《儒林外史》、《紅樓夢》、《官場現形記》等，都講到從際之間的情誼其實非常虛偽，但禮儀繁多。《金瓶梅》描述的行禮場面尤其頻繁、人情的虛偽尤其詳細，動輒就是「作揖」、「磕頭」、「插燭也似磕了三個頭」、「攛燭也似

磕了四個頭」等（過多的色情描述影響了它的傳播），真如先賢云：禮越多，情越疏。

本人曾多次目睹一些下位官員趁著酒勁向上司極力表達自己的「知遇之恩」、「報恩之意」，自己屬於「對方的人」云，上位官員也非常享受這一場景，勉慰有加。即便雙方可能都清楚對方其實是一通不靠譜的鬼話，也無妨。

(三)應當制禮作樂

應當是制禮作樂的時候了，尤其是喪禮，但需要經過討論。民俗是一個社會心理的汪洋大海，不是某個行政官員隨意開口就可以建立起來的。

說明：本文為此會議而倉促寫成的一個詳細提綱，瑕疵必多，但作者對本文的核心思想已思考多年。此次提出，供諸君參考。作者以後得閒，容再補正。

2

比較宗教視野下的道教度亡
與綠色殯葬

王琛發

馬來西亞東西方生死文化研究基金會主席
閩江學者、閩南師範大學講座教授
現任馬來西亞道教學院與道理書院董事會主席兼院長

一、宗教思想決定度亡觀念

　　這些年來，在國際殯葬業者之間，綠色殯葬一直是業內熱門議題。這個議題，涉及公共領域，牽動相關文化、科技、環保、土地等觀念演變，也牽涉到殯葬業者的未來轉變。「綠色殯葬」的概念，推動著殯葬同業轉換營業思維，考慮如何才是符合自然生態保護的創新操作模式，直接影響業者從市場規劃到經濟預算的設想，討論是否轉型、如何轉變經營方式。因此，就課題的內容與意義而言，華人世界推行「綠色殯葬」所遭遇的阻力，其實並非孤立現象，而全球華人為主的地區都會遇到相似情況，又有助各地互相借鑒參考。可是，說到底，這課題其實是個牽扯宗教生死觀的問題。

　　在亞洲，單是印度的宗教傳統，便有好幾種生命輪迴的說法，有相信人類死亡以後還有靈魂的，有否認靈魂而認為是無從自主的「意識」被「業」牽動向輪迴，也有看重死者意識在宇宙間的輪迴是一次比一次向著更上一層的生命形態和生活境界，或跳出輪迴之苦，還有否定輪迴卻強調可以與神合一的。所以，對印度宗教而言，各民族如何處理身後臭皮囊，其形式可被視為只是文化習俗問題；可是即使如此，印度各宗教／教派還是很重視如何處理死後「靈」或「識」的迷惑，要協助生靈在死後破除生前對肉體的「執」，以利轉「迷」為「覺」。而佛教從印度宗教脫胎而出，另立論述，否定靈魂，卻有由此生境界過渡到他身境界中間經歷「中陰身」之說，又衍生出信仰死後往生佛設淨土的說法。但無論如何，印度宗教信仰肉體是主體寄託在塵俗世界「假合」，恆河至今還會漂流著火化後的殘骸與骨灰，中國古人堅持全屍「入土為安」很明顯地不會獲得每個印度教派接受。

　　從綠色殯葬的角度，如何消解每個人生命結束遺下來的軀體，以及處理其收藏或去處，最低底線是不要妨礙地球生態鏈生生不息。現在世界，處理遺體的方法已經多元化。不過，至今為止，常見的遺體最後存放概念，不論是花葬、樹葬、海葬、撒在空氣中，或者出現把遺體轉化為鑽石的生意，前提還是為著最快速度將遺體轉化為骨灰，一般總得先經過火化過程，以後就是如何處置骨灰的問題。雖然說，火化也會產生空氣汙染和能源消耗，所以

這二、三十年也出現了強鹼性水溶屍等各種新興的化解遺體建議，也出現了各種緩解火化汙染與能源消耗的措施，但目前最常見綠色殯葬建議，畢竟還是以近百年來盛行火化遺體與節約葬地的概念作為基礎，進一步表現為圍繞著其用品、程序以及葬法的改革。

　　但是，即使火化遺體的做法現今普行世界各國，亦不見得是全球大眾共同接受的底線。在淵源與演變自希伯來傳統的各教派之間，便有些教派至今堅持土埋肉身，反對火化。他們相關「神─人關係」的神學論述，至今還是關注著定論信徒未來具體復活方式，是從地面被提起，強調最終有賴於肉體留在地上的痕跡；因此他們長期不苟同遺體火化，更遑論討論各種埋葬骨灰的環保葬的建議。若論整個歐洲世界，雖說在十九世紀中葉以後隨著科技發展，火化爐或火化室更為普遍，但使用者或基於應付傳染病，或基於減低喪禮開支等經濟理由，或支持出照顧生態環境和善用土地等理由，不見得符合當時天主教主流神學。教宗良十三世於1886年12月15日和1892年7月27日，經過「聖部」（Sacred Congregation of the Holy Office）發出兩份訓令，還是規定遺體火化不能出於亡者本人意願，必須源於他人意願，教會才可以在火化場以外的地方為亡者舉行通功祈禱。西方的天主教徒，一直要到上個世紀1963年，方才因著梵蒂岡「聖部」在保祿六世任內頒發的《可敬及貫徹》（*Piam et Constantem*）訓令，訓令指出「火化本身不違背基督信仰」，進一步說明教義回應了歐洲社會節約土地的普遍要求，認可火化不會妨礙天主使亡者的肉身復活。惟，檔重申信友「應忠實地保持埋葬信徒遺體慣例」，教會針對信徒肉體是否應接受火葬，還是有所訓誡，認為遺體接受火化的理由不能違反教義，否則教會可以拒絕為死者舉行儀式。而且，訓令也規定教會的殯葬儀式不得在火葬場舉行，信友不可以陪同亡者遺體到火葬場。

　　無可否認，西方世界的信仰組織當中，天主教源於羅馬時代，歷史最悠久、規模較大，而且全球範圍跨境影響較其他組織分布得廣，其立場往往又導致其他基督宗教組織，尤其是各種新教教派組織的反思與回應，反駁或看齊。因此，客觀上說，要討論中華傳統信仰如何對應相關課題，討論宗教組織如何主導信徒對應綠色環保議題，天主教或可作為很好的參照對象。可是也不應忽略道教或華人傳統民間信仰，畢竟源自基於儒道建構的傳統思想體

系，傳統文化是主導其回應與抉擇的內因，而各地信眾處身的具體環境，也在左右著其內部歷史傳統教義的當代批判與詮釋。

而華人殯葬，雖有各地禮俗之分，可是只要其人有信仰，其殯葬的內容以及某些特定儀式，也必然是生前信仰方向的表現。不論中國大陸境內外，各地區華人實行綠色殯葬的經驗，處在華族主流漢族族群深受儒釋道觀念影響的情境，又遇上當代華人不管內部或者對外生活，都是處在多元信仰的氛圍，恰恰提供許多西方綠色殯葬觀念輸入華人世界不同地區的經驗，包括傳播、溝通到落實理念的模型，可供相互參照經驗。由此討論華人世界實施綠色殯葬，阻力何以在漢民族歷史以來重視全屍入葬觀念，可知此觀念的背景實不止於風俗習慣，而在於宗教思想長期潛移默化。政府法例缺乏強勢鼓勵火化的國家和地區，大眾多有堅持「祖宗之法不可廢」的，還是執著要求「入土為安」；而政府強勢鼓勵火葬的國家和地區，一些農村鄉下，也一再發生家屬悄悄土葬長輩。由此而言，討論道教對待遺體的觀念，或有利探討綠色殯葬在華人神道信眾之間的定位，以及其之有所為或有所不為。

這其中，若將來更詳細討論各個國家或地區政府的推動經驗，以及民間反應的形態，還可以衍生出各種討論，包括：道教以及其所影響的那些民間信仰組織對待綠色殯葬的立場？火化是否節約土地和綠色殯葬的前提？能否方方面面更加有益民眾與未來子孫？綠色殯葬如何落地？如何以落地形式轉化出切合民眾傳統觀念的推廣？這些問題，都值得全球殯葬相關業務互相探索與交流。每個地區推動綠色殯葬過程其間的觀察與思考，對其他地區都是有借鑒作用。

二、儒道立場影響中華殯葬

就漢民族歷史而言，或應注意，華人殯葬受到儒家的最大影響，是以《孟子》人性本善的觀念為根本，認識葬禮也是天理在人性的流露，其重心在於親屬陪伴死者殯葬過程，讓各自透過禮儀過程發現與發揮自身良知，表達為仁、孝等情感，依照不同方向的倫理關係表達為不同性質的不捨親情。

如此，也使得人與人之可以互相感應人心內在本具的同理同情。按《孟子·滕文公》的說法，殯葬之所以然，正是由於人人皆本有此心，人人在此刻皆能天性流露，葬禮才可能形成相應風俗。在《孟子·滕文公》本文，孟子論爭其時土葬風俗之所以然，具體內容是說：「蓋上世嘗有不葬其親者。其親死，則舉而委之於壑。他日過之，狐狸食之，蠅蚋姑嘬之。其顙有泚，睨而不視。夫泚也，非為人泚，中心達於面目。蓋歸反虆梩而掩之。掩之誠是也，則孝子仁人之掩其親，亦必有道矣。」

對比《禮記·禮運》的記載，《孟子·滕文公》談喪葬禮儀，根本上是孔子說法的一種實證。《禮記·禮運》記載孔子說道：「禮，先王以承天之道，以治人之情」；而《禮記·曲禮》談到諸種禮儀的作用，則立義在「禮以教人，知自別於禽獸」。如此說法，既然在實踐上強調人皆有不忍之心，不願眼見死者遺體受到非自然因素損壞，必定也就容易形成與散播堅持土葬的風氣。由此可想像，《呂氏春秋·孝行覽》為何記載「曾子聞之仲尼，父母全而生之，子全而歸之，不虧其身，不損其形，可謂孝矣」。《呂氏春秋·孝行覽》會將身子生前死後「不損其形」相聯繫著「孝道」觀念，看來也是先秦儒家的影響。再後來，《後漢書》記載邊區少數民族習俗說「羌人死則燒其屍」，又再後來《南史·林邑傳》記載當地受印度宗教影響盛行「死者焚之中野，謂之火葬」，諸如此類記錄流傳後世，可能也是由於修史者深受漢族主流觀念薰陶，相對關注周邊少數族群葬法表現的文明差異。一直到唐宋佛教普遍流行，加之宋朝土地政策長期不主張抑制土地兼併，宋朝主要在浙江地區開始流行火葬，《二程遺書》當時還評論說：「古人之法，必犯大惡則焚其屍。今風俗之弊，遂以為禮，雖孝子慈孫，亦不以為異……可不哀哉！」可見，由魏晉至唐宋，是由於東亞佛教盛行，教導信眾肉體非「我」，無礙解脫，寄望神識死後儘早發現本身「存在」本質無關「身體」，火葬才慢慢有人接受；可是儒者有其長期影響，佛教也不一定反對土葬，「孝道」仍然長期支撐中國人傾向土葬。

當然，華人世界過去以來有許多人堅持土葬，不見得就只是儒家影響。人們不會傾向把「火化」和「節約土地」的概念放在一起，另一個原因是道教度亡教義。自漢晉道教興盛，道書信仰延續儒典說法，除了主張人命終後

形體要歸埋於土地，還教導信眾土地埋屍到營造墓室都是很有未來價值，涉及復活成仙。如果說，漢代人繼續根據《孟子》等儒典討論葬法的關注重點是擺在「活著的人」，晉代已經出現道經專門討論葬法如何造福「死去的人」。東晉道教的《太上洞玄靈寶滅度五煉生屍妙經》便有提到「托屍太陰……庇形後土」，以「天啟」以及「神啟」的神秘兼神聖，論證全屍入土目標在借助大地元氣維繫死者原來形態，以利死者接受超度，轉化成仙。但是，儒家的態度畢竟是「不忍見」親人肉體毀壞，也為著死者在後人心中音容宛在；古人並不是不知道屍體會經歷發脹到腐爛，包括埋在地下加速腐爛。

《太上洞玄靈寶滅度五煉生屍妙經》所謂「托屍太陰」和「庇形後土」，也不是不需要任何條件，就可以在任何人身上發生。前者其實是指修道者的境界，不見得一般人死後埋葬土中都能等待時間到了以後肉體重生。宋代《雲笈七籤》卷八十六討論歷朝討論的「屍解」文獻，其中便引用南朝陶弘景《真誥》，提及太陰之神能保血肉重生：「若人之死暫適太陰，權過三官者，肉既灰爛，血沉脈散，而猶五臟自生，白骨如玉，七魄榮衛，三魂守宅，三元護息，大神內閉。或三十年二十年，隨意所出。當生之時，即便收血育肉，生津成液，質本胎成，易形濯貌，乃勝於未死之容也。真人煉形於太陰，易貌於三官者，此之謂也。」

至於「庇形後土」，則不見得單指修道者生前修道可以肉體未來再生，也包括指稱任何度幽方法都可依賴此種形態。其先決條件就在土地元氣有利魂氣凝聚，方便死者亡魂未來得到天神救度，獲得新的仙體。按此信仰，埋在土地的屍體是「生屍」，土地靈氣，摻合肉體分解前氣息留在土地，都有助保護死者魂氣在地下的凝聚程度，使得魂氣不會因著死者身體消失而缺乏依託，加強其未來保持凝聚的形態。這在南北朝傳下的《赤松子章曆》卷四〈上清言功章〉也有解釋說：「縱不得仙度，託命太陰，受煉更生，化為真人，免脫三塗」。而對照靈寶派經典《太上洞玄靈寶無量度人上品妙經》六十一卷，卷一《度人經》源自東晉南朝古靈寶諸經，其主題思想也是設立在「死魂受煉，仙化成人……普受開度，死魂生身」。

道教還另有不少相關「水火鍊度」的經典。宋代《雲笈七籤》卷八十六

談「屍解」，也引用過「水火鍊屍形」的例子，提到「北方洞陰朔單鬱絕五靈玄老君」在成仙以前，「不暇營身，救於百姓，遂致疲頓，死於山下；九天書其功德，金格記其玉名，度其魂神於朱陵之宮」，老君以後又經歷宇宙間變化，經歷水火之劫洗滌其屍體，得到仙體永生。但其實，此則教中神話，重點在說明死魂受度的先決條件：生前有「功德」，死後存「魂神」。而後來至今，道教「水火鍊度」度亡儀式，過程主要在道士先以修行軀體變身救苦天尊，由身體合一天尊與宇宙，讓死者經歷現場的即人體即道體、即我身即宇宙，完成殘汙陰魂轉化為陽神充沛，擁有仙人之體。在元代鄭思肖整理古經編撰《太極祭鍊內法》，其卷五〈滅度三塗五苦鍊屍受度適意更生章〉，亦是早期靈寶派經典一脈相承的教法，文中即提到：「如若某神離魄蕩，屍肉朽腐，願五帝尊神還其肌膚」；由此可以斷言，古人不可能不知道埋在地底的屍體是「神離魄蕩，屍肉朽腐」，真正接受超度是魂體，並非屍身。依託土地元氣，不是保護肉體，而是借助太陰坤土母炁，保護死者魂氣凝聚，也保證歷次墳前超度有效，是從權之舉。相反的，「托屍太陰」和「庇形後土」，還得注意死者魂氣是要借助太陰鍊形，又由土地靈氣凝聚神魂，而不是將屍體放置在養屍土地，導致屍體不化，招惹屍體演變僵屍的謠傳。

換言之，漢民族本來就以為人死並非終結，而是生命狀態在轉換形式；由儒者道教，教內本有三魂七魄之說，認為死者死亡之後，會有一條魂氣居住墳墓，而「地氣保護著魂氣凝聚成形」。所以綠色殯葬的概念，如果單是為了節約土地而以火化為底線，其底線遇上漢民族習慣說「入土為安」，也其實已經在挑戰著民間信仰觀念。可是，民間信仰觀念顯然是因著繼承儒道教傳統的影響，而說法又有所簡化、俗化，以至在生活中固定化，尚不足於反映全面的傳統宗教論述。由此可知，綠色殯葬要對話「入土為安」，關鍵也在信仰本身。在如此既有歷史脈絡，古人形成的土葬觀念，是由孝道觀念出發的「全而歸之，不虧其身，不損其形」發展到信仰理想期待的「托屍太陰」和「庇形後土」。來到今天，如果不是糾纏在考慮葬法，而是有能力說明現代社會不比古人缺乏資源，現代人有能力儘早超度死者尚保持著凝聚成形的肉體與新魂，不一定必須依靠土地保護死者魂氣以等待未來超度，道教

的度亡觀就不一定會阻礙主張綠色殯葬的趨勢，反而更合乎家人親屬希望死者超越現世的願望。

三、傳統實踐回應現代趨勢

以上述論說繼續進路，可知不同人物對待死亡，是各有不同的觀念態度，對死後世界各有認知。人們對待遺體處理各有想法，也往往取決於各自傾向的宗教信仰，而一個人信仰的堅決程度也會決定他處理生命禮儀的態度層次。一旦從宗教生死觀思考綠色殯葬，許多文字，看似與綠色殯葬沒有直接關係，卻其實都可能有關。正如清真教義主張速葬、薄葬，而規定信徒只能是土葬，決定了他們討論綠色殯葬的底線是土葬，只限於如何節約殯葬資源與土地。但印度教主張速葬、薄葬卻自古強調必須火葬，以及撒骨灰於江海，就使得他們討論綠色殯葬關鍵在防範殯葬過程造成河海汙染，乃至討論祭品以及未曾燒完遺體扔進入河海，會帶來什麼生態影響？從不同宗教觀點闡述各教信眾的死亡認知──確定死者得度非關死後屍身存在，而是以基督教所謂靈魂，或道教所謂原靈／魂氣，或佛教所謂識神／中陰身，進入更高生命境界，或可能帶動綠色殯葬理念對話宗教救度思想，為綠色殯葬發展提供更大發展空間。

但是，現在宗教信仰人口的總和占有世界人口總和的大部分，宗教各自從自身教義出發而回應各種綠色殯葬，而且一再作教義反思，卻反而決定著現在各種相關綠色殯葬建議獲得推動或面對阻力。例如，基督宗教當中，正當新教各教派對火化立場不一致，東正教會教徒幾乎都堅持入土為安，只有天主教會在當代論述死者可以憑著靈魂而非肉體復活；但是，即使如此，教會論述也並非在以不變應萬變，而是與時俱進的，甚至會反復審視各種細節去做出調整。例如，自教會「聖部」1985年更名「信理部」（Congregation for the Doctrine of the Faith）以來，2016年10月25日的《為著與基督一同復活》（*Ad resurgendum cum Christo*）訓令，便是為著區別其他信仰，不讓信友把死亡視為永遠毀滅或者靈魂從肉體解放，提出「必須絕對尊重亡者骨

灰，不可存放家中，也不可拋灑、分離或另做他用」。這樣一來，現在一些殯葬企業，推動骨灰撒入河海、撒向空中，或將骨灰留在家居等綠色殯葬項目，包括推動骨灰用高溫轉化成為鑽石，都被認為可能引導向泛神論、自然宗教或虛無主義了。教會因此可依照法典條文拒絕為死者舉行葬禮。由此而言，綠色殯葬禮儀與遺體的最後處理，如何才是轉化至當地文化語境？實行形式的自主權力能走多遠？還有各種各樣問題，畢竟都受著死者本身乃至其周遭社會信仰認知的制約。其操作形式與內容，首先都必須有能力對應地方上各種信仰群體的生死觀念。

　　回到道教傳統，中華道教的立場本相信「魂」可以無關肉體。雖然《太上洞玄靈寶滅度五煉生屍妙經》提到「托屍太陰……庇形後土」的重要，可是根據《太上洞玄靈寶無量度人上品妙經》的「死魂受煉，仙化成人……普受開度，死魂生身」，可見其得救觀念固然以埋身後土獲得庇護為佳，但也不強制一定需要「庇形後土」；反而，道教徒因著要求透過儀式完成死魂得道成仙之體，更在乎高功的道行是否有能力以本身陽氣化解掉陰魂汙穢陰氣，煉去死魂鬼質，脫掉死魂凡胎，使之出離陰境，重得形神。

　　尤其中華歷朝遇上政權更迭與災害戰亂，死者無數，屍骨難覓，中國人既然強調孝道，還得為著九玄七祖升天，延請高道度幽；而中國人由孝道推而同理，強調民胞物與、強調仁義，對一切眾生父母子女感同身受，也要設法超度無主孤魂。但是，正因著古人不見得可以找到先人墳墓，道教度亡度幽更得依靠道長的功力，不論何時何處，只要適宜設壇就可召請神仙、喚來亡魂。古人能在先人下葬短期間完成超度最好。不能的話，在全不知遺骸所在的情形下也可以進行。於是，唐宋時期，《太上說九幽拔罪心印妙經》流行，便說明著道學歷史傳統一貫秉持「道無形體，澄瀘身心」，所謂沉淪苦海，包括墮入幽冥，一切罪根都是從心而起，只要「身心清淨，煩惱不侵；無起無滅，冥漠難斟；湛然空寂，了心元心」就會「自然合道，眾聖來欽」。而《太上說九幽拔罪心印妙經》也在解說「七祖解脫，永離幽陰」原因都在「皆契心印，悟道合真，念念相繼，勿起塵心」。只是，這樣一來，「神魂」的存在，便是道教度亡的關鍵；乃至民間皆受此觀念影響，認為「魂飛魄散」則做鬼也不成。至於肉體何在？如何處理？葬儀如何？這一切

就比不上道長通神的功力重要。更重要視乎道長功力，是否能通神說道，以及化生種種善境；另外也要看死魂在大神力演示與感化之下，能否自省自覺，懺悔轉化。如此描述，可見於唐宋期間的《太上救苦天尊說消愆滅罪經》提到的「靈符火鍊，百骸自飛」，是說：「勒酆都二十四獄考官典吏，放出受苦一切孤魂滯魄，咸令登火鍊之池，各執化形丹界靈符，盡獲更生之因，俱歸道岸。」

根據上述觀點，道教在度亡道法之外，若回到基本教義，也能接受某種綠色殯葬主張的各種細節，以及其實施的各環節，信仰觀念與實踐理念當然可以並行不悖，甚至互為印證。以道門常用《太上感應篇》闡述基本世間教法，其既然說明「禍福無門，唯人自召；善惡之報，如影隨形」，則只要綠色喪葬禮儀和葬法不影響幽魂接受救度，則禮儀和葬法越是有益世界環保，就越能功德延吉子孫。一旦每個信徒考慮本身為人處世如何才是奉行善道，需要以善念善行積累功德，大概也不會有太多抵觸葬禮形式了。因而，當道教重視死魂有意識，認為轉心懺悔與靈體受到鍊度，既能成仙，也就使得道教相關人類死後去向，不見得需要拘泥在一時的喪葬禮儀和遺體處理方式，道教徒其實可以更多關注葬禮如何更為死者積累功德，並且有信心不論現在或將來不拘束時間地點都能完成信仰的度亡觀念。

四、前人精神應對未來思考

站在尊重歷史事實的立場，必須尊重古人的智慧。首先得承認，中華民族祖輩以來，面對著土地不緊張的情況，尤其為著保護青山綠水，會傾向土葬，也是一種環保意識。在《禮記・祭法》，鄭玄的注釋說：「凡祖者，創業傳世之所自來也。宗者，德高而可尊，其調不遷也……祖者，祖有功；宗者，宗有德，其廟世世不毀也。」埋葬先人的地方，或者先人宗祠所在，都是被視為文化傳承的載體，血緣生命世代生生不息的象徵。古人把最好的青山埋葬親人，選擇最好風水地建設祠堂，都獻給最親的人，是一種尊敬。在風水信仰，這表示山的靈氣結合死者骨血氣，形成感應子孫的靈氣；在神仙

信仰，「庇形後土」則意味著個體憑著死亡，有機會向著更高的生命境界去
復活。有了這樣一種建立在對死者崇德報功的崇敬，又帶著希望死者靈骨保
佑子孫的理想，再加上深諳死者埋骨之處亦可能導致祖先成仙保佑後人，於
是死者埋骨的青山變成生者心目中的神聖地方，山形到水源受到保護，也不
能讓人破壞一草一木，無形就保護山下後人賴以維生的生態鏈，循環不息。

　　歸根結柢，歷史上的道教在根本上重視葬法自然，受著原來道教強調道
法自然的影響，是不會反對土葬讓屍體自然化解，如果不是涉及土地節約的
功德，也不會鼓勵火葬。因此，直到今日，「托屍太陰……庇形後土」還不
只是歷史文獻上的記載，在上世紀以來長期未曾禁止土葬的東盟國家，如馬
來西亞、印尼、泰國、新加坡、緬甸、菲律賓，在很多華人墓園，各家各戶
先人墳墓，旁邊都是附祀後土，形成普遍的墓園信仰景觀。

　　到了今日，比起魏晉那些道教經典降世的年代，地球上人口增加數十
倍，傳統的土葬牽涉到節約土地，大量使用石塊也是破壞山水，過程中也可
能奢費資源；特別是棺木製造、防腐若涉及應用甲醛產品，從出殯到埋葬過
程，更是增加了散播致癌因素的危險。因此，道教更需要站回根本經典《道
德經》主張「一曰慈，二曰儉」的立場，審查現代的土葬方式是否不再符合
道法自然的精神，或可能直接或間接破壞自然。這時，既然一般死者生前都
沒有預先修煉「托屍太陰」，所有死者魂神能否得救也不一定事先得「庇形
後土」，主要看道士的修行真相，道教界對待殯葬的態度當然要回到自身的
度亡道理，一邊重視發揚道士傳承的度亡修行功夫，一邊需要正視各種以
「綠色」為名的替代方案，是否更有利人身健康與長期地球環保，同時其用
品、方法、過程也得合乎教義。

　　道教度亡的信仰內容與教義詮釋固然有利支持綠色殯葬，但整體道教理
論對於綠色環保事業的關注，卻還要立足在道教如何從信仰立場出發，關注
企業不論是否標榜「綠色」都得負起當前的社會責任。就資本社會商企追逐
功利的實況，單憑鼓勵喪葬從簡，或者單單鼓吹火化節約土地，並不見得肯
定可能減少無益消費或完成環保。反過來，這也可能有利讓地給其他不環保
的開發工程。由此回顧，不論儒道觀念對良善的堅持，或道教信徒根據教義
與戒律立場，必須重視當代知識，才可能對話當代許多相關綠色殯葬的建議

與實施。

正如現在大家都明白，火葬本身也構成汙染源，若按照物質守恆，任何遺體火化後都是化解為其他物質留在人間，甚至構成有害物質散播入空氣中；火化設備因此至今還在一代又一代技術改革進程，殯葬行業而今也是一再出現各種替代火化的思路。又如現在很多文章提到樹葬、花葬回歸自然，概稱為「環保自然葬」，可是根據成年人骨灰約等於生前體重的3.5% 這個當代常用公式，就可以想像到每處墓園有一千個以上這種「環保葬」，就可能是數千公斤碳化石塊平均的壓在地表層底下，又難以分解，不見得是環保之福。尤其是在土地偏鹼性地區規劃樹葬或花葬，最終可能還因為土壤缺乏氮與硫，轉而長期使用化學農藥破壞土地資源。

現在的宗教界，若只是拿著經典誇誇其談觀念，無從有實際的當代知識觀察真相，就隨時難以根據教義轉化出眼前生活的抉擇，也難保個人真還能知行合一遵守著教義。久而久之，古代教義對話當代課題反而不見得對道教信仰或綠色殯葬有利，也可能導致某些個人的信仰散漫、價值動搖。

毋庸置疑，每個人的生死觀念原本不盡相同，每個人的生死觀念也深受信仰影響。信仰的抉擇決定了生死觀念，左右了殯葬的內容與形式；而信仰的認識，卻在決定個人抉擇是否合乎教義。正如死者捐贈器官，不以全屍出殯，有人可以引用《孝經·開宗明義章》，從表面去說「身體髮膚，受之父母，不敢毀傷，孝之始也」；但誰也知道這段文字本意在鼓勵愛惜身子而不適用保家衛國、成仁取義，器官移植的結果反而是在無可再選擇的關頭以醫學手段保留父母給予的身體部分，在維護他人幸福的條件下「不敢損傷」的保存下了。這又是足以榮顯父母和教育子孫的示範。現下世界環保意識提升，各種綠色殯葬的主張隨之出現，而同一宗教信仰的回應態度，受著組織或信眾各自認識的差異，也不見得就意見一致。這在在的反映出經典的歷史認識與當代詮釋，結合相關知識的專業程度，考驗著宗教立場的判斷與回應。因而，各種綠色殯葬的主張和方法，實踐以後是否真正環保，有待實際效果驗證，但其推行過程肯定會對話民間文化傳統，也可能不小心動搖民眾從信仰風俗維繫的心靈充實，付出社會代價。不論何種綠色殯葬理念，一旦實施，從具體操作的細節對話民眾所秉持生死觀念的信仰源頭，是必須的。

　　然而，殯葬畢竟涉及文化傳承與價值體系的展現，社會發展需要的無形資本也不是有形的數目字可以確定其價值的，這也意味著不論殯葬的簡化、複雜化、商業化或者規範化，採用何種儀式與葬法，不論最後結果是死者家屬價格節約成本或者操作者增加收入，離開理解其原來現象背後的思維模式去考慮新的實行，是不恰當的，所在的社會反可能就此損失著五行的歷史文化價值。這樣一來，不論討論道教信仰如何回應與支持綠色殯葬，或者是討論綠色殯葬如何是適合導入道教信仰，要求的不是各自的信仰或信念，而是兩個領域的知識體系能互相實實在在的由對話而對接，才能準確的讓專案實踐同時合乎道教信仰與綠色理念。

　　而現代年輕一輩接觸傳統機會少了，受著資本主義金錢觀念影響大了，有些人從信仰和生死觀都不是那麼清晰，也可能發生家屬與殯葬業者「共謀」。常見的現象，是有些信眾甚至不清楚自己信仰宗教的宗教人員角色，也不清楚自己信仰上對待死者應有責任和態度，結果把宗教儀式視如花錢給外人負責禮儀活動，求個自己安心；他們面對親人最後一程，甚至不再理解親自實踐系列禮儀是自身為死者盡心的義務，是體驗生死感受、療傷止痛與心靈轉化過程。如此條件下，實行簡化殯葬、綠色殯葬，固然可能因著主家考慮著省事、怕麻煩、節省經濟等等，少了阻力，但實際上衝擊孝道和倫理價值的底線，反而不利於喚醒家庭乃至社會和諧的情感認知。親情維繫的考量下，所謂綠化與簡化的趨勢，畢竟不能衝擊信仰所承載的道德價值體系，也不能挑戰信仰所反映的文化傳統之底線，必須止於一個限度。

3

台灣環保自然葬的轉型
努力與期待

郭慧娟

台灣環保自然葬協會理事長

摘　要

　　環保自然葬逐漸受到台灣民眾的認同與關注，當越來越多人接受樹葬、花葬、海葬同時，環保自然葬的選地、規劃、管理、骨灰分解及追思、祭祀等問題也開始受到關注與重視。

　　台灣環保自然葬協會於民國106年6月成立，其成立目的是希望協助政府及產業關注，並解決台灣環保葬各項待面對與解決問題，提醒各地政府於選地、規劃和管理上，建立更審慎、多元的評估思考態度，建議各葬區管理單位能給予殯葬服務人員落葬服務引導的時間與空間，重視喪家在進行骨灰植存和葬後追思的種種需求。

　　協會成立後立即於同年8月邀集國內著名土壤及環境專家，針對如何讓骨灰有效分解進行討論，提出各種具體可行之參考建議；針對喪家於採行環保葬過程及葬後的需求，於107年元月舉辦環保葬儀節與流程發表會，提供葬區管理單位及殯葬禮儀服務人員服務再提升的思考與建議；107年6月又於台北市第二殯儀館景仰樓四樓多媒體會議室舉辦「環保自然葬追思需求與葬區規劃」座談會，提出多項建言，希望提升台灣殯葬文化，並重視喪親家屬悲傷和追思需求。

　　台灣環保自然葬實施已十五年，該是全盤檢視並進行轉型的時候，期能藉由各界諸多關懷與努力，讓台灣民眾擁有身後與心靈環保，留給後代子孫一個安心、潔淨、舒服的生活環境與空間。

關鍵詞：環保自然葬、樹葬、海葬、花葬、植存

一、台灣環保自然葬的現況與發展

　　目前全國公墓內已可實施骨灰樹葬、灑葬之地點計有33處，自民國92年

至107年1月止已辦理32,598位；公墓外[1]已可實施骨灰植存之地點計有2處，自民國96年至今已辦理6,765位。

(一)環保自然葬的精神與定義

所謂「環保自然葬」，是現代考量地狹人稠、土地資源有限，基於節省土地資源及回歸大自然的理念，將火化後再處理（或研磨）之骨灰，以或拋、或灑、或植存等方式，拋灑或埋藏於合法指定之大自然處所，不造墓、不立碑、不留記號、不做永久存放設施，俾使骨灰於一段時日後融合於大自然，為不占空間之骨灰處理方式。之所以稱之為環保自然葬是希望藉由讓遺體化作春泥、回歸大地，避免環境的破壞，節省土地的資源，提升殯葬文化及人文的精神內涵。

(二)環保自然葬的法源依據

民國91年公布的《殯葬管理條例》賦予環保自然葬法源依據，並授權地方政府因地制宜訂定公墓外實施骨灰拋灑或植存之相關規定，101年修正公布之《殯葬管理條例》就環保自然葬之規範如下：

1. 《殯葬管理條例》第2條第十一款規定：「樹葬：指於公墓內將骨灰藏納土中，再植花樹於上，或於樹木根部周圍埋藏骨灰之安葬方式。」
2. 第18條第四項、第五項規定：「專供樹葬之公墓或於公墓內劃定一定區域實施樹葬者，其樹葬面積得計入綠化空地面積。但在山坡地上實施樹葬面積得計入綠化空地面積者，以喬木為之者為限。」「實施樹葬之骨灰，應經骨灰再處理設備處理後，始得為之。以裝入容器為之者，其容器材質應易於腐化且不含毒性成分。」
3. 第19條規定：「直轄市、縣（市）主管機關得會同相關機關劃定一定海域，實施骨灰拋灑；或於公園、綠地、森林或其他適當場所，劃定

1　公墓外指的是依據《殯葬管理條例》第19條規定：「直轄市、縣（市）主管機關得於公園、綠地、森林或其他適當場所，劃定一定區域範圍，實施骨灰拋灑或植存。」目前國內公墓外的植葬區有金山環保生命園區以及新北市三芝櫻花生命園區。

一定區域範圍，實施骨灰拋灑或植存。前項骨灰之處置，應經骨灰再處理設備處理後，始得為之。如以裝入容器為之者，其容器材質應易於腐化且不含毒性成分。實施骨灰拋灑或植存之區域，不得施設任何有關喪葬外觀之標誌或設施，且不得有任何破壞原有景觀環境之行為。第一項骨灰拋灑或植存之自治法規，由直轄市、縣（市）主管機關定之。」

4. 《殯葬管理條例施行細則》第17條規定：「依本條例第19條第一項規定劃定之一定海域，除下列地點不得劃入實施區域外，以不妨礙國防安全、船舶航行及漁業發展等公共利益為原則：

一、各港口防波堤最外端向外延伸六千公尺半徑扇區以內之海域。

二、已公告或經常公告之國軍射擊及操演區等海域。

三、漁業權海域及沿岸養殖區。」

(三)環保自然葬的申請流程與做法

依照內政部全國殯葬資訊入口網[2]「環保自然葬」專區提供資料，環保自然葬的儀式、流程：在人死亡之後到安葬之前，所有的殮、殯、奠等喪葬儀式其實和一般葬法都是相同的；申請的民眾只要備齊相關證件（死亡證明、火化證明等），就可以到有辦理環保葬的直轄市、縣（市）主管機關辦理申請，沒有資格限制，亡者不必要是該縣市市民，也不必一定要是死亡後多久之內才能申請。

該網站指出，環保自然葬法可分樹葬、灑葬、海葬、花葬等，說明如下：

◆ 樹葬與花葬

樹葬與花葬是指於公墓內將骨灰藏納於土中，再植花樹於上，或於樹木根部周圍埋藏骨灰之安葬方式。實施樹葬之骨灰須經研磨裝入容器，其容器材質應易於自然腐化，且不含毒素成分。目前多使用玉米澱粉製作、可分解

---

2 為內政部民政司建置並管理之部門殯葬資訊網站，https://mort.moi.gov.tw/

的骨灰罐。

◆海葬（海上骨灰拋灑）

海葬是將研磨處理過之骨灰（或裝入無毒性易分解材質之容器）拋灑於政府劃定之一定海域。火化後的骨灰，需經過再處理，使其成為小顆粒或細粉，目前的做法是用雙層環保袋包裹盛裝，並加入五彩石增添重量，當船行駛至外海，由家屬為亡者做最後祝福祈語後，將環保袋伴隨鮮花拋向海中，於眾人默禱下，目送骨灰沉入海中。

骨灰撒海，衝破了傳統的「入土為安」觀念。「人從自然中來，又回到自然中去」，海葬是國內繼墓葬以後殯葬的重大突破。台灣地區四面環海，政府單位期待海葬能慢慢蔚為風氣，成為台灣殯葬文化另一特色。

◆灑葬（公墓內骨灰拋灑）、植存（公墓外骨灰拋灑或埋藏）

「灑葬」和「植存」是在政府劃定的特定綠化地點、花園或森林，以拋灑或埋藏骨灰之方式進行，同樣是不立墓碑、不造墳、不記亡者姓名，以供永續循環使用。目前全國公墓外可供骨灰植存的地點有2處，新北市金山環保生命園區自民國96年11月至107年1月止已辦理5,853位亡者、新北市三芝櫻花生命園區自民國102年4月至107年1月止已辦理912位亡者[3]。

二、當前台灣環保自然葬的迷思與限制

環保自然葬已成為台灣殯葬的既定發展政策，當越來越多人採行此類葬法，環保自然葬的永續發展問題同時也必須面對。目前台灣環保自然葬備受關注的問題與面向包括：骨灰能否快速有效分解以利重複使用、儀式與流程能否更具溫度與豐富、園區規劃普遍缺乏後續人文追思關懷等。

---

[3]　資料來源內政部全國殯葬資訊入口網「環保自然葬」專區，https://mort.moi.gov.tw/frontsite/nature/newsAction.do?method=viewContentDetail&iscancel=true&contentId=MjU5Mw==

表3-1 台灣實施環保自然葬法之地點及執行成效

縣市別	項次	名稱	資格限制	收費標準	啟用年度	使用狀況	備註
台北市	1	富德公墓「詠愛園」	不限設籍地	免費	92.11.10	10,723位	
	2	軍人公墓「懷樹追思園」	限亡故現役軍人／榮民（及其配偶）	免費	95	159位	
	3	陽明山第一公墓「臻善園」	不限設籍地	免費	102	3,786位	花葬
新北市	4	新店區公所四十份公墓	不限設籍地	免費	93	183位	
桃園市	5	楊梅市生命紀念園區「桂花園」樹葬專區	不限設籍地	本市免費；外市$5,000／位	102.1	875位	
	6	蘆竹生命紀念園區——追思園	不限設籍地	本市免費；外市$5,000／位	106.3.28	331位	
苗栗縣	7	竹南鎮第三公墓「普覺堂」多元葬法區	不限設籍地	免費	96	217位	
台中市	8	台中市大坑區第三十公墓「歸思園——大坑樹灑花葬區」	不限設籍地	$3,000／位	95	1,536位	總數576個穴位，暫停使用中
	9	台中市神岡區第一公墓「崇璞園」	不限設籍地	$3,000／位	101.1.6	2,797位	
	10	台中市大雅區樹葬區	不限設籍地	$3,000／位	107		107.4.24啟用
南投縣	11	鹿谷鄉第一示範公墓	不限設籍地	$3,000／位	101	172位	
	12	草屯鎮嘉老山示範公墓樹葬專區（A+B區）	不限設籍地	本鎮使用規費$5,000+管理費$5,000；本縣使用規費$7,500及管理費$7,500；非南投縣民使用規費$10,000及管理費$10,000	106.8	11位	

（續）表3-1　台灣實施環保自然葬法之地點及執行成效

縣市別	項次	名稱	資格限制	收費標準	啟用年度	使用狀況	備註
彰化縣	13	埔心鄉第五新館示範公墓	不限設籍地	本鄉$6,000／位；外鄉鎮$9,000／位	100	138位	總數214個穴位，可重複使用
雲林縣	14	大埤鄉下崙公墓	不限設籍地	樹葬$8,000／位；灑葬$3,000／位；外鄉收費2倍	101.5.9	83位	總數230個穴位，可重複使用
	15	斗六市九老爺追思生命園區	不限設籍地	$3,000／位	104.8.10	98位	
嘉義縣	16	溪口鄉第十公墓	不限設籍地	本鄉$5,000／位；外鄉$10,000／位	96	14位	
	17	阿里山鄉樂野公墓	不限設籍地	（訂定中）	102.1.31	127+41位	目前先推動無主墳樹葬
	18	中埔鄉柚仔宅環保多元化葬區	不限設籍地	$6,000／位	102.7.26	270位	目前先推動無主墳樹葬
台南市	19	台南市大內骨灰植存專區	不限設籍地	$3,000／位	103.3.26	1,210位	
高雄市	20	旗山區多元化葬法生命園區（景福堂）	不限設籍地	至107.4.25前高雄市民免費；之後$20,000／位	99.1.23	1,333位	總數400個穴位，可重複使用
	21	燕巢區深水山樹灑葬區「璞園」	不限設籍地	至107.4.25前高雄市民免費；之後市民$15,000／位；外縣市$9,000／位	103.4.26	1,361位	總數600個穴位，可重複使用
	22	（私立）麥比拉生命園區樹葬區	不限設籍地	由教徒隨喜奉獻	103.7.14	8位	
屏東縣	23	林邊鄉第六公墓樹葬區	不限設籍地	樹／花葬$8,000／位、壁葬本鄉$15,000／位；外鄉$25,000／位	93	27位	
	24	九如鄉「思親園」納骨塔	不限設籍地	本鄉樹／花葬免費；外鄉$10000／位	101.4.12	182位	目前推動無主墳樹葬

（續）表3-1　台灣實施環保自然葬法之地點及執行成效

縣市別	項次	名稱	資格限制	收費標準	啟用年度	使用狀況	備註
屏東縣	25	麟洛鄉第一公墓	不限設籍地	樹葬＄１００００／位；灑葬$3000／位	101.9.25	5,446位	目前先推動無主墳樹葬
基隆市	26	（私立）未來世界藝術墓園	不限設籍地	樹葬$50000／位	104.10.6	0位	
宜蘭縣	27	宜蘭縣殯葬管理所「員山福園」	不限設籍地	樹葬$5,000／位；灑葬$2,500／位	96.10	379位	樹葬240灑葬139
花蓮縣	28	花蓮縣鳳林鎮骨灰拋灑植存區	不限設籍地	本鎮$3,000／位；非本鎮$5,000／位	101.10.8	202位	
花蓮縣	29	花蓮縣吉安鄉慈雲山懷恩園區環保植葬區	不限設籍地	本鄉$3,000／位；非本鄉$5,000／位	105.05.03	301位	
台東縣	30	卑南鄉初鹿公墓「朝安堂」多元化葬區	不限設籍地	$10,000／位	98	80位	
台東縣	31	太麻里鄉三和公墓	不限設籍地	無主免費；本鄉$2,000／位；外鄉$3,000／位	101	381位	目前先推動無主墳樹葬
台東縣	32	台東市殯葬所懷恩園區	不限設籍地	本市$9,000／位；本縣$13,500／位；外縣$18,000／位	103.5	57位	
金門縣	33	金城公墓樹葬及灑葬區	不限設籍地	免費	95	70位	
新北市	34	金山環保生命園區	不限設籍地	免費	96.11.24	5,853位	公墓外植存
新北市	35	三芝櫻花生命園區	不限設籍地	免費	102.4.22	912位	公墓外植存

資料來源：郭慧娟整理製表。內政部全國殯葬資訊入口網「環保自然葬」專區，網址：https://mort.moi.gov.tw/frontsite/nature/newsAction.do?method=viewContentDetail&iscancel=true&contentId=MjU5Mw==

(一)環保自然葬的骨灰分解效益問題

　　基於環境保護、回歸大自然，讓骨灰化作春泥更護花的精神，政府從民國92年起積極推動環保自然葬，但原本預期埋藏在土壤裡的骨灰能在短時間內分解，卻逐漸傳出有「結塊不化」情形，這對原先樹葬園區穴位能重複使用，為花樹植物吸收滋養大地的期待，受到衝擊與影響，如何讓樹葬（植存）骨灰有效分解，成為殯葬產官學界和民眾都重視的問題。

　　台灣施行樹葬（植存）已有十五年，最早預期骨灰在埋藏地下約兩年後會被分解，轉化成養分滋養樹木或花草。原有的骨灰化為春泥，新的骨灰可以在同一地點再埋藏。如此重複循環，在有限的土地上，可以無限地埋藏骨灰。逝去的前人不會和後代子孫搶占土地，達到環境保護與重複循環利用的理想。

　　但是，民國95年啟用的台中市大坑「歸思園」樹葬區，三年後576個樹葬穴位全滿。依當初規劃，應當可以重複再進行新一輪的樹葬，這時卻發現先前埋藏的骨灰不但未分解，還結塊難化，無法再繼續新一輪的樹葬，不得不暫時「休園」，另闢神岡區「崇璞園」樹葬區因應。然神岡樹葬區107年同樣又因「滿葬」再闢大雅樹葬區，迄今台中市樹葬區未有能循環使用者。

　　又如法鼓山因協助維護管理「金山環保生命園區」，同樣也發現類似問題。為讓骨灰有效分解，近年來其植存程序已不再將環保紙袋一併放入植存穴，改為直接把骨灰倒入穴中；而且各植存劃分區域均有數量管制，一旦達到飽和，即暫予封閉，開啟其他區域進行植存，原植存區則予以掘地翻土，確保骨灰與土壤相互混合，也讓土地休養生息。

　　此外，最早施行樹葬和花葬的台北市木柵富德公墓樹葬試辦區、「詠愛園」、陽明山「臻善園」等，骨灰埋藏方式也從可分解玉米罐或紙盒裝，改為棉紙裝，再改為骨灰直接置入的方式。但仍無法完全避免骨灰結塊不化情形。

　　對此，對土壤有專業研究的中興大學土壤環境科學系主任黃裕銘教授曾憂心忡忡指出[4]，當初在聽聞國內推行樹葬（植存）時，對於骨灰埋在地下

---

[4] 資料引自台灣環保自然葬協會2018年出版《愛‧生命‧與大自然的對話》刊物第二版「環保葬儀節與流程發表」。

台中大坑歸思園樹葬區（郭慧娟拍攝）

金山環保生命園區（郭慧娟拍攝）

的分解問題，就有很多疑問。他說，骨灰在土壤中雖然可以被微生物分解，但是分解的數量、時間與速度，都與骨灰埋藏的方式與土壤環境有很大關係。若沒有適當的方式與在適當的環境下埋藏，骨灰很可能結塊不化。

　　臺灣殯葬資訊網執行長林明河[5]也指出，火化後的骨灰已是無機物，定量成堆埋藏到土壤裡後，遇到潮濕就會結塊，很難被分解。雖然各縣市樹葬（植存）區埋藏的骨灰，不曾有大量起掘檢視是否有被分解，但是，依常理

---

[5]同上。

推斷，大部分樹葬（植存）的骨灰，應該都呈結塊不化的狀況。

　　林明河認為，面對此一狀況，顯然主管機關內政部必須提出說法，詳細說明樹葬（植存）骨灰可以在目前各縣市樹葬（植存）區內被分解的科學證明與數據。尤其是在埋藏環境、土壤與埋藏方式不同時，分解時間與數量的變化關係。否則，日後政府在推動環保自然葬上，恐會造成困難和阻力。

(二)缺乏有溫度的儀式與流程

　　筆者長期田野觀察，發現國內各地樹葬的流程普遍相似，多由禮儀服務人員陪同家屬到葬區，葬區管理（處理）人員在樹葬植存區域現場等候會合，待全員到齊後，大多數做法由葬區管理人員引導將骨灰入土、落葬、迅速完成骨灰植存，只有少數禮儀服務人員會規劃儀節和流程，但仍偏屬簡單、快速。

　　至於樹葬流程為什麼偏向簡速，據筆者觀察及了解，一部分是因為國內各環保自然葬區管理單位及相關人員多到金山環保生命園區觀摩學習，將金山環保生命園區植存模式（沒有宗教儀式、骨灰直接落葬）複製採用，引導家屬和禮儀服務人員依此模式進行；另一部分原因是因葬區規定如此處理；或禮儀服務人員以為依規定環保自然葬不能有儀式，只要將骨灰植存即可。

　　就此，筆者曾多番思考，當前樹葬的流程僅只將骨灰植存完成入土落葬，這樣有完全滿足家屬對葬的需求嗎？如何做才能更滿足家屬葬的需求？若從家屬需求的角度：環保自然葬需不需要儀式？若有，需要什麼樣的儀式？骨灰落葬的流程能不能有不一樣的規劃和安排？若家屬需要儀式和落葬流程，葬區管理單位和人員可不可能改變或配合？

　　若從禮儀服務人員的角度而言：植存過程能否多些人文關懷儀節？禮儀服務人員能如何規劃儀式？宗教儀式？或有無可能規劃非宗教儀式？能否規劃某些「有溫度」的落葬流程？除了儀式和流程，禮儀服務人員可以如何引導？能否加入某些藝術治療元素？禮儀服務人員如何表達送行的用語？還有，禮儀服務人員是否需要在樹葬開始前向家屬統一說明樹葬的精神與做法？

同樣地，若從葬區管理單位和人員的角度思考：是否可以不要侷限目前的落葬流程？有沒有可能給予禮儀服務人員更多引導機會？葬區規劃能否更人性化？葬區規劃能否對家屬和禮儀服務人員更貼心？現行規劃和管理上有何困難和問題？

筆者認為由於喪禮有「簡禮、短喪、薄葬」發展趨勢，當許多禮俗被簡化、治喪時間被縮減、落葬過程又極簡，喪禮中面對死亡、抒發悲傷及家族支持等某些功能便無法獲得良好的發揮，再加上真實的喪親悲傷往往從辦完葬禮後開始，因此，如何規劃儀式和安排流程便成為值得討論和思考的議題。

(三)葬區的規劃與設施缺乏後續人文追思關懷

目前國內各環保自然葬區，普遍只是公園化的規劃，缺乏貼心的殘障步道和飲水、廁所等設備，更缺乏讓家屬休憩和追思、寄情的地方。

事實上，環保自然葬區的功能應該是多元的，除了埋葬死者的功能外，還可以扮演城市中綠肺的功能，以及具有文化及歷史的地方，甚至也能夠滿足人們當前的心理需求，或達到探訪或觀光的目的。

107年6月12日在台北市第二殯儀館景仰樓四樓多媒體會議室舉辦「環保自然葬追思需求與葬區規劃」座談會中，參加與談的台灣環保自然葬協會理監事即針對目前樹葬區追思設施不足提出看法。

協會理事資深禮儀師曹聖宏指出，就他日前前往日本樹木葬靈園東京都八王子的「風の丘樹木葬墓地」和西東京墓苑的參訪經驗，日本這些墓園一般都有提供鮮花、蠟燭及線香的追悼放置設施。另外，墓園也是一個封閉的空間，為了空間的體驗方便，建議也應該要有良好的管理，例如清楚的地圖、整潔的植被、維護良好的空間（設置明顯的告示，讓人們知道什麼是禁止的行為），以及方便的水源。

協會常務監事林銘堉醫師指出，根據他的觀察和了解，目前樹葬區普遍缺乏讓家屬休憩、追思、沉澱心情或寄情的設施，也缺乏貼心的殘障步道和飲水、廁所、家屬用餐等設備，希望政府相關單位能重視，多為喪家家屬著想才好。

協會退休資深護理師張靜安理事則從喪親家屬悲傷歷程表示，很多家屬會在辦完喪事下葬回到家後才感到悲傷、空虛、難過，現行環保葬不立碑、不做記號，也完全沒有追思的場所和做法，對許多家屬來說，無法讓悲傷有效抒發，建議環保葬區管理單位應加強讓家屬能追思和祭祀的空間與設施。

　　而理事南華大學生死學系講師王姿菁由其曾參與地方殯葬評鑑經驗分享，她認為目前很多地方規劃的樹葬區，多淪為納骨塔景觀，因此，除了骨灰植存功能外，其他功能和設施幾乎都不足，尤其是缺乏貼心服務設備（飲水、餐飲、廁所），這些都是建議各地方政府未來需要加強的。

三、台灣環保自然葬的轉型建議與做法

　　台灣環保自然葬法具體實施十五年來，採行者越來越多，接受度也越來越高，為將來永續推動計，政府機關應該要有中長期的使用考量規劃，並應再重新全盤檢視目前的限制與問題，增加追思、沉澱、休憩等功能的設施；而殯葬禮儀服務業者也應隨著消費需求增加，開始思考如何規劃和提供具附加價值和人文關懷的禮儀服務，才能多元滿足家屬葬的需求。

(一)找出科學有效的骨灰分解方法

　　環保自然葬的骨灰分解狀況，攸關葬區能否如預期地適時重複使用，政府相關管理機關應該予以重視，並積極透過各領域的專業，集思廣益，找出最好、最有效、最貼近需求的分解方式。

◆建議未來選地宜多評估葬區土壤土質
　　由於骨灰的主要成分是無機物磷酸鈣，並不溶於水。一旦將骨灰置於各種容器中，土壤環境潮濕，骨灰就容易結成塊，無法如預想的能化作春泥更護花。未來葬區宜事先評估葬區土壤土質，溼度太高、黏性過高的土質較不適宜骨灰分解，土壤專家中興大學土壤環境科學系主任黃裕銘教授建議以較鬆砂土為佳。

◆建議可混入有機材料以助骨灰分解

而植物根系或土壤微生物產生的有機酸可以降低土壤對磷的吸附及溶解難溶的磷酸鈣、磷酸鐵、磷酸鋁以促進土壤磷的移動及生物有效性，因此黃裕銘教授也建議可混入有機材料，利用有機材料使原土壤中的微生物，特別是溶磷菌生長進而溶解磷酸鈣。對於樹葬區多種植豆科植物，或根系多、生長快速的植物，例如田菁、玫瑰花等，都能有助骨灰有效分解。

◆建議骨灰、花瓣、樹葉、沙土分層堆疊淺層埋藏

台灣環保自然葬協會則建議，打破挖穴式骨灰埋藏方式，嘗試以較大面積分層堆疊處理方式，將樹葉、骨灰、花瓣、土壤混入溶磷菌後層層堆疊，提出可能有效分解骨灰的構想。具體做法為：先於土上置一層樹葉，意謂落葉歸根，再灑一層薄薄的骨灰，接著再置放一層灑上混合溶磷菌水的花瓣，再灑一層土；接著再重複一次灑骨灰、花瓣、土，如此層層堆疊，混有骨灰及有機物等，比較能滋養土壤，或可讓骨灰能較快速、有效分解。

◆建議管理單位進行科學驗證、提出數據

各土壤和微生物專家建議葬區管理單位要有科學實驗精神，畢竟不同地區，土壤環境不同，濕度和骨灰分解即會有變數，最好能試驗並了解骨灰在葬區分解的科學證明和數據，才能真正落實環保自然葬回歸大自然的精神和理念。

(二)規劃有溫度的樹葬儀式與流程

為提升優質的環保自然葬式及服務，台灣環保自然葬協會於107年1月24日，在台中神岡崇樸園樹葬區，舉辦一場「愛·生命與大自然的對話」環保自然葬儀式流程發表會，會中建議禮儀從業人員除了植存骨灰外，還可思考加入一些儀式（追思或宗教）設計，以及豐富落葬流程，甚至可以結合藝術治療、音樂陪襯、家族支持活動等，加上氛圍營造與專業禮儀師口語及送行引導，增強生死交流的功能，讓家屬能多抒發出心中的情感與悲傷。

台灣環保自然葬協會建議打破目前挖穴式骨灰埋藏方式,改以骨
灰、花瓣、樹葉、沙土分層堆疊淺層埋藏 (楊子牧提供照片)

◆ **氛圍營造和用品準備**

如若家屬希望能豐富樹葬氛圍及過程,禮儀服務人員於樹葬進行前可以
如何進行氛圍營造?準備什麼樣的用品?如何營造視覺與聽覺效果?

在視覺效果營造方面,可以準備和運用的樹葬用品可依逝者生前喜好、
興趣為主題布置,包括:樹葉、花瓣、鮮花、托盤(置樹葉、花瓣、鮮花
用)、骨灰盒、骨灰袋、飲料(茶、酒、咖啡)、餐食、祈福卡、小信紙、
紙鶴;在聽覺效果營造方面,可準備音樂播放器、安排由家屬吹彈奏音樂,
或聘請專業樂師現場演奏。

樹葬過程適度氛圍營造能起到不同效果(楊子牧提供照片)

　　但視覺效果營造以美麗、祥和為主；聽覺效果營造目的是要情緒帶動、達沉澱和療癒效果；物品準備的原則則應注意以環保、簡約為原則。

◆ 儀節規劃

　　現行國內大部分環保園區可能觀摩位於法鼓山的金山環保生命園區做法，普遍認為於樹葬落葬過程，沒有儀式、不準備物品，單純地引導禮儀服務人員和家屬進行植存落葬，但是，金山環保生命園區並非沒有儀式，該園區於樹葬前會有葬前說明會，也有適合其葬區環境、規範和教育示範目的的植存流程，而其他地方樹葬園區其實可以有不同的做法和規範。

　　樹葬儀式規劃與設計，建議以十至十五分鐘為宜，若家屬有特定宗教信仰可依此規劃，若無也可以規劃適合大家進行非宗教內涵之儀式，重點是儀式的設計最好都能帶領家屬一起參與，才能確實發揮葬禮功能。另外，植存落葬的流程，同樣也建議以十至十五分鐘為宜（含引導時間）。

樹葬儀式可依家屬需求規劃，以十至十五分鐘為宜（楊子牧提供照片）

◆ 落葬流程規劃

　　樹葬儀式的儀節與流程安排，台灣環保自然葬協會提出一個參考版本，建議各禮儀從業人員可以根據每一個不同家庭個案進行客製化規劃，落葬過程亦可結合花語進行引導。以下是該協會參考版本的流程：(1)葬前準備與說明；(2)祈福儀式（結合宗教或非宗教儀式亦可）；(3)落葉歸根；(4)「四道」引導；(5)愛的落灰（鋪灑骨灰）；(6)覆土儀式；(7)獻花祝福；(8)永恆的標記與巡禮（現場拍照紀念）。

禮儀師宜適度規劃及安排樹葬流程與儀式（楊子牧提供照片）

儀式的設計最好都能帶領家屬一起參與才能確實發揮葬禮功能（李孝禹提供照片）

樹葬過程禮儀師宜善用祝福與送行用語（李孝禹提供照片）

◆禮儀師的送行口語與引導技巧

　　樹葬過程，禮儀師適度進行引導，可以達到讓生死交流和抒發情感的作用，能撫慰家屬，以祝福達到療癒，最重要的是讓樹葬流程變得有溫度。

　　禮儀服務人員引導技巧與原則，首先，禮儀服務人員事先可與家屬溝通，掌握家族文化與個性，同理並了解逝者與親友間的情感，現場再以適當

禮儀師適度的引導能帶動情緒並達抒發和療癒效果（台灣環保自然葬協會提供照片）

圖3-1 禮儀師送行口語與引導話語內涵一覽

資料來源：郭慧娟（2017）。《禮儀師的訓練與養成》，第19章。台北市：華都文化。

的情感、用語和聲音引導，讓亡者與家屬彼此間的生命情結，得以更溫暖豐厚或和解。

(三)加強葬區休憩、追思與沉澱心靈設施

有關環保自然葬區的設施規劃，建議目前有提供樹葬的園區管理單位，應當同理並重視喪親家屬追思和哀悼的需求，具體做法例如：

1. 建議加強貼心服務設施：例如生命咖啡館（休憩區）、洗手檯、飲水區、獨立洗手間、殘障步道等。
2. 建議加強設置家屬追思和寄情設施：建議可在樹葬區設置擺放鮮花的追悼台，可以設置追思牆、追思花廊、回憶牆、吊祈福卡區等，提供家屬緬懷、追思親人，以及沉澱心情設施。
3. 建議配合喪親悲傷歷程設置追悼和祭祀作為的設施：建議設置電子網路追思設施、天堂祝福區「天堂信箱」等具體可讓家屬祭祀和追思親人的設施，滿足家屬對於樹葬的後續追思需求。

參考文獻

台灣環保自然葬協會（2018）。〈骨灰分解交流〉。《愛・生命・與大自然的對話》第一版。

台灣環保自然葬協會（2018）。〈環保葬儀節與流程發表〉。《愛・生命・與大自然的對話》第二版。

郭慧娟（2017）。《禮儀師的訓練與養成》。台北市：華都文化。

環保自然葬。內政部全國殯葬資訊入口網。網址：https://mort.moi.gov.tw/frontsite/nature/newsAction.do?method=viewContentList&subMenuId=902&siteId=MTAz

環保自然葬。臺灣殯葬資訊網。網址：http://www.funeralinformation.com.tw/Detail.php?LevelNo=13

4

以家風文化為導向的文化陵園

趙志國

中國殯葬協會文化遺產委員會副主任

中國河北省古中山陵園董事長

2018
年綠色殯葬論壇學術研討會論文集

摘　要

　　本論文嘗試為東方華人世界的新興議題「家風文化」，與文化陵園建設，進行後現代的意涵解構與重構，用以彰顯其核心價值「家與傳承」以擴及實際操作手段與公墓陵園產業。論文首先透過對「家風文化」創始之初的框架思路，分為歷史、思想、社會等方面進行鋪陳；繼而提出在文化陵園建設上，依其家風原理及引申的可能方向。論文後段引述文化陵園，從內含面、建築面、綠色殯葬理念上如何導入家風文化思想；嘗試著為理念性框架尋求實際操作性與角度。文末建議國內的陵園業者，以此借鑒，合力將家風文化落實共同打造文化陵園的藍圖，使之能一方面在傳播上更不斷深化，另一方面在實踐過程中造福廣大人群。

一、引言

　　家風文化最為一門東方華人世界圈的新興議題，經由不同程度的推廣下，至今已有相當的群體聽過亦或是瞭解其珍貴的意義與推廣價值，如今更有成立針對性「世界家風大會」為其家風文化做有組織性的推廣，然長期以來，公墓行業乃至全體殯葬產業於人類社會因由產業性質特殊加之傳統「趨吉避凶」觀念影響下，使得公墓行業在群眾思想上淪為陰森恐怖之景象，令我深感家風文化對於社會乃至全人類之重要性，身為家風文化學者，再者擁有旗下經營之陵園公墓產業，相當樂於將之推廣普及。如何將家風文化及文化陵園建設更為扎實奠定其基礎，理當是我責無旁貸的重大任務。

二、家風文化

　　家風是一個充滿中國傳統文化氣息與元素的概念，雖短短兩字，卻飽含中華傳統文化漫漫承襲中的力量。修身、齊家、治國、平天下，歷來是中國

知識份子的使命。齊家即飽含著家風的規範、養成和浸潤。因此，家風是社會歷史發展下的文化積澱，含蘊著中華傳統文化的精髓，深具歷史傳統的核心氣質。

　　簡單來說，家風，是家庭或家族多年來形成的傳統風氣風格和風尚，是家庭或家族的生活方式、理念、價值觀、人生觀、生活態度等等的綜合。這些構建成一個家庭或家族對外獨特的氣質家風。

　　家風不是物質的東西，和家庭或家族的貧與富、社會地位的高與低沒有任何關係。每個家庭、家族，無論貧窮或富貴、高貴或低賤都有自己獨特的家風。在平常的生活中，我們經常看到：有些家庭比較富裕，但子女卻不孝順，家裡的生活氛圍也不是很好。有些家庭雖然比較窮，家庭氛圍卻十分和諧。

　　縱觀很多名人的成長史，不難發現，縱然家境一般，但父母對子女的教育卻從沒放鬆過，確保孩子每一步的成長都得到最合理的教育。所以又說家風是一種潛在無形的力量，是在日常的生活中潛移默化地影響著孩子的心靈，塑造孩子的人格，是一種無言的教育、無字的典籍、無聲的力量，是最基本、最直接、最經常的教育，方法方式。它對孩子的影響是全方位的，每個方面都會打上家風的烙印。可以說，有什麼樣的家風，就有什麼樣的孩子。

三、思想內涵

　　「家風」屬於意識形態範疇，具體來說，它是一個家庭的精神層面的東西。

　　根據文化的內部結構，家庭文化可分為三個層次：心態層、制度層、物質層。

(一)心態文化層

　　人類社會實踐和意識活動中長期蘊育而形成的價值觀、審美方式、思維習慣等構成，是文化的核心內容。

　　西晉文學家潘岳的〈家風詩〉：

縮發縮發，發亦鼇止；曰祇曰祇，敬亦慎止；靡專靡有，受之父母。鳴鶴匪和，析薪弗荷；隱憂孔疚，我堂靡構。義方既訓，家道穎穎；豈敢荒寧，一日三省。

良好的家風對作者的成功的影響，強調「家風不可忽視，家訓不可小覷，人品十分重要，習慣決定人生」的這個家教話題。

史學大家司馬光為樹立節儉的家風，寫了〈訓儉示康〉一文給兒子司馬康，大力提倡節儉家風，批判奢靡的家風，在批評宰相寇準家風奢靡時指出：「近世寇萊公好奢冠一時，然以功業大，人莫之非，子孫習家風，今多窮困」，意思是說，寇準家風浮華奢侈，因他功業大而無人敢批評他，但他的子孫也沿襲了他奢侈浮華的家風，導致族人很多都窮困潦倒。司馬光用現實事例說明家風關乎到一個家庭、家族的興衰成敗。司馬光最後寫到：「汝非徒身當服行，當以訓汝子孫，使知前輩之風俗。」告誡兒子司馬康，不但自己要儉樸，還要教導子孫後代，使他們都知道、並堅守先輩們所建立的儉樸家風。

(二)制度文化層

由人類在社會實踐中建立的各種社會規範構成，包括社會經濟制度、政治法律制度、婚姻制度、家族制度、宗教社團、教育、科技、藝術組織等等。

曾國藩被譽為晚清中華第一名臣、「千古完人」。曾國藩家族子弟及其後人得「曾家無一廢人」的美譽，這與曾家優良的家風不無關係。曾國藩的祖父曾玉屏其人個性倔強，由於「早年失學，顧而引為深恥」，對子弟教導甚為嚴厲，創立八條家規：書（讀書）、藏（種菜）、魚（養魚）、豬（養豬）、早（早起）、掃（打掃）、考（祭祀）、寶（敦族睦鄰），曾文正公對祖父十分敬重，「吾家代代皆有世德明訓」，繼承了祖父自強、謹慎、威儀的優秀品質，並將祖父的八字訣擴展為「八本」家訓。

(三)物質文化層

由物化的知識力量所構成，是生產活動及其生產產品的總和。是可被感知的，具有物質文化實體的產物。

《朱子家訓》是我國古代家風家訓的經典範例，對其細細品讀，發現其大致涵蓋三個方面內容：一是價值觀層面，如「一粥一飯，當思來之不易；半絲半縷，恆念物力維艱」。二是待人接物方面，如「勿貪意外之財，勿飲過量之酒」。三是一些具體處事持家之法，如「黎明即起灑掃庭除」、「借人典籍，皆須愛護，先有缺壞，就為補治」。

「家風」對於現代也極具影響，社會主義核心價值觀中的（國家層面）富強、民主、文明、和諧；（社會層面）自由、平等、公正、法治；（個人層面）愛國、敬業、誠信、友善。這二十四個字是社會主義核心價值觀的基本內容，為培育和踐行社會主義核心價值觀提供了基本遵循。家可以算是在社會層面和個人層面都有作用。體現了社會主義核心價值體系的根本性質和基本特性，反映社會主義核心價值體系的豐富內涵和實踐要求，是社會主義核心價值體系的高度凝練和集中表達。

四、社會背景

在一個家族一條血脈，一個姓氏從古至今的興衰變化中，家風和遺傳因數一樣起著主導作用。我們在歷史上看到，有的家庭因為戰爭、災害、政治等外部因素家破人亡、流離失所、背井離鄉，但是只要有一個人在，這條血脈還會延續、崛起、繁衍生息，以至興旺發達。而有的家庭富可敵國，富貴卻很快轟然倒塌，家破人亡，走向衰亡。究其原因，一個家庭的興旺發達不在一時的富有，不在財產的多少，而在於良好的家風。我們不可能永久代替子女做事，卻能夠幫助子孫後代懂得如何做人做事，使得一代更比一代強。古代來說，家風乃是一種隱形社會安定的力量，傳統封建社會體制下，國家的法治總與某部分群體亦或是皇室特權的概念所律定，難免時間一長則出現

因法治體系不平衡所引發的抗爭與社會波動，中國社會遵循傳統儒家思想尊老愛幼，以往君主所樂見的以家文化則普遍深根民眾，家風一則嚴律自身，二則家族穩定、豐衣足食，三則國泰民安，形成「大學」所論：修身、齊家、治國、平天下以彌補法治缺陷的社會安定力量。

如今，我們處在快速發展的時代，這個時代的特徵之一就是：新的社會文化思想的不斷湧現，並且強烈衝擊著傳統文化思想。或許，「家風」這一有著濃厚中國傳統文化的元素，在我們大家面前變得陌生的原因。

於是，很多好的家風、家規、家訓、家學被逐漸淡忘。現在重振「家風」，是有非常積極現實意義的。為了使中華民族源遠流長的家庭美德透過家風代代相傳，為塑造個體人格，形成良好的社會風尚提供支撐是歷代政治家十分關心的問題。

現今中國中央領導人習近平同志在十八屆中央紀委六次全會上強調：「領導幹部要把家風建設擺在重要位置？廉潔修身、廉潔齊家。」這為加強作風建設、推進反腐倡廉建設指明了新的切入點和著力點。

「家是最小國，國是千萬家。」家庭是國家發展民族進步、社會和講的基點，習近平同志指出，「家庭是社會的本細胞，是人生的第一所學校。不論時代發生多大變化，不論生活格局發生多大變化，我們都要重視家庭建設，注重家庭、注重家教、注重家風」。注重家風是中華民族的優良傳統，良好的家風是整個社會風清氣正的基礎，家風也叫門風，是調整維繫家庭成員之間情感關係和利益關係的道德行為規範。

五、文化陵園

(一)文化注入生氣

傳統公墓陵園總是給予大眾陰森恐懼的感官衝擊，其根源乃是因公墓為人類歸葬的彙聚場所，一來平時接觸鮮少，二來因傳統祭祀文化與鬼神信仰帶給群眾趨吉避禍觀念放大，導致傳統公墓死氣沉沉，毫無生氣之感。

　　而家風文化的注入就相當於對肉體注入魂魄，嘗試給予群眾對於公墓新的體認，讓祖先優秀的風範與人生經歷流於後代子子孫孫，讓每位家族成員在做每一次的祭祀行為時，都能多一分家庭教育的觸動，形成良性的教育循環，體現祭祀的核心價值與意義，為此在整體陵園建設上加入了家風文化館，並收錄為數萬冊的傳統老舊家譜，並在陵園設計上體現生命體悟的向死而生精神，營造一種滋養生命養分的精神食糧空間。

　　陵園不只是公墓，而是一塊生命教育的最佳體驗場所，體驗生命，深化家族凝聚能力，追本朔源則是家風文化最值得細細品味的價值所在。

(二)建設賦予靈氣

　　傳統公墓陵園無論為政府單位亦或是民間經營式公墓，都是取決於如何讓土地使用量最大化、占地面積越小、價格低廉，故形成一種墓與墓緊緊相貼、形制統一、錯落有序的墓碑林。而建設靈氣的注入就好比給予建築賦予生命，傳統認為墓碑是冰冷的，其實不然，墓碑具有濃厚的家族文化及優秀的家族史。同樣在陵園的景觀建設設計中，不只是為了單一的美觀，二是在景觀建設中融入優秀的文化（家風文化、紅色文化），進而營造深厚的文化底蘊，來感化影響世人的感官和思想，轉變對公墓陵園傳統的思想觀念。

(三)強調綠色自然

　　中華文化淵遠流長的歷史長河中，「入土為安」的思想觀念普遍深植於社會大眾的心中，土葬型式也成為東方華人世界的主流葬式，但世界人口爆發，相對於古代所能利用的土地面積相關所限，再者，全球暖化的世界性潮流相對引發無數輿論，如何能使節地手段與傳統祭祀文化互助成長這是我所關注的方向。

　　家風文化導入陵園，由於家風文化是一種重視核心價值的觀念，既而在墓葬結構上如何轉私人墓位（個人墓）為開放墓位（自然葬）與追思懷念代替祭祀禮儀是相關簡易的，家風文化強調先人留下的精神財富，並非執著於墓與骨骸，更甚綠色殯葬都可被吸納為一家族的家族葬式，如能以家風文

模式輔助推廣綠色自然葬式，就能當作傳統思想轉化的滋潤劑，相信有助於緩和節地生態葬與傳統觀念的生硬衝擊。

六、結語

家風文化落實與傳統公墓陵園的目的，在於令二者相輔相成、互助互補，繼而帶動文化陵園深根市場、提升產業品質、推動文化式行銷。當下社會，殯葬服務產業面臨快速轉型，而公墓陵園產業因涉及政府相關法令規定轉型過程相對緩慢，且流於形式、美觀、簡約等表面式更迭，如能在公墓產業上既緊靠相關法令又能充實內在自我的文化內涵，將是造福社會的一大舉措。整體行業涉及多方文化與各地相異風俗，透過家風文化建設，能創造傳統優秀文化與生死相關專業不斷對話，以製造話題，或能讓殯葬行業受到世人的正視與重視。公墓產業為數眾多，惟能以輻射性推廣，使之業者明確文化內涵高度與文化陵園建設的重要性，方能創造和諧社會景象。

5

從祭祀到追思——
一個時代意義的反思

邱達能

仁德醫護管理專科學校生命關懷事業科主任、助理教授

摘　要

　　本文的目的在於重新省思祭祀的意義。之所以如此，是因為葬法改變所引起的問題。過去，祭祀是一件天經地義的事情，也產生了應有的效用。但是，隨著時代的變遷，這樣的作用逐漸消失，甚至還面臨取消的命運。問題是，祭祀是否可以取消？我們的需求是否還在？如果需求不再，那麼祭祀確實可以取消。如果需求還在，那麼祭祀就不應該取消。

　　經過探討，我們發現祭祀的需求還在。如果不在，就不會有追思的作為。可是，追思畢竟不等於祭祀，它背後含藏的前提其實是斷絕親人的關係，例如像基督宗教和科學的看法。前者認為人死後可能會成為上帝的子民，後者則認為人死後就會變成自然界的物。無論是前者或後者，這樣的關係都不會是親人的關係。如果我們希望保有這樣的關係，那麼就必須把人間的關係延續到死後，讓親人死後不只成為祖先，也成為神明。唯有如此，這樣的關係才能永恆存在。

　　那麼，要怎麼做才能感受到這一點？在此，就必須在存放神主牌與骨灰罐的地方設置專屬密閉的祭祀空間。在這個空間中，不只有神主牌或骨灰罐的存在，還要有亡者生前的影音資料，並以編輯後的生命啟示錄形式出現，讓家屬在祭祀的作用下產生與亡者和歷代祖先生命一體的感受，重新開啟共創未來的契機。

關鍵詞：祭祀、追思、親人關係、基督宗教、科學

一、引言

　　本來，對中國人而言，祭祀是一件天經地義的事情。如果一個人對於他的先人沒有任何祭祀的作為，那麼我們會認為他的行為是一種不符合孝道的表現。相反地，如果他對於他的先人有具體的祭祀作為，那麼我們就會認為他的行為是一種孝順的表現。因此，對於先人有沒有祭祀的作為即成為我們

判斷一個人是否孝順的標準[1]。

　　可是，隨著葬法的改變，這樣的標準逐漸受到懷疑。因為，過去在土葬的時代，由於有墳墓的存在，所以在清明時節，後人對於先人的祭祀就成為理所當然的重要活動。其後，雖然傳統的土葬在時代的遷變下轉變成了火化塔葬的模式，但是在塔位（逝去親人的骨灰存放處）仍然存在的情況下，後人對於先人有沒有祭祀仍然可以作為評判一個人是否孝順的標準。可是，到了環保自然葬的年代，受到塔位不在的影響，先人在葬後不再占有一定的空間，使得後人的祭祀行為不再能夠那麼順利的執行[2]。此時，往往讓無意祭祀的人有了藉口，認為既然沒有地方可祭祀，於是順理成章的就不再祭祀了。

　　然而，並非所有選擇自然葬的後人都不想祭祀。實際上，有許多的後人他們依舊想要有所祭祀。問題是，在沒有地方可祭祀的情況下，他們要如何祭祀呢？對他們而言，這種沒有地方可祭祀的處境讓他們覺得至為困擾。因為，祭祀並非是沒有對象的任意行為，是有其特定的對象而且是屬於經常性的固定行為。如果先人已經不在，也無故具體的形體存在，那麼想要對這樣的先人祭祀，他們往往感到惶恐而不知如何祭祀？縱使他們勉強的舉行了祭祀活動，也會認為這樣的祭祀十分空泛，很難產生具體的感受。如此一來，造成了沒有祭祀還沒有特別的感覺，一旦祭祀了，卻覺得自己好像什麼都沒有做，反而出現了更強烈的失落感。

　　面對這樣的困擾，我們不能不加以正視。因為，對那一些不想要祭祀的人，也不認為祭祀是有必要的人，祭祀的不在對他們而言當然一點都不影響。可是，對那一些想要祭祀的人，認為祭祀是必要的人，如果沒有了祭祀，他們就會深陷困擾之中，對於這樣的人，我們有必要為他們解決有關祭祀的問題。否則，在問題沒有解決的情況下，他們的生命就會陷入不安的狀態。

1　姜越編著（2010）。《婚冠喪祭：傳統婚喪民俗解析》，頁216。北京市：現代出版社。

2　邱達能著（2017）。《綠色殯葬暨其他論文集》，頁60。新北市：揚智文化。

二、祭祀的意義

　　為了解決這樣的問題，我們需要先行了解祭祀的意義。對需要祭祀的人，為何他們會認為祭祀是有必要的？這是因為它們所祭祀的對象並非陌生之人而是與他們有著深刻情感的親人。如果今天祭祀的對象僅僅是毫無關係的陌生人而不是親人，在彼此沒有特別關係的情況下，他們縱使沒有出現祭祀的作為，一點也不會覺得心裡有何不安之處。可是，現在祭祀的對象不是陌生人而是自己的親人。在親人關係的影響下，如果他們沒有出現祭祀的作為，那麼就會覺得心裡非常的不安。

　　過去，我們會認為這樣的不安是來自於自己的不孝。因為，在親人還活著的時候，我們對於親人的孝順無微不至。但是，在親人逝去以後，我們如果不再祭祀他，似乎即表示我們已不再孝順於他。如果我們依然孝順如昔，那麼就應該如同親人生前之時的對待他，也就是祭祀他。所以，在缺乏祭祀的情況下，我們要說我們對於親人是如何的孝順，恐怕難以獲得世人的認同。

　　由此可知，祭祀之所以重要即在於它反映了我們對於親人的孝心。然而，祭祀僅僅只是為了反映我們的孝心嗎？如果只是如此的作用，那麼這樣的祭祀作為似乎不見得有其必要。因為，它可以用其他的作為來替代，例如追思。換言之，孝心實踐的重點不在親人而在於我們本身。只要我們念茲在茲實踐我們的孝心，那麼這樣的實踐其實即已足夠。至於親人本身是處於何種狀態，其實一點都不影響孝心的具體實踐。

　　問題是，只有孝心的實踐是否即足以稱之為孝順了呢？還是需要有其他的配套措施配合才得以完備？過去，我們並沒有深入思考這個問題。因為，對過去而言，這樣的問題並不需要去深入思考，因為它的答案是顯而易見的。不過，隨著時代的變遷，這樣的答案卻變得越來越模糊，需要去重新提出答案。那麼，這個答案是什麼呢？簡單來說，這個答案就是要把親人順利轉成為祖先。如果我們的孝順只是在於我們自己有沒有實踐孝心，而不在意親人死後的存在狀態，那麼這樣的孝順可能就沒有辦法被稱為是真正的孝

順[3]。因為，這樣的孝心實踐缺乏親人死後成為祖先關係的保證。所以，沒有辦法讓彼此的關係處於親人的關係中。既然在親人死後這樣的關係不再是親人的關係，那麼這樣的孝心實踐當然就不見得真是孝順的表現。

就這一點而言，孝心實踐要稱為孝順並沒非簡易之事，它是需要親人成為祖先的定位轉化來配合。表面看來，這種親人關係似乎即足以說明祭祀作為的必要性。實際上，情況並沒有如此簡單。如果只是這樣，那麼親人關係的維持可能只是一種文化習慣。因為，對過去的中國人而言，在沒有西方文化衝擊底下，我們會認為這種關係的存在乃是天經地義的呈現。可是，經過西方文化的衝擊以後，我們認為這樣的關係其實只是一種社會規定，如果我們不想擁有這樣的關係，其實改變它也不見得不可以，畢竟這是個人對於關係的一種選擇。因此，如果我們不想讓這樣的關係變成只是一種社會的規定，那麼就必須在個人的存在當中找到相關的依據。這麼一來，祭祀作為的必要性才能得到保證。

那麼，要讓祭祀的作為獲得保證的根據是什麼呢？就我們所知，這種保證的依據即是來自於我們和親人之間的感情。如果我們覺得我們和親人之間的感情不僅僅只是一種社會規定，而是發自於內心的一種真實，那麼這種真實其實即足以保證祭祀作為的必要性。因為，對我們而言，祭祀作為之所以必要，並不是一種社會規定的結果，而是我們內心真實感受的外顯。既然是內心的真實感受，那麼它就不只是一種外在社會的規定，而應當是來自內心的要求。因此，如果我們不採取祭祀的作為，那麼必然會產生內心難安之感。所以，為了安頓我們自己的內心，我們必須採取祭祀的作為。

三、從祭祀到追思

本來，這種祭祀的認知並無任何問題。在過去的年代，一般人也都是採

---

[3] 尉遲淦著（2014）。〈傳統殯葬禮俗如何因應現代社會的挑戰〉。《第四屆海峽兩岸清明文化論壇論文集》，頁162。浙江奉化：上海市公共關係研究院、財團法人章亞若教育基金會主辦。

取這樣的認知，認為祭祀和親人成為祖先是應然的配對。可是，隨著現代化的來臨，這樣的認知逐漸受到了改變。對現代人而言，親人死後成為祖先並不是一個應有的結果，只是某種前提底下的結果。只要我們改變了前提，那麼這個結果也會隨之而改變。所以，親人死後會變成什麼的關鍵，在於我們所採取的前提為何？

如果我們採取的是宗教的前提，那麼親人死後不必然會以祖先的身分繼續存在在另外一個世界。相反地，他和我們的關係卻已然有所改變。例如以基督宗教為例，在這個宗教中，親人在活著的時候，他和我們的關係是父母子女的關係。但是，在蒙主寵召以後，他和我們的關係已然改變，不再是父母子女的關係。之所以如此，是因為他和我們的關係只有這一輩子的存在。一但這一生終了之後，這一種關係也就隨之而結束。如果未來仍要連結這個關係，這樣的關係也只是同在天國的關係而已。因為，到了天國之後，我們的關係已不再是人間的父母子女的關係，而是在身為天父的上帝之下的兄弟姊妹的關係。

那麼，這樣的關係何以會有這樣的改變？這是因為在基督宗教的信仰裡面，我們的生命都是來自於上帝的創造。後來，受到亞當夏娃偷吃禁果違反了和上帝的誓言的影響，人類開始有了死亡。但是，在上帝的慈愛下，祂不願祂的創造物——人類就此墮落下去，所以派出祂的獨子耶穌基督拯救人類。只要願意在活著的時候信仰祂，奉祂為主，那麼在他死了以後就會有機會在上帝的恩賜下重新回到上帝的懷抱，成為天國的子民[4]。由於在天國只有上帝才能稱為天父，所以到祂那裡，所有的人只能稱為天父的子女，不可能還保有人間的父母子女關係。

在這種情況下，我們的親人和我們的關係在死後已然改變，不再是父母子女的關係。既然這種關係已不復存在，那麼如果我們還是保有著對我們的親人的思念之情，這種思念就只能是我們自己單方面的思念意識，和死去的親人一點關係都沒有。就這一點而言，基督宗教把親人死去所舉行的儀式當成是追思的儀式即是其最主要的理由所在。因為，親人已不再是親人，他只

---

[4] 尉遲淦著（2017）。《殯葬生死觀》，頁96-99。新北市：揚智文化。

是我們懷念的過往對象。

　　同樣地，如果我們採取的是科學的前提，表面看來似乎和宗教有所不同，但是在追思上和基督宗教卻是一樣的。因為，對它而言，人死後雖然沒有另外一個世界的生命，但是在父母子女的關係上一樣也是不存在的。那麼，何以如此呢？這是因為科學認為生命只有這一世，在這一世以外根本就沒有所謂的生命。在這一世的限制下，父母子女的關係也只能維持在這一世。一旦死亡來臨，這樣的關係也就隨之終止。最終，彼此的關係就變成人與物的關係[5]。受到這種關係改變的影響，原先存在的人與人之間的父母子女關係即不再存在，剩下的只是人與物的關係。所以，對科學而言，人與人的親人關係只能存在在還活著的這一世。一旦死亡來臨，這樣的關係自然就會消失無蹤影。

　　面對這種關係的轉變，死去的親人根本無法轉化為祖先，只能成為自然界的某種物質。如果我們希望對這樣的關係有所懷念，那麼這樣的懷念也只能是我們單方面的懷念，和我們的親人一點關係都沒有。因為，對於成為物的親人，無論我們再怎麼懷念他，他都無法對我們有什麼樣的回應。在這種情況下，如果我們仍然以祭祀來言說他，那麼這樣的說法就只能是一種迷信，無法獲得現代人的接受。如果我們希望這樣的說法可以符合理性的要求，那麼就只能用追思來言說。換言之，這也只是我們單方面的懷念，與死後的親人無關。

四、追思的問題

　　問題是，如果我們對於親人的懷念只是一種追思，那麼這種追思的結果往往會隨著時間的推移而逐漸淡忘。對不同的人，這種淡忘會產生不同的影響。對有的人而言，這樣的淡忘是一種自然的現象。既然是自然的現象，那麼我們就不用太在意，只要接受就好了。可是，對有的人而言，這樣的淡

5　尉遲淦著（2017）。《殯葬生死觀》，頁76-79。新北市：揚智文化。

忘是無法接受的。只要出現這種淡忘的現象，就表示我們和親人的關係出現了變化，不再像過去那樣的親密。長久以往，親人就會從我們的生命當中消失。對我們而言，這種消失是一種不能饒恕的罪惡。因此，如果我們不想陷入這種罪惡的焦慮當中，就要想辦法讓這樣的消失不會出現[6]。

可是，要想讓這種消失不出現，其實並沒有想像中的那麼容易。因為，淡忘是一種正常的心理現象。縱使我們無意讓這樣的現象發生，但這樣的現象也仍然會發生，除非我們有絕對的能力避免這樣的現象發生。可是，在過去那個年代，要表現出這樣的能力毫無可能。理由至為清楚，在於我們並無可相互匹配的科技能力。在沒有相應科技能力的幫助下，我們若意圖保留這種思念，只能借助於自然的能力。一旦透過自然能力的作用，無論我們再怎麼設法記憶我們的親人，隨著歲月的流逝，這樣的記憶仍然會逐漸的消失。最終，無論我們願不願意，這樣的記憶更會隨著我們自己的死亡，化身為永恆的虛無。

當然，有人可能會不同意這樣的結論。對他們而言，在自然的能力下，要避免這樣的結局的確不可能。但是，我們也不可忽略，除了自然能力以外，當代我們仍掌握有科技的能力。在科技能力的幫助下，我們可以輕而易舉的記錄下親人生前的影音，讓這樣的影音不至於隨著歲月的流逝而消失。如此一來，縱使我們的記憶再怎麼自然地衰退，這樣的衰退都不會影響我們親人既存的一切。

表面看來，這樣的科技作為可以幫我們解決上述的問題。可是，只要我們再深入思考，就會發現這樣的解決還是有其限度的。例如遇到失智的情況，就算我們有關親人的影音依舊保存得很清晰，但是在我們本身已失去記憶的情況下，這樣的保存事實上也和我們失去了關聯性。此時，這樣的保存顯然也失去了其意義。因為，我們已不再記得曾經與我們有過關係的親人。

不僅如此，即使我們沒有遭受失智的破壞，仍然正常的生活在這個世界。可是，一旦死亡來臨之時，這樣的記憶一樣會消失於無形。因為，在我們死亡以後，不是轉變成為上帝的子民，就是成為自然界的物。此時的

---

[6] 李開敏、林方皓、張玉仕、葛書倫譯（2004）。J. William Worden著。《悲傷輔導與悲傷治療：心理衛生實務工作者手冊》，頁43。台北市：心理出版社。

我們，無論是上帝子民的身分，還是自然界的物的身分，這些身分都會破壞我們和親人彼此曾經有過的關係，讓這樣的關係化為虛無。所以，對我們而言，這種科技的協助最終還是難逃死亡的解消。在死亡的影響下，我們期待維持的關係最終仍是無以維持。

如此說來，我們是否全然沒有機會可以改變這樣的結局？如果真的無法改變，那麼我們只能乖乖地接受這樣的結局。可是，如果我們是有可以改變的機會，那麼我們就必須進一步去找出這種改變的可能。因為，對有些人而言，這樣的改變有其重大的意義。如果無法找到這樣的改變，那麼他們很有可能終身處於不安的狀態，甚至在死後依然無法釋懷。所以，如何找出這種改變的可能，對他們而言至關緊要。

那麼，要如何做才能改變這樣的結局呢？在此，消極而言，必須進一步省思上述說法的問題。依據上述的說法，我們在思念親人之時只能從我們自己的角度去思念，不能從親人與我們的關係去思念。之所以如此，是因為親人死後的存在狀態不是變成上帝的子民，就是變成自然界的物。在彼此關係完全不存在的情況下，要以親人間的關係去思念當然有其困難。若此命題一旦成立，這種想要用與親人的關係來思念的想法將會變成是一種主觀的妄想。

可是，這樣說法是否就是定論，難道沒有其他的可能性？對我們而言，這樣的說法未必就是定論，其實它們只是我們可以有的許多的選擇之一。今天，這樣的選擇之所以成為我們唯一的選擇，不見得它們本來就是無所選擇的唯一，而是來自於後天型塑的結果。事實上，如果沒有歷經清末民初的戰爭失敗，那麼現在的中國人未必會出現這樣的選擇。相反地，我們可能還是生活在傳統的選擇當中。就這一點而言，現在的這些選擇其實並非是絕對的必然。

既然沒有這麼的必然，此即表示我們仍然可以擁有其他的選擇。表面觀之，確實如此。但是，我們也不能輕易的忽略了這樣選擇的可能畢竟不能只是奠基於歷史的偶然，應該還有更深的理由存在事實。因為，這樣的偶然可能只是一種比較具有優勢的偶然。在這種偶然的影響下，縱使我們有意做出其他的選擇，這種選擇出現的機率也依然極低。因為，在優勝劣敗的情況

下，我們很難選擇較不優越的選項。

那麼，這種選擇其他可能的理由為何呢？首先，就基督宗教而言，我們之所以選擇信仰這樣的宗教，是因為我們相信這個宗教對於人的說法，認為人是由上帝所造，死亡是來自於亞當夏娃違反與上帝誓言懲罰的結果，得救又來自於對主耶穌基督的信仰。如果我們不相信這一切的說法，那麼這樣的信仰對我們即不再具有決定性的作用。由此可見，基督宗教之所以影響我們，並非基督宗教本身具有何種先天的優越性，而是我們自己選擇相信它所導致的結果[7]。既是如此，在選擇改變下，結局必然存在著改變的可能。

其次，就科學而言。表面看來，似乎與基督宗教大不相同。基督宗教只是一種信仰的選擇，而科學則是一種真理的服從。既然科學是一種真理，那麼我們除了接受外應當不能再有其他作為。實際上，這是對科學誤解的結果。的確，在現世生活的一切，科學確實產生了廣大的作用。也就在這種作用的認知下，讓我們誤以為對於死亡科學一樣會有類似的作用。事實上，這樣的想像有其重大的問題。因為，死亡畢竟是外在於科學的命題。對於不在經驗當中的事物，科學唯一能呈現的事情即是保持沉默。現在，科學非但沒有保持其沉默，甚至仍宣稱自己就是真理。基本上，這樣的宣稱必須受到一定的批判。唯有如此，我們才能客觀的判斷事情[8]。在此種情況下，科學不再是真理的代言人，而只是人們對於死後世界的可能猜想之一。對於這樣的猜想，如果我們意圖改變它，那麼只要我們選擇其他的可能，這樣的結局自然就有改變的可能。

所以，從上述的探討來看，我們希望改變這樣結局的做法有其極大的可能性。關鍵不在於回到歷史的過去，去了解今天這樣選擇的成因，而在於理由的認知，知道這樣的選擇其實只是自己選擇的結果，並不是有一個客觀的真理在引導，逼迫我們不得不做出這樣的選擇。既然如此，那麼我們在面對思念的問題時即不能只是停留在思念的行為上，而必須進入思念背後的思維當中，並從中探索這樣的思念到底可以思念到何種程度？

---

[7] 尉遲淦著（2017）。《殯葬生死觀》，頁101-102。新北市：揚智文化。

[8] 尉遲淦著（2017）。《殯葬生死觀》，頁81-82。新北市：揚智文化。

五、思念的新思維

那麼，思念到底可以思念到何種的程度呢？根據上述的探討，如果思念只是一種獨白，純粹只是一種主觀的想念，那麼這種思念僅止於個人，與他人無關。但是，如果這種思念不只是一種個人的獨白，也非是一種主觀的想念，而是一種客觀的感通，與受感通的親人有所關聯，那麼這種思念即會深入到個人的內在當中，並與思念的對象產生一體的感覺。就是這種與逝去親人的一體感，讓思念的個人如果無法完成這樣的思念，那麼他終身皆將處於不安之中，甚至亡故之後仍難以脫離此不安之境。

雖然這樣的思念是如此的深邃，深到生命不再是一個孤獨的個體，而是互相連結成一體的整體，但是究竟要在何種情況下，這樣的個體才能以整體的形式出現呢？就我們所知，這樣的情況即是在親人死亡之後不再以上帝子民的身分存在。如果親人死後依舊是上帝的子民，那麼這樣的一體關係即無存在的可能。如果要讓這樣的關係能夠真實呈現，那麼親人在死亡之後只能以祖先的身分存在。因為，只有祖先的身分才能讓我們和死去的親人產生一體感，不再感受到分離的痛苦。

同樣地，親人死後也不能以物的形式出現。如果以物的形式出現，那麼我們和親人的關係即不再是父母子女的關係，而是人與物的關係。在這種情況下，我們與親人的一體感自然不會出現。這時，喪親的悲痛與思念必然無法獲得正常的抒解。如果我們和親人的關係並非如此，而是親人死後成為祖先，那麼這種一體感必然會讓我們感受到親人雖死猶生，並沒有真的遠離我們。此時，我們當即得以在一體感的作用下安心的過完一生，甚至死後也不需再擔心親人的不在。

不過，親人死後也不能只是成為祖先，還要成為可以監督與庇佑我們的神明。如果親人死後只是成為祖先，在鬼的身分下，這樣的祖先是受限於非理性的存在，與我們無法形成理性的關係。在這種情況下，我們要和這樣的祖先長久相處即會形成壓力，最終破壞彼此相處的可能性。可是，祖先如果不是鬼的存在而是神的存在，在道德的作用下，我們會願意和這樣的祖先相

處。因為，這樣的相處是一種理性的相處。如此一來，這種一體的關係自然得以維持長久，甚至達到永恆的境地。所以，就這一點而言，親人死後不只成為祖先，也成為神明。

　　既然親人死後不只成為祖先，也成為神明，那麼對於這樣的存在方式我們就不能只停留在思念的層次。相反地，我們必須從思念的層次更進一步，深入到祭祀的層次。因為，在情的作用下，祖先必須被後代親人思念。但是，這樣的思念只是在感通不在的情況下所產生的一種思念，並不是絕望的思念，有如上述所說的科學理解下的思念。此外，在理的作用下，祖先既然已經成為神明，我們應該有的對待方式即是祭祀。唯有祭祀，我們和親人的關係才能處在理性的情況下，也才能在祈願的情況下，與成為神明的親人有了合理的互動。否則，在上帝子民的身分下，我們和死去的親人是沒有互動的機會，當然也就更不可能得到他們的庇佑。

　　經過上述的探討，我們知道我們與死去親人的關係是隨著我們對於死後生命的存在狀態的理解而定。如果我們認為人死之後即成為上帝的子民，那麼這樣的存在狀態是無法保證我們與親人關係的存在。同樣地，如果我們認為人死之後變成了物，那麼這種物的存在狀態一樣無法保證我們與親人關係的存在。唯一能夠保證我們與親人關係的存在即是親人死後成為祖先，這樣的祖先不只是死後的一般存在，而是神明般的存在，經由祭祀的作為，我們自然得以理性地與我們的親人維持親人的關係一直到永遠[9]。即使是死亡來臨，這樣的死亡也無法終止這樣的關係。相反地，它會藉由死亡彰顯這樣關係的永恆性。

六、祭祀的新做法

　　在重新理解思念的意涵以後，我們現在進一步探討這樣的意涵要如何落實的問題。過去，我們認為祭祀只是一種形式的作為，所以慢慢地在葬法改

---

[9] 王夫子著（1998）。《殯葬文化學——死亡文化的全方位解讀》，頁520-521。北京市：中國社會出版社。

變的衝擊下祭祀也就慢慢地消失了。可是，我們不可忽略了，過去的祭祀是在完全不同於我們現在的氛圍下所出現。對於當時的人，他們是在相應的前提下做這樣的事情，所以對他們而言這樣的事情是真實的。因為，他們並非只是在執行一項規定，而是有非常真實的感受在支撐著。

可是，在時代變遷的衝擊下，這樣的感受失去了它應有的基礎。因此，我們不再認為這樣的祭祀是有意義的，再加上科學的推波助瀾，認為這樣的祭祀只是一種迷信，所以祭祀失去支持它產生作用的土壤，結果變成一種不需遵守的形式規定。如此一來，祭祀即不再是祭祀，只能以追思的形態出現，成為一種不再屬於互動關係下的存在。

現在，如果我們希望恢復祭祀的作用，那麼在做法上就必須做一些相應的調整。例如在場地上，過去我們都有宗祠的存在，縱使沒有宗祠，家裡也會供奉神主牌位。可是，受到時代變遷的影響，我們家中已不再具有這樣的存在。相反地，神主牌位被移奉到殯葬設施當中，像是納骨堂塔所設置的神主牌位安奉區。當特定的祭祀之際，我們即在眾多的神主牌位中祭祀我們的先人，感覺上似乎祭祀的不只是我們的先人也同時祭祀其他眾家的先人。在這種情況下，祭祀想要產生的專屬感消失了，讓祭祀的我們覺得好像很難和先人產生一體的感覺。

又如在塔位前面祭祀，表面看來也有祭祀先人的感覺。但是，實際來看，情況也和神主牌位的祭祀相近。因為，在祭祀的時候，也會因著置身在眾多塔位之中很難產生專屬的感覺，尤其是只能面對著塔位的面板，無法如同到墓地祭祀可以面對著書寫著先人名諱的墓碑祭拜的真實情感性。在感覺紛亂和情感無所對焦的情況下，要和先人成為一體的可能性即會降到最低。所以，如果我們不希望失去祭祀的真實作用，那麼在場地部分就必須重新調整，讓這樣的場地具有專屬的效果。

那麼，這種場地的調整要如何調整呢？就我們所知，專屬性是至為重要的考量。因為，對我們而言，祭祀是我們的祭祀，和他人無關。因此，在祭祀的時候必須要考慮這樣的祭祀需求。如果缺乏專屬特定的獨立空間，那麼在祭祀的時候往往會受到干擾，無法讓我們和先人產生一體的感受。由此可見，如何在納骨塔當中區隔出一個獨立專屬的祭祀空間，對身為家屬的我們

極為重要。

此外，縱使有了專屬獨立的空間，但是在沒有其他配套內容的情況下，這樣的專屬空間也不能產生一定的實質效益。因為，這樣的空間並不是為了滿足家屬的思念而設，而是為了讓家屬與親人可以相聚而設。所以，為了達到這個目的，我們不應當只是提供一個空間，更需要同時讓親人的神主牌位或骨灰罐也能進入這個空間。這樣做的結果，我們才算是與親人有重新相聚成為一體的可能。否則，在沒有親人神主牌位或骨灰罐存在的情況下，要產生這樣的一體感有其困難性。

除了要有獨立專屬的空間、之中要有神主牌位或骨灰罐的參與之外，祭祀的內容也是重要的配套。過去，在祭祀的時候，雖然有一些心境的沉澱，也有一些氣氛的醞釀，但是整體而言都只是一種獨白，並沒有很清醒意識的覺察。所以，就算有時也會感受到親人的存在，但是這樣的存在基本上還是抽象了一些。對於這樣的現象，我們很難有效去改變它。在時代的變遷下，這樣的現象逐漸變成形式化的原因，導致祭祀失去它真實的感受，成為很難為人所接受的一種作為。

現在，在科技的幫助下，我們在祭祀中的作為不再那麼抽象，彷彿過去那樣只能憑藉個人的記憶，而可以在親人生前影音的保留中獲得具體的認知與感受。這麼一來，在親人生前具體影音的包圍下，我們要和親人重新產生一體的感覺就會比較容易。因為，這時我們對於親人的感覺就不只是記憶，而可以在過往的記錄中重新體認我們和親人的親密關係。

不過，我們這樣說的意思不是說只要有親人生前的影音就夠了。實際上，只有影音並不能讓我們和親人產生真正的一體感。要讓我們可以和親人產生真正的一體感，就必須讓我們和親人的生命產生真正的共鳴。在共鳴當中，我們發現我們的生命不再只是一個孤獨的生命，而是有由來也有去向的生命。它的由來不是別的，就是和我們的親人相通為一的由來，也就是和列祖列宗合而為一的一體生命；它的去向也不是別的，而是帶著我們親人的生命一起走向未來的生命，在生命的發展中一起開拓未來的生命。就是這樣的一體感，讓我們的生命更加有信心的走向未來。

根據上述的探討，我們知道祭祀的意義如果要落實，在現有的殯葬設施

中就必須設置專屬的空間，讓身為家屬的我們可以單獨在與親人的相處中體會生命一體的感受。同時，在祭祀的過程中，不僅要利用科技重現親人的生前影音，還要讓親人生前影音的重現產生它應有的啟發意義[10]。唯有如此，這樣的重現才能讓我們感同身受，出現生命一體的體會。否則，在沒有辦法編輯出親人生命的精彩之處的情況下，要出現一體的感受是不可能的。

七、結語

在經過漫長的討論之後，現在也到了需要結語的時候。對我們而言，祭祀不只是一個古老的作為，也不是一個沒有意義的作為，而是一個可以與時俱進的作為。現在，這個作為不斷地形式化。其實，未必是這個作為的不合時宜，而是我們沒有找到合適的做法所致。對我們而言，本文的目的就是試圖找出這種新的可能性，希望藉著這種可能性，為我們與親人的關係找到一個可能的安頓方式。

為了達到這個目的，我們進一步分辨祭祀與追思的不同。一般而言，祭祀不只是一種思念，也是一種溝通與互動，更是一種祈願與實現。相反地，追思卻只是一種主觀的獨白，沒有歸屬與互動的主觀想望。之所以會有這樣的不同，是因為它們背後的預設是不一樣的。對前者而言，它認為人死之後不只會繼續存在，還會和親人保持原有的關係，甚至將這樣的關係道德化、神聖化。至於後者，它們不是認為人死後之後就成為上帝的子民，就是認為人死之後成為自然界的物。無論成為上帝的子民還是自然界的物，這樣的存在都不可能繼續和我們保有這種生前的人間關係，也就是親人關係。

此外，為了讓這樣的關係可以落實，也讓家屬可以產生一體感，我們需要一些新的做法。例如在空間上就不能只規範在家中，也要規範到殯葬設施的空間，像納骨塔之類。因為，這些空間的設置都是為了祭祀的需要。既然

---

[10] 尉遲淦著（2018）。〈由生死議題談喪葬關懷〉。《國際道教2018生命關懷與臨終助禱學術論壇論壇手冊》，頁92-93。高雄市：中華太乙淨土道教會、國立台中科技大學應用中文系主辦。

是為了祭祀的需要，所有它就必須具有專屬性以及密閉性。除此之外，為了讓這樣的空間真的成為祭祀的空間，它還需要有神主牌或骨灰罐的存在。因為，神主牌或骨灰罐的存在象徵著親人的參與與共在。為了讓這樣的祭祀能夠具體化，不要那麼地抽象，我們還需要科技的幫忙，讓亡者的生前可以用影音的方式呈現。不僅如此，對於亡者生前的影音還要加以編輯，顯現出亡者生命的特質，這樣才能對家屬產生啟發的效用，也才能在啟發的過程中產生真正的生命一體感，完成祭祀所要達成的一體生命的作用。

參考文獻

王夫子（1998）。《殯葬文化學——死亡文化的全方位解讀》。北京市：中國社會出版社。

李開敏、林方皓、張玉仕、葛書倫譯（2004）。J. William Worden 著。《悲傷輔導與悲傷治療：心理衛生實務工作者手冊》。台北市：心理出版社。

邱達能著（2017）。《綠色殯葬暨其他論文集》。新北市：揚智文化。

姜越編著（2010）。《婚冠喪祭：傳統婚喪民俗解析》。北京市：現代出版社。

尉遲淦著（2018）。〈由生死議題談喪葬關懷〉。《國際道教2018生命關懷與臨終助禱學術論壇論壇手冊》。高雄市：中華太乙淨土道教會、國立台中科技大學應用中文系主辦。

尉遲淦著（2017）。《殯葬生死觀》。新北市：揚智文化。

尉遲淦著（2014）。〈傳統殯葬禮俗如何因應現代社會的挑戰〉。《第四屆海峽兩岸清明文化論壇論文集》。上海市公共關係研究院、台北市財團法人章亞若教育基金會主辦。

6

基於生態背景下節地安葬葬式葬法研究——以浙江省金華市生態殯葬改革為例

盧軍

中國長沙民政職業技術學院殯儀學院院長

胡立中

中國浙江金華市民政局副局長

潘衛良

中國浙江金華市民政局殯葬執法大隊支隊長

摘 要

隨著十八大的召開，生態文明建設已經成為黨中央和國務院高度重視且重點推動的一項工作。2016年九部委聯合下發了《關於推行節地生態葬的指導意見》，將節地生態葬作為殯葬改革一項十分重要的工作任務提出。本文以金華市「十二五」期間殯葬改革和節地生態葬方面取得的成績為基礎，提出在借鑒國內外節地生態葬的成功經驗同時，以強化政府的職能，創新和落實獎補政策，提升文明與科技含量，加強監控與管理和提高從業人員的服務水準等舉措，逐步解決制約金華市節地生態葬推行的瓶頸，促進「兩美」生態文明城市的建設。

關鍵詞：生態文明建設、生態殯葬、節地生態葬、葬式葬法研究

一、引言

推行節地生態葬是我國殯葬改革一項十分重要的工作，不僅是減輕群眾負擔，保障基本安葬需求的重要途徑；也是移風易俗，弘揚社會主義核心價值觀的重要舉措；更是促進生態文明建設，造福當代和子孫後代的必然要求。十八大以來，黨中央和國務院高度重視生態文明建設與發展，生態殯葬作為生態文明建設中的一個重要組成部分，其改革也倍受社會的關注。2016年清明節期間，九部委聯合下發了《關於推行節地生態葬的指導意見》[1]，將節地生態葬作為現代殯葬改革一項十分重要的工作任務提出，也是適應生態文明建設發展的需要。金華市作為浙江省發達的城市之一，2015年榮獲了中國「一帶一路」最具活力城市稱號，其都市區被確定為浙江省第四大都市區進行重點建設，「十三五」是金華實現追趕發展、高水準全面建成小康

1　民政部官網，圖解《關於推行節地生態葬的指導意見》，http://www.mca.gov.cn/article/
　　zwgk/jd/201602/20160200880400.shtml,2016.2.24

社會的關鍵時期，隨著工業化、城市化的快速推進，必將加速城市建設的發展，隨著舊城改造、新區建設和城市美化的提速，帶來了城市及周邊土地的快速升值，也加速了城市周邊及公路兩旁的墳地、墓地的搬遷或就地生態改造進程。「十二五」時期金華市已經在生態安葬方面進行了有益的探索與嘗試，並獲得了很多很好的經驗與成績，如骨灰集中撒散和海葬、鄉鎮公益性公墓和骨灰樓建設等，但由於受到政策、資金、理念與條件的制約，實施過程也存在一些問題，如政府重視不夠、投入經費不足、獎補機制不到位；生態葬式葬法提供較少，骨灰撒散、海葬等比例偏低；墓園服務品質還比較低，群眾對節地生態葬滿意度不高；從業隊伍素質不高等問題。如何協調城市生態文明建設與現代殯葬改革發展，宣導市民選擇節地生態葬，對落實習總書記的「兩山」理論和建設「兩美」金華，推進和諧社會發展有著十分重要的現實意義。本文以金華市「十二五」期間殯葬改革和節地生態葬方面取得的成績及存在的問題為基礎，在借鑒國內外節地生態葬的成功經驗同時，提出推進節地生態葬發展的建議及舉措。

二、金華地區推行節地生態葬的基本情況

透過實地調研的情況分析，「十二五」期間金華地區在深化殯葬改革和推行節地生態葬方面開展卓有成效的工作：

1. 在政策層面，金華地區出台了系列節地生態葬的檔與制度，營造了深化殯葬改革的良好氛圍。據調查，各地區出台的相關政策、措施和制度近40餘項，涉及推進生態殯葬建設、節地生態葬減免和獎補、公墓建設與發展等方面。

2. 在機制層面，建立了生態殯葬的獎補機制。金華市對於自願參與海葬的家庭，最高獎補標準達到20,000元；義烏、東陽等市對採用骨灰樓安葬的家庭每戶獎補1,000元，並且二十年免費存放；義烏市對自願進行骨灰撒散的家庭，每位獎補6,000元等。**表6-1**為2015年金華市及轄屬各市區縣骨灰樓情況統計表。

表6-1 2015年金華市及轄屬各市區縣骨灰樓情況統計表

市縣區	火化數（具）	骨灰紀念堂數（個）	骨灰樓（堂）已葬（具）
蘭溪市	4,863	5	2,107
東陽市	5,706	14	1,160
義烏市	5,116	26	4,237
永康市	4,042	117	3,568
浦江縣	2,720	4	102
武義縣	2,642	7	84
磐安縣	1,469	5	20
婺城區		3	950
金東區	6,205	4	1,460
市開發區		1	1,158
合計	32,763	183	11,267

資料來源：2015年金華市及轄屬各市區縣骨灰樓統計資料。

3. 在葬式葬法層面，提供了多種生態葬式葬法。當前金華地區節地生態葬的葬式葬法，主要的形式有公益性骨灰樓（堂）集中存放、小型節地生態墓位葬、花壇葬、樹葬、草坪葬、骨灰撒散、骨灰海葬和壁葬等形式，其中以小型節地位葬和骨灰樓（堂）集中存放為主。

4. 在監控層面，強化了骨灰監控力度，提高了骨灰入葬率。如東陽市首創建立骨灰監管體系，為每一份骨灰都建立了台帳，骨灰從殯儀館出來後，其安葬的全過程都由專人進行監管。

5. 在環境治理層面，結合「青山白化」整治，推進墳地搬遷與整治。如永康市2015年結合整治工作，搬遷墳墓5,007穴，2016年整治及搬遷墳墓3,979穴。

6. 在殯葬管理層面，一方面加強鄉鎮公益性公墓（骨灰堂）規範化建設，提高生態墓區的入葬率；另一方面強化殯葬違規現象整治，對亂葬亂埋、超標準建墓等現象開展了專項整治，為金華地區殯葬改革順利開展提供重要的保障。

三、節地生態葬存在的主要問題

(一)政府重視不夠，經費投入不足

從調研情況來看，有部分地區存在領導重視不均衡，經費投入不足等問題。如東陽、浦江縣、蘭溪、義烏等地鄉鎮公益性公墓和骨灰樓建設方面，普遍存在政府重視不夠、經費投入不足，建設經費遲遲無法落實等情況；其次，政府沒有建立針對生態殯葬建設統一有效的考核和獎罰機制，導致年度目標不明確，責任落實不到位，獎罰不分明，造成許多殯葬單位認識不到、工作積極性不高等問題。

(二)節地生態葬葬式葬法等比例偏低

從調研來看，金華市節地生態葬的比例不高。大部分地區骨灰安葬還是以傳統的墓位安葬為主。從統計資料來看，金華市各地節地生態葬的比例一般都低於10%，有個別地方甚至5%都不到，而海葬、骨灰撒散僅占當年骨灰安葬的1%。**圖6-1**為金華市各種葬式葬法情況示意圖。

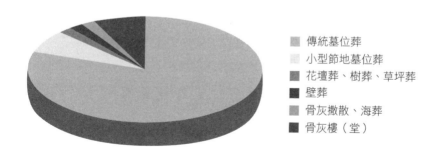

圖例：
- 傳統墓位葬
- 小型節地墓位葬
- 花壇葬、樹葬、草坪葬
- 壁葬
- 骨灰撒散、海葬
- 骨灰樓（堂）

圖6-1　金華市各種葬式葬法情況示意圖

(三)殯葬服務品質不高，殯葬執法難度較大

從調查來看，有部分地區存在殯葬管理模式落後，服務品質和工作效率不高，經管理念陳舊，服務專案產品單一等問題；部分墓園墓區建設過分白化硬化；部分經營性公墓推行節地生態葬積極性不高，產品提供不足，不能滿足低收入群體、個性化群眾需求；有些地方公墓位置偏遠，不方便群眾集中安葬、祭掃；各地區都普遍存在殯葬執行難的問題。

(四)公益性墓地及骨灰樓建設規劃不到位，用地指標難以落實

從調查情況來看，許多公益性墓地及骨灰樓建設方面存在一些突出問題：一方面，許多地方政府缺乏對公益性墓地及骨灰樓建設可持續發展應對措施，沒有統一規劃；另一方面是由於公益性墓地和骨灰樓建設受政府用地指標限制，無法正常建設。

(五)節地生態葬宣傳不夠，先進殯葬文化引領缺失

從調查來看，金華地區在生態殯葬改革宣傳方面存在力度和深度不夠問題，如黨員幹部帶頭推動殯葬改革的先進典型宣傳不多，負面曝光案例不足，殯葬改革的正能量傳播不到位。另外，宣傳過程中缺乏對先進殯葬文化與道德規範的引領，沒有讓群眾真正認識到開展殯葬生態改革意義，群眾主動參與的熱情不高。

(六)從業人員素質不高，殯葬管理人員數量不足

透過調查發現，金華地區各殯葬單位大學生的平均比例不到30%，殯葬專業對口就業的大學生比例就更低；許多地方沒有配備專門的殯葬管理人員，一般都是由當地的民政工作人員兼任，普遍存在數量不足，責任心不強，政策與業務不熟識等問題。

四、國內外節地生態葬的經驗借鑒

從目前所收集的資料與相關的成功案例來看，國內外殯葬業界在實施節地生態葬的主要做法有在以下幾個方面：

(一)墓位節地化

從了解情況來看，美國、英國、澳大利亞等國家的公墓中，大部分的骨灰安葬都是採用節地墓位，一般墓位的大小大約為$0.5m^2$或以下，墓碑都是採用臥碑方式，面積為$0.1\sim0.12m^2$，有些墓穴是直接安置在花壇或路的兩邊，占地面積更小，如美國的林肯公墓、林萌公墓和澳大利亞的公墓等。日本的墓園由於土地限制，其骨灰安葬也多是採用節地墓位，其墓碑大部分是設計成小型的藝術墓碑，面積一般約$0.2\sim0.5m^2$，如日本的玫瑰園，其面積只有幾十畝，但墓位密度卻很大，平均每平方就有三到四個小型藝術墓，在墓的周邊都種植了各種各樣的玫瑰，一年四季都有不同的玫瑰花，至身其中，感覺就是一座美麗的花園。

(二)墓區生態化

現在國內許多知名陵園都是按城市公園或人文紀念園等來打造，園區設計十分注重生態和綠色，墓區除了墓位用整塊石材外，周邊大部分地方都是種植了觀賞植物和草地，墓位之間的通道採用小面積的石板拼接而成，整個墓園綠色面積占50％以上，體現了園區建設與自然環境的和諧，如上海福壽園、天津永安人文紀念園、長春華夏陵園等均體現這一理念。

(三)骨灰容器可降解化

透過調查發現，現在國內外許多墓園在開展樹葬、花壇和草坪葬同時，大多都是採用了可降解的骨灰盒。這類骨灰盒的特點有三個方面：一是可降解，一般這類骨灰盒大多採用了紙或糠等可降解材料製作而成，大約三至六

個月左右就可全部降解，骨灰也隨同一起融入周圍泥土；二是價格便宜，一般每個的價格大約為200～300元左右，相比其他材質的骨灰盒價格就非常低廉，也節省了群眾的喪葬費用；三是形狀可多樣化，既可做成傳統的骨灰盒樣式，也可做成蓮花等吉祥物形狀，可適應不同類型人群需要。由於採用了可降解骨灰盒，因此同一塊草坪或花壇區域就可實現循環安葬，極大地節約了土地資源，如天津永安公墓的免費葬、武漢石門峰人文紀念園環保葬等都是採用了這一做法。

(四)葬式葬法多樣化

從目前國內外墓園在推廣節地生態葬過程中來看，給群眾提供多樣化的生態葬式葬法，是提升群眾接受節地生態葬的一種十分重要的途徑和方法。在美國林肯公墓為逝者提供了草坪葬、樹葬、骨灰壁葬、花壇葬、室內骨灰葬、室內遺體壁葬等多種葬式，只能市民有要求，幾乎所有的葬式葬法都能得到滿足；上海福壽園提供了集塔、樓、壁、花壇、樹、草坪葬、生態藝術園於一體的生態安葬模式，將獨特的人文景觀與生態安葬有機融合，使陵園變成了人文紀念園，不僅是先人安葬之地，也是集參觀和愛國主義教育的地方；深圳市每年都要舉行樹葬一次，海葬兩次，分別在清明和冬至，據統計，自樹葬和海葬實施以來，深圳市已組織群眾累計達到35,955具骨灰撒進大海，樹葬428具，節約了大量的殯葬用地，同時也最大限度地減輕了群眾的經濟負擔。

(五)安葬儀式人文化

現在清明節已成為國家法定的假日，為了推動生態殯葬的發展，每到清明節，各地公墓或陵園都會聯合當地的政府、媒體，隆重舉行環保葬、生態葬或免費葬、海葬等儀式，一方面用莊重的儀式表達對逝者的尊重與追思，另一方面透過這些活動來宣傳節地生態葬的政策，讓群眾實地了解什麼是生態安葬、它有哪些方式和方法、對我們緬懷先人什麼意義等，從而讓更多群眾主動接受，如天津永安公墓從2012年至今，每年都要開展全免費無條件生

態葬的活動，2016年的清明節就有近二千多位逝者選擇了草坪葬、水葬等生態葬式，中央電視台進行了專門報導，社會效益十分明顯[2]。

五、金華市節地生態葬發展建議

推動節地生態葬建設，必須立足金華地區經濟與社會發展的特點和實際，強化政府的主導作用，加大殯葬改革力度，推進獎補制度創新，實行分類管理，提高從業人員素質與服務水準。

(一)政府主導，多方參與

一方面建議政府要加強政策引導和資金投入。依託惠民殯葬政策，完善社會保障體系，探索將節地生態葬納入惠民殯葬的保障範圍，直接減免市民的費用，實現對低收入家庭的「托底」保障功能。二方面建議政府創新體制機制，充分發揮社會公益組織或非營利性機構對殯葬市場的規範作用。三方面建議政府嚴控殯葬用地的審批，透過縮緊殯葬用地指標來調控墓穴的市場價格，引導市民自覺選擇生態的葬式葬法。四方面建議政府創新投融資機制，充分發揮社會資本的積極作用。鼓勵社會力量參與節地生態葬等殯葬薄弱設施建設，增加殯葬公共產品有效供給[3]。

(二)創新獎補政策，落實獎補資金

一是建議創新節地生態葬的獎補政策，改逝後獎補為生前享有。具體而言，就是凡是年齡滿70歲且自願簽訂生態安葬協定的老人，政府可將原過逝後一次獎補的費用改為生前按月（季）補助發放，讓老人在生前就可享有政府的獎補費用，以便更好地改善老人的在世時生活條件，提高晚年生活的品

---

[2]　王子鍵、金羽澤，回歸自然 深圳最大規模生態海葬昨舉行，http://gd.qq.com/
a/20160330/014928.htm,2016.03.30

[3]《關於推行節地生態安葬的指導意見》，中國民政部等，2016，7，43-44。

質。該項經費的支出與管理建議政府可透過購買服務、引入保險公司或協力廠商合作方式解決。二是建議落實獎補資金。重點加強對骨灰入樓、骨灰撒散和海葬等方式獎補，實現生態安葬獎補政策全覆蓋，透過經費的槓桿來調動群眾主動選擇節地生態葬的積極性。

(三)強化政策宣傳，轉變傳統安葬觀念

一是建議加大宣傳力度，利用多種手段，轉變群眾傳統安葬觀念。二是建議強化黨員幹部示範和帶動作用。根據兩辦意見，黨員幹部須帶頭推動和落實殯葬改革，政府應該每年都要推出一批帶頭實現節地生態葬的先進典型，透過報紙、網路等各種媒體廣泛宣傳，對群眾產生示範與帶動作用，同時對違反政策的負面案例和個人要及時進行曝光和處理，傳播殯葬改革的正能量，從而為生態文明建設營造良好的社會氛圍。三是繼續組織實施骨灰集中海葬和骨灰撒散活動，透過這些活動讓群眾更多了解節地生態葬。

(四)融合文化與科技元素，提升社會治理水準

一是建議在節地生態葬的葬式葬法中融入家族文化要素，不僅為逝者的後人提供了尊祖、祭祖的場所，而且也是促進家庭和睦，凝聚家風重要體現。

二是建議將現代科技成果運用於骨灰減量、骨灰容器的改進、骨灰保存的改變、石材替代、祭祀方式等方式中，如將微信二維碼雕刻在墓碑上，實現實地與網上同時祭掃；研製並使用可降解骨灰盒，實現土地的循環利用等。

(五)統籌規劃，完善管理

一是建議著眼金華「十三五」生態文明建設發展重點，統籌未來五至十年殯葬事業的發展規劃。2016年金華市政府工作報告中提出「實施美麗金華建設行動」。緊扣八大綠色發展目標，深入開展「五水共治」、「三改一拆」等十一項行動，到2020年基本建成生態市和全省生態文明示範區、美麗

浙江先行區」[4]。各地區政府應緊扣金華市政府的報告要求，對接重點產業優化升級，統籌考慮「十三五」殯葬事業專項發展規劃。二是建議建立骨灰追蹤管理系統，實現對骨灰安葬全過程監控與管理。三是建議加強規範管理，每年可遴選一批在生態殯葬建設方面工作突出的示範性公墓，將其成功的經驗在全市進行宣傳與推廣，起到引領與示範作用。四是要加強殯葬執法力度，採取聯合執法，集中開展喪葬陋習和亂埋亂葬的治理。

(六)引進與培養，提升從業人員服務水準

一是建議金華市與高校開展政校企合作，共同培養學生，引進人才。二是建議促成金職院與長沙民政職業技術學院校校合作，就近在金職院設立殯葬在職人員培訓點，就近開展對從業人員的職業素質或崗位技能的培訓，隨著今後的發展，培訓對象的範圍還可幅射整個浙江省。三是建議定期安排人員到外出學習與交流，開拓視野，提升殯葬服務的水準與品質。

本文為浙江省民政政策理論研究規劃課題研究成果，課題編號：ZMZD201608

4　《2016年金華市政府工作報告》，金華市政府網，http://www.jinhua.gov.cn/art/2016/3/1/art_3_696654.html

7

綠色殯葬設施的空間規劃與創新——以大園22公墓生命紀念館智慧綠建築為例

馮月忠

馮月忠建築師事務所負責人

一、前言

殯葬設施隨著時代變化、人口增加、都市化也不斷演化,由家裡處理葬禮至殯儀館,家田裡安葬至公墓、納骨塔、自然葬,進而形成殯葬一元化,殯儀館納骨塔大型化、立體化、地下化,殯儀館、火化場、公墓、骨灰(骸)存放設施等人死後轉化的設施,卻為大家嫌惡性設施,易遭民眾反對。

台灣殯葬設施,經過現代化時期、公墓公園化、環保自然葬,不過大多數的地方墓園簡直就是像亂葬崗,所謂的公墓公園化,推行火化、殯儀館治喪,鼓勵民眾將遺骨置於納骨堂,結果是在日常生活的每天裡,沒有人會自然而然或是有意無意地會繞行而去的地方;殯葬館的空間安靜不足、繁雜有加,禮廳及禮堂的儀式場所不但莊嚴不足,並且令人煩躁而感傷加劇。

台灣殯葬設施環境生活品質空間的規劃與創新相對重要,每個人也都會死去,讓每個人能夠在那美好且寧靜的人間氣氛中送走我們的父母親、兄弟姊妹、友人,也能希望大家在那種無盡沉思的寧靜氣氛中將我們送走。

二、台灣地區殯葬設施空間的演變

人往生後之治喪過程大略包括遺體處理、入殮、告別式、發引土葬或火化晉塔等作業或儀式,舉凡為完成上述作業或儀式所設置之設施,稱為殯葬設施,而殯葬設施附著所在之土地即為殯葬用地,按已廢止墳墓設置管理條例第2條及第26條規定所稱殯葬設施,係包括公私立公墓、私人墳墓、殯儀館、火葬場及靈納骨塔等設施,民國91年元月14日立法院三讀通過《殯葬管理條例》第2條第一款則規定:「殯葬設施:指公墓、殯儀館、火葬場或骨灰(骸)存放設施。」

民國106年元月14日修正《殯葬管理條例》第2條第一款則規定:「殯葬設施:指公墓、殯儀館、禮廳及靈堂、火化場及骨灰(骸)存放設施。」相關其有之設施第12條公墓、第13條殯儀館、第14條單獨設置禮廳及靈堂、第

15條火化場、第16條骨灰（骸）存放設施、第17條殯葬設施合併設置者、第18條殯葬設施規則（含樹葬）、第19條骨灰拋灑或植存。

　　殯葬設施之設置、擴充、增建、改建依第6條採許可制，依《殯葬管理條例施行細則》（101年6月20日修正）第2條直轄市、縣（市）依設置殯葬設施專區時，得將公墓、殯儀館、禮廳及靈堂、火化場、骨灰（骸）存放設施、骨灰拋灑植存場所或殯葬服務相關行業等，均規則在內。

(一)日據時期殯葬設施設置管理

　　清朝所設置義塚除官設外，許多義塚及萬善同歸所設置乃以民設為主，因清朝政府並非以有計畫性管理，造成在聚落外圍荒埔地到處雜亂墳葬，故在日據時期，日本政府遂以改善及注重環境衛生為基本政策之目的下，來對墓地治理，採全面清理與規劃，針對領台前未規劃而集中埋葬的墳墓地點使其就地合法，同時限制墳墓設置地點，並不得申請私人墳墓設置及嚴禁公墓外之埋葬行為；如台灣總督或由州廳政府發布各種之墓地及火葬場管理規則或埋葬管理規則，整理如**表7-1**。表中可以看出日本政府係以距離規定限制墓地及火葬場之距離，此距離乃指距民家、飲用水、河川等之最小距離，如距民家至少60間（合約109公尺），甚至120間（合約218公尺），離市街地300間（合約546公尺），離河川約25町（合約2,750公尺）。而在日本政府統治下五十年對清朝所設義塚或亂葬尚之清理與公墓規劃與管理，對台灣光復後公墓治理有深遠影響外，也框定今日許多公墓設置地點，今日許多公墓更新後之設立納骨堂塔設置地點係乃取決於這些公墓設置所形成背景因素。

(二)光復後殯葬設施空間設置管理

　　台灣地區在光復及中央政府遷台後，除沿用日據時期所規劃墓地及遵循於民國二十五年在大陸制定公布之《公墓暫行條例》，至民國42年11月受蔣前總統中正在《民生主義育樂兩篇補述》提倡對喪葬及公墓改革[1]，台灣省

---

[1]　詳見秦孝儀整理《蔣總統集》，第一冊，頁63、64。

表7-1　日據時期新建墓地火葬場之政策、法規中有關區位空間考量條件彙整表

日皇年代（月／日）文號	件名	區位考量條件
明治29年（6/12）衛發第135號（訓令第32號）	墓地及埋葬管理規則	1.從前之墓地以劃定區域核准之。但在衛生上認定不適宜者，得命其廢止部分或全部墓地。 2.非官方許可之墓地及火葬場，不准埋葬或火葬屍體。
明治29年（8/18）進第229號	選定墓地衛生上必要條件	1.該墓地離最接近之民家約一百二十間餘。 2.飲用水亦相同 3.離河川約二百五十町餘。 4.離道路一百三十間。 5.離新竹火車站約一百五十間。 6.火葬場為官設，在離最接近之民家、飲用水鐵道線路、人行道路相反方向之高丘中腹（該墓地與最接近之民家、飲用水、火車站、停車場線路之間有一條深溝，認為不妨礙衛生）。
明治29年（12/11）	基隆田寮港（字番仔厝）日本人共墓地選定	1.離基隆市街約三百間。 2.離最接近之人家僅四十餘間而已，不影響國道、飲用水等。 3.地質高燥，雜草繁茂，山腹至山頂傾斜。 4.通往該地之道路狹益，交通不便。
明治32年（1/13）宜蘭聽令第1號	墓地及埋葬約束規則	1.墓地宜離大路、小路及溪圳人家各項之第六十間以上，且其土地高燥者，就近若有眾人吸食井水切不可有所危害也。 2.火葬場所宜離大路小路人家及眾人會集必須之處各項一百二十間以上者。
明治37年（4/28）阿猴廳廳令第12號	墓地取締章程	1.人家飲用水、官設道路、鐵道河川均要距離六十間以上。 2.土地務須鬆粗高燥且要排水便利之地所。
明治37年（6/7）蕃薯寮廳令第15號	墓地並火葬場約束章程	墓地者不偏道路河川，且隔離人家並飲用水宜百間以上之高燥地。
明治37年（6/22）桃仔園廳令第10號	墓地暨埋葬規則	1.凡墓地非由道路、鐵道、公園地所有供飲之水及川溪等所有人家暨眾人應常群眾之處等各項處所相距六十間以上，則應不得設置。 2.凡在除經該官允准墓地以外之處所概不得行埋葬。

（續）表7-1　日據時期新建墓地火葬場之政策、法規中有關區位空間考量條件
　　　　　彙整表

日皇年代（月／日）文號	件名	區位考量條件
明治37年（6/22）桃仔園廳令第10號	墓地暨埋葬規則	3.凡係因八種傳染病死者概因於由關指定之墓地埋葬。 4.凡係死刑者需另擇於墓域之地一偶劃地埋葬，以便分別。
明治39年（3/11）新竹廳令第5號	墓地及火葬場約束章程	墓地要離道路、鐵道、河川人家及飲用水在三十六丈以上之處。
明治39年（2月）府令第8號	墓地火葬場及埋火葬取締規則	新設或擴張不得沿道路、鐵道、河川，應離人家六十間以上。且高燥而與飲用水無關之土地。
明治42年（7/9）台北廳令第12號	墓地新設及擴張限制	欲新設墓地或擴張之時，其位置雖無距道路、鐵道、河川及人家六十間以上，然若認係衛生上無危害之地域，則允准將其距離短縮至三十間。

資料來源：參考總督府文書檔案資料彙整。

政府於民國44年著手公墓改善，開始設規劃設置示範公墓，台灣省政府公報載其《民生主義育樂兩篇補述》指示：「第一要保持公共衛生；第二是要適於節約土地的使用；第三是要適於對於死者的永久紀念，並便利其家屬祭掃（台灣省政府，960：16），最重要者乃是民國50年頒布施行《台灣省公墓火葬場殯儀館納骨堂塔管理規則》[2]，開始規範公立殯儀館及納骨堂塔的設置，也自始有公立殯儀館及納骨堂塔開始興建。

　　而公立納骨堂塔廣設原因可追溯於民國62年起，主要為配合經濟產業發展及都市擴大規模發展，頒布新修訂都市計畫法，且陸續對台灣各都市及鄉鎮劃定都市計畫區，擬具體落實發展其安全、衛生及舒適生活空間，原設於郊區的公墓，如為新市街所包圍，或因興學校、闢道路所需均須廢棄、遷葬。因此，在民國65年由謝前副總統東閔先生於省府主席任內提出「公墓公園化」之構想，擬解決當時在市鎮郊外公墓之雜亂荒蕪、密埋疊葬、墓地難尋問題，並配合當時都市計畫區劃定開發遷葬墓區，省府遂據以訂定「台灣

2　詳見《台灣省政府公報》，50年9月16日，69期，頁794。

省公墓公園化十年計畫」[3]執行，冀期以提高生活空間品質。而新設及更新公墓過程中除加強環境美化改善地理景觀外，並廣設納骨堂塔，希望加強墓地得以循環使用，致使納骨堂塔成為公墓現代化形象。民國75年復訂頒「台灣省改善喪葬設施十年計畫」[4]繼續執行，大量補助各鄉鎮公所廣建納骨塔，同時也開放私人興建，積極提倡火化塔葬，改善民俗，節省喪葬土地及喪葬費用。雖「公墓公園化」政策實施促使公立納骨堂塔設置，但在其公墓公園設置地點仍受《公墓暫行條例》、《墳墓設置管理條例》、《殯葬管理條例》、《台灣省公墓火葬場殯儀館納骨堂塔管理規則》、《台灣省喪葬設施管理辦法》、《台北市殯葬管理辦法》、《高雄市殯儀館火葬場公墓靈（納）骨堂（塔）管理自治條例》，在其條文規定區位條件限制，如**表7-2**。大體上限制其設置地點至少距水源1,000公尺，距學校、醫院、幼稚園、托兒所暨戶口繁盛地區等場所，至少500公尺。

(三)殯葬設施空間演變

基本上仍由佛塔及明堂之兩種意涵型態開始演化，**圖7-1**、**圖7-2**中選定「閣式納骨塔」及「宮殿型宗廟式納骨堂」中第一種早期所興建「正方形宮殿型宗廟納骨堂」，分別代表演化佛塔及明堂之意涵存在於納骨堂塔外觀時之最基本型態，以作為外觀演化系統之基礎。

台灣地區從日據時期開始即有追求文藝復興之藝術外觀，開始轉化中國傳統宮殿建築形象之動力，亦累積至今日追求如「別墅」、「旅館」、「文化會館」形象以改變具中國傳統宮殿建築之形象，故致使今日大型「納骨塔」變成大型「旅館」，而大型「納骨堂」則變成了大型「文化會館」。

殯葬館、禮廳、火化場，**圖7-3**、**圖7-4**從中國傳統宮殿建築改變為現代化、立體化、地下化，提升室內空間及空屋的改善。殯葬一元化、多元化、一體化的建築殯葬設施。

3　詳見《台灣省政府公報》，65年1月21日，19期，頁3。

4　詳見台灣省社會處，75.06，《台灣省改善喪葬設施實錄》，頁3。

表7-2　光復後墳墓相關法令規定中有關空間條件彙整表

規定項目 法令時期	區位條件
公墓暫行條例時期（民國34年至72年）	1.設置公墓，應於不妨礙耕作之山野地為之（公墓暫行條例第5條）。 2.設置公墓應不妨礙軍事建築、公共衛生或利益，並與學校工廠醫院戶口繁盛區或其他公共處所；飲水井或飲用水之水源地；鐵路大道要塞或堂壘地帶；河川；儲存爆炸物品之倉庫等地點保持相當距離（公墓暫行條例第6條）。 3.未設置公墓區域，暫準自由營葬（公墓暫行條例第17條）。
墳墓設置管理條例時期（民國72年）墳墓設置管理條例	無論設置公墓、私人墳墓或擴充墓地，均應選擇不影響水土保持、不破壞自然景觀、不妨礙耕作、軍事設施、公共衛生或其他公共利益之適當地點為之。與公共飲水井或飲用水之水源地地點水平距離不得少於一千公尺，與學校、醫院、幼稚園、托兒所暨戶口繁盛區或其他公共場所；河川；工廠、礦場、儲藏或製造爆炸物之場所等地點水平距離不得少於五百公尺（第7條、第14條及施行細則第7條）。
省市管理辦法	1.喪葬設施之設置地點原則上與墳墓設置管理條例所規定公墓之設置地點並無差別，即不妨礙軍事設施、公共衛生、環境保護、都市計劃、區域計劃或其他公共利益等（民國87年修正前省辦法第7條）。另外影響公共設施、市容觀瞻、居家安寧、公共交通、學校教育或機關辦公者，亦不得設置殯葬設施（高市辦法第6條）。 2.喪葬設施之設置，應選擇不影響水土保持、不妨礙軍事設施及環境保護之地點，並與學校、醫院、幼稚園、托兒所或戶口繁盛區；工廠、礦場、儲藏或製造爆炸物之場所水平距離不得少於五百公尺。但都市計劃範圍內以劃定為殯儀館、火葬場或靈（納）骨堂（塔）用地依其指定目的使用及非都市土地已設置公墓範圍內之墳墓用地者，不在此限（民國87年後省辦法第7條）。
殯葬管理條例（民國91年7月17日公發布）	第8條：設置、擴充公墓或骨灰（骸）存放設施，應選擇不影響水土保持、不破壞環境保護、不妨礙軍事設施及公共衛生之適當地點為之；其與下列第一款地點距離不得少於一千公尺，與第二款、第三款及第六款地點距離不得少於五百公尺，與其他各款地點應因地制宜，保持適當距離。但其他法律或自治法規另有規定者，從其規定：一、公共飲水井或飲用水之水源地。二、學校、醫院、幼稚園、托兒所。三、戶口繁盛地區。四、河川。五、工廠、礦場。六、貯藏或製造爆炸物或其他易燃之氣體、油料等之場所。前項公墓專供樹葬者，得縮短其與第一款至第五款地點之距離。

資料來源：內政部民政司。

圖7-1　納骨堂塔外觀造型演化之實際案例解說圖

資料來源：陳燕釗博士論文。

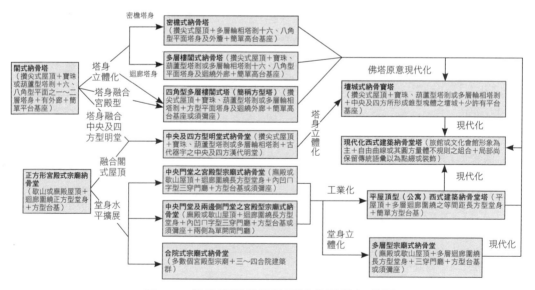

圖7-2　納骨堂塔外觀造型演化系統架構圖

資料來源：陳燕釗博士論文。

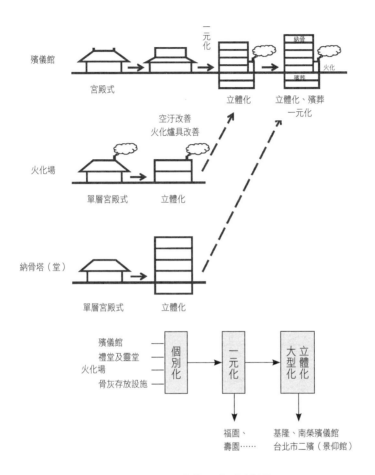

圖7-3　殯葬設施之演變

(四)台灣現代化的殯葬設施

◆ 苗栗後龍福祿壽生命藝術園區——現代化、多元化的殯葬設施

　　先進的火化及空汙防治設施，符合環保、節能、安全、自動化、高效率的目標，以自然永續、嶄新體驗、溫馨場域為概念發想；首家民營殯葬設施園區、五合一殯葬設施（殯儀館、納骨塔位、羽化館、靈堂、大體美容中心），提供一元服務。全功能服務大樓、地上三樓地下二樓，地下二樓羽化館，地下一樓大體美容中心，一樓生命藝術館、生態教育館、時光隧道，二

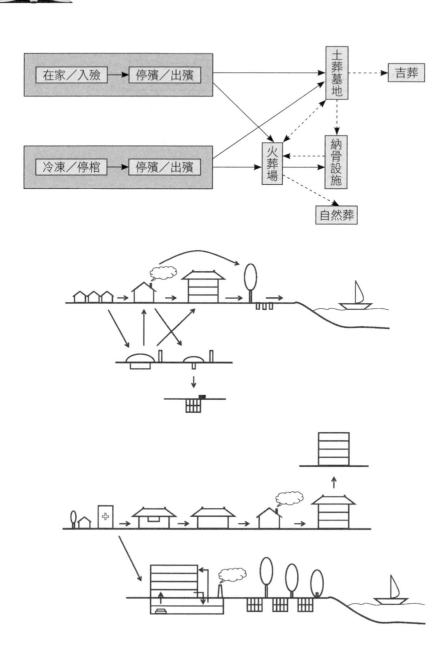

圖7-4　殯葬設施之流程

樓禮廳，三樓家族紀念館、塔位區，園區並設有火化土葬區、土葬區及樹葬區。

福祿壽生命藝術園區照片

◆台北市二殯景仰樓——立體化的空間規劃

　　地上四樓，地下二樓，地下一、二樓為冰櫃，入殮室與停車場，一樓至三樓共11間禮廳，四樓為殯葬處辦公處。

景仰樓照片

三、大園22公墓生命紀念館空間規劃

「大園都市計畫（第二次通盤檢討）」於民國92年7月11日公告實施。在全球化及亞太地區發展趨勢下，中央政府與桃園市政府積極推動「桃園航空城」計畫，擬整合桃園國際機場、相關產業及周邊土地，並以西濱快速道路結合鄰近的台北港，推動「雙核心」的海空聯運充分運用東北亞、東南亞兩大黃金航圍中心的優勢，將桃園國際機場打造成亞太國際航空城。而本鄉位處一重大建設計畫之中心鄉鎮，人口數勢必相對成長，而相關基礎建設，也因人口數成長，已漸不敷使用。

為秉持慎終追遠，造福鄉里之理念，為提供家屬更多元化的服務，發揚「慎終追遠、緬懷先人」的目標，配合桃園航空城整體發展計畫、加速地方公共建設及改善，提出於現行大園都市計畫內之第22公墓金寶堂及靈寶堂辦理評估規劃後新建一座納骨堂（生命紀念館），增設骨灰（骸）罐之存放量，以因應未來桃園國際機場專用區第三航道擴建工程，用地內之墳墓之遷移與安置時，納骨堂塔位使用之不足。

(一)計畫目標

◆提供家屬更多元化的服務

將第22公墓用地現有納骨堂辦理規劃重建，增加塔位供民眾入塔使用，並協助桃園國際機場專用區第三航道擴建工程，用地內之墳墓之遷移與安置，以提供家屬更多元化的服務，達到造福鄉里之目標。

◆發揚「慎終追遠、緬懷先人」的精神

讓民眾能發揮我國慎終追遠之固有傳統美德，並以緬懷先人作為現世子孫對祖先永遠的追思懷念。

◆加速地方公共建設及改善

推展及改善方基礎建設，提升生活品質，帶動地方繁榮，促進本鄉成為亞太國際航空城之中心鄉鎮。

(二)基地現況、位置及範圍

◆基地位置

　　座落於桃園縣大園鄉中華路259號（**圖7-5**）。

◆基地範圍

　　基地範圍坐落於桃園縣大園鄉圳股頭段後館小段121、171、172、172-1、173、173-1、173-13、173-14地號等八筆土地。

　　土地面積總計：1,6182平方公尺。

　　地上六層地下一層納骨堂，依據《殯葬管理條例》第15條規定，骨灰存放設施應有下列設施：(1)納骨灰（骸）設備；(2)祭祀設施；(3)服務中心及家屬休息室；(4)公共衛生設備；(5)停車場；(6)連外道路；(7)其他依法應設置設施。

　　內部空間：容納神主牌位4,420位，骨骸罐7,456位及骨灰罐（個人、夫妻、家族式）計37,865位，總計可容納（骨灰、骸罐）45,321位，另空間內容得酌予調整。

圖7-5　大園22公墓生命紀念館位置圖

地下一層設置：無主納骨灰區、機房。

一層規劃設置：神像、大廳服務中心、家屬休息室、神主牌位區、化妝室、檔案儲藏室、視訊祭拜區。

二層規劃設置：家族及個人納骨灰區、特殊宗教區。

三層規劃設置：家族、夫妻及個人納骨灰區、其他宗教區。

四層規劃設置：夫妻及個人納骨灰區。

五層規劃設置：個人骨骸區。

六層規劃設置：個人骨骸區。

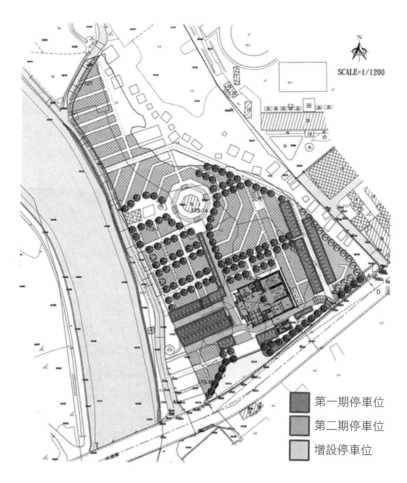

SCALE=1/1200

第一期停車位

第二期停車位

增設停車位

圖7-6　全區配置圖

以達多元化使用。另出入口等相關設施，需考量周遭道路系統之視線、動線及婦幼、殘障人士進出之安全。並應有完善防震、防潮、通風、採光、消防及安全設備。

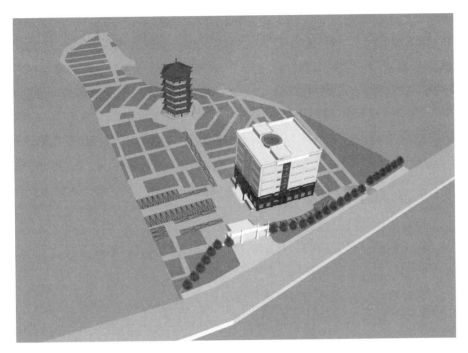

圖7-7　全區3D鳥勘圖

(三)智慧綠建築規劃

◆建築物設備內容

1.電器設備：採用數位電表記錄日常各項設備用電概況。

2.空調設備：變頻多聯式空調系統。

3.照明設備：二線式照明系統、節能燈具。

4.給排水設備：給排水皆採用變頻式泵浦設備。

5.昇降機設備：設置二台昇降機設備，且具備節能特性。

6.弱電設備：門禁系統、保全系統、監視系統、停車管理系統、能源管

　　理系統。

　　7.消防設備：依法設置消防滅火設備。

　　8.中央監控設備：採用開放式且符合國際標準平台之中央監控系統。

◆ 智慧化規劃設計目標

　　本建築為納骨（灰）塔屬其他類建築，基於納骨塔環境之屬性，也將融入建築智慧化及節能的理念，以安全、健康、舒適、便利、節能、永續的目標，以系統之整合作為整體考量，營造一個具有智慧建築的納骨塔，同時為了將建築的永續經營與維護，在設計上尤其對於各項機電等設施設備與智慧化系統之整合介面以及系統之標準化、擴充性、可應變性等都特別留意，另外也著重於節能系統，營造出節能的智慧建築。

◆ 智慧建築內容

　　1.綜合佈線：將於建築物初期導入綜合佈線系統，讓本棟建築在各種語音、數據、影像信號，甚至是自動控制的信號連結都可透過此平台來傳輸。本綜合佈線系統，垂直幹線配置於弱電專屬管道間，另外設置本棟建築物之通訊網路傳輸應用上網環境。未來系統完成時需提供完整竣工配置圖、系統測試報告書、網路與標籤辨識及基本操作手冊，提供未來維護管理使用。

　　2.資訊通信：

　　　(1)電話網路系統：本系統設備為建築物在電信法規上之基本設施，根據建築物的未來使用容量設計，設置電信專空間與專屬管道配線空間（併入弱電管道），同時能提供銜接綜合佈線所需要的設計需量，讓未來的建築物對外的上網路環境與電話交換機環境均可搭接。

　　　(2)網路系統工程（含綜合佈線、區域網路）：廣域網路之接取，設置足夠的資訊電信插座以接取廣域的網路，同時考量不同建築物之功能需求，讓使用者透過連接區域網路與建築物內外作溝通。

　　　(3)數位交換機系統（含區域行動通訊設備）：具有公眾電話網路連線通話功能，且具備對內及對外之連接介面。

(4)廣播系統：本系統為消防緊急廣播系統法令必備項目，同時也兼具業務廣播之功能，提供本建築物語音廣播之功能。

(5)共同天線：本系統為建築物應設系統，採用標準共同天線方式，提供基本之無線電視台收訊功能。

3.系統整合：

　(1)本系統提供整合相關軟硬介面與水電、空調、證明、智慧型門禁安全、消防、CCTV監視系統、設施管理等作相關監視與監控管理。

　(2)本系統為本案之監控主系統，水電監控、空調監控之監控所使用的控制器與監控功能統一規劃整合。

　(3)本系統採用集中監控，分散管理之精神，提高系統運作性能與效率，以本系統為集中監控，以功能項目分設施管理主機、機電系統監控主機、空調監控主機作分散管理，另設置副控主機，作權限管理。

　(4)未來系統將建立完整的各項整合資料於設施管理系統主機中，提供完整的備援機能。

4.設施管理：藉由中央監控系統平台及智慧化物業管理平台，達成綜合管理、資訊管理、業務管理、房產管理、管理人員管理，以及設備運轉管理、設備維護管理及節能管理之需求。

5.節能管理：鼓勵智慧型建築物之空調、照明、動力設備等系統具有能源監控管理功能，空調、照明、動力設備採用高效率的設備以及各項節能技術。

　(1)空調節能技術：採氣冷VRV空調、變頻器控制、空調系統控制（溫度、風速、群組控制）。

　(2)能源監控系統：要求空調設備具有能源監視功能。

　(3)能源管理之功能：要求空調或動力具有能源監控或需要用電管理功能。

6.綠建築內容：

　(1)日常節能。

　(2)二氧化碳減量。

(3)水資源。

(四)規劃特色建議

1. 公園化，納骨塔外觀改變傳統陰宅文化語彙，造型以現代化手段，以化解及降低衝突的發生，化解民眾對殯葬設施之誤解及不信任感。
2. 納骨塔內部空間，不同宗教教區劃不同分區，於分區內提供該宗教活動內容。
3. 納骨塔內設置牌位區，可使許多家庭內部牌位一致納骨塔內解決，住宅大樓化無法設置牌位及未來許多不婚女性在身亡後牌位有所歸處。
4. 納骨塔內設置家族塔位區，解決現代社會家庭結構，單傳小孩者愈來愈多，且將負擔祭祀於散落各地納骨塔之中祖先骨灰及牌位，相當不方便及可由旁系後代祭祀「頂客族」之祖先，無後代祭祀之問題。

建議：

1. 公墓公園化，更新的同時創造不只公園化的環境，而可以結合觀光、體育、休憩等多項功能活動引入於墓區內。
2. 園區未規劃環保自然葬區，如樹葬、拋灑、植存等，及平面式供土葬墓區減少或取消。
3. 納骨塔未定使用期限，寄存塔內骨灰（骸）並無經多少時間得須強制處理，將使納骨堂設置數量持續增加而遺留於後世子孫生活環境中，造成土地競用之問題。

四、殯葬設施空間創新規劃

殯葬設施為鄰避設施，雖然隨著工商經濟發展對於某些喪葬觀念逐漸有了新的知識，但對於殯葬設施忌諱依然存在「死亡禁忌」，心理的不舒服及產生噪音、空氣、垃圾及水汙染等環保問題，心理的不舒服因於殯葬禮儀之文化傳統，充斥饅頭造型、重埋疊葬、雜亂無章的公墓，廟塔一般的殯儀

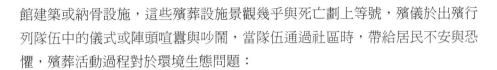
館建築或納骨設施，這些殯葬設施景觀幾乎與死亡劃上等號，殯儀於出殯行列隊伍中的儀式或陣頭喧囂與吵鬧，當隊伍通過社區時，帶給居民不安與恐懼，殯葬活動過程對於環境生態問題：

1. 空氣汙染：祭弔活動大量燒香、紙錢、紙紮、遺物之焚，於下葬前的停屍、運屍、冰存、退冰、化妝、弔喪、瞻仰遺容、使遺體在不同場合、不同程度地暴露於大氧中及防腐消毒，帶來醛類等有害氣體的空氣汙染問題。
2. 病源汙染：處理遺體在防腐過程中的引流洗滌，都會產生高濃度的有毒有害廢水及空氣，汙染著殯儀館周圍的水質、空氣。
3. 生物汙染：主要來自於遺體本身散發出的細菌、病毒等，更會直接危害人體健康。
4. 視覺汙染：奠禮的過度奢華、形形色色的陣頭。
5. 噪音汙染：儀式中的擴音設備超大的分貝。
6. 生態破壞：棺木的使用、大量砍伐樹木，造成永遠生態破壞。

因此透過綠色殯葬空間規劃，「在回歸自然的過程中，設法解決人為對於土地生態的破壞，使這樣的回歸可以不著痕跡地融入自然之中，不再有人為自然對立的狀態出現」[5]。

以下提出共感融入環境與想像的殯葬設施空間、循環經濟思維下的殯葬設施空間兩個規劃想法。

(一)共感融入環境與想像的殯葬設施空間

共感是內心與外在環境產生共鳴的感受能力，大量紛雜的資訊及快速的工作步調為生活帶來豐富的面貌，各地引發心靈的反動，人們開始在住家和工作場所外，尋找一處讓心靈獲得緩衝的空間。這些場所不僅連人們的互動，甚至能創造對環境的認同感。

---

[5] 邱達能（2015）。〈對台灣綠色殯葬的省思〉。《2015年第一屆生命關懷國際學術研討會暨產學合作論論文集》，頁6。

　　建築因人們的生活需求而生，同時建築也因設計改變了人們的生活。最重要的是「建築創造場所，讓人在生活當中更親近生命的本質，更豐富人與人之間關係」。

　　台灣的殯葬文化與環境，對於死亡諱莫如深，建築、空間與周圍環境的安排呈現混亂的秩序，於是設計過程中強調「尊重」這是這座建築最重要的核心精神。

　　殯葬設施建築，透過適當的空間安排、悲傷的人們因為有外界的過多干擾，而能因空間享受平靜。在設計上，我們提供一種空間氛圍只要能適當處理空間機能，讓人在空間內更順暢活動，就能同時照顧別人的心理狀態、建築結合物質、功能上的需求，甚至提供精神安適的空間，即使是打造一個處理臨終內容的場所，也能以正向跳脫肅穆氛圍的設計，讓人平復悲傷。

　　怎樣的場所，能讓人以更安適的方式面對生命消逝？素樸建築設計，連結寬闊的自然景觀，讓每顆憂傷的心在這裡獲得緩解與平靜。

　　讓人成為大地與時間的一部分，任何創新世界的物質，本來就是存在的，祂們會隨著時間漸漸變化，呈現大地的自然面貌，也因這些建築與地景擁有互相反饋的關係，使祂們能相融、形成對話、人們漫步在這裡，相聚在一起尋找慰藉，這座建築盡量貼近自然，並讓人們感覺是空間的一部分，也跳脫封閉、肅穆的空間氛圍，以自然元素形塑沉靜和徐的氣息，這是沒有任何宗教或文化指涉意涵的空間，並且是一處容納悲傷、音樂信仰和千言萬語的庇護所。

　　和諧，向來是建築動人的元素之一，當設計者引入天光，讓風自由地探訪，依偎著海灣與水域而築，並以最質樸的建材展現大地模樣，我們看見了和諧，也觀見設計者的思維厚度並從中領略大自然的細微脈動，學會尊重環境中的百種意象，也因此建築才能出現更多可能。

　　殯葬設施以無宗教符號的設計結合自然的空間安排，開引親民的姿態，引導洗滌塵俗的心靈療癒所，讓茫然迷失的人們也能得到心靈的庇護，對人心最具療育效果的就是自然元素（如光、風、鳥），也能做出讓人們感覺自在的空間，心情就能沉澱下來。

(二)循環經濟思維下的殯葬設施空間

在線性經濟的發展思維下，全球資源耗竭，地球環境崩壞，我們必須自問，究竟留下多少給下一代？只要落實循環與再生經濟的發展思維，邁向以使用權取代擁有的消費文化，不再獨享而是共享的生活價值；擁有權的消費價值會被使用權取代。因為如此為了讓商品內存的資源價值不再被任意拋棄損毀而消滅，我們需要在商品的生產過程、產品設計、服務的使用與商品的回收中，將資源能夠輕易被回復，再生的環境機制建置在價值鏈的每個環節。

從製造延伸到服務的「產業文化」──不再是賣斷，而是志在服務的商業價值：當消費者的使用權取代擁有權時，生產者角色也會連動改變。製造業者將需要擔負起更多的產品相關責任，負責優化天然資源的使用，以循環生產達成零廢棄，以產業共生達成零汙染。同時他們需要轉型延伸成為「服務」的提供者。服務的提供者對商品的責任，將不再止於商品的出售。製造者將需要對商品在購買其服務的使用者的使用便利性與效能、品質與能源效率，以及維護修繕與更新，終其一生負起完全的責任。

從獨善其身到相互依存的「合作文化」─不再是各自獨立，而是互依賴的生存價值：為了達成零排放、零廢棄的目標，在循環經濟的精神裡，無論是有機或無機的廢棄物料資材，其實都可以轉換成可以再被利用的資源。產業共生的精神就是：一個企業的廢棄物應該成為另一個企業的資源。業者需要尋求互賴合作的機會，分享資訊、技術、能源、水、材料等，一手接一手地來極大化資源的應用。業者需要開啟「合作文化」的一扇門，從他們所熟悉傳統獨善其身的商轉模式，重新建構一個相互依存的商轉模式。

在邁向循環經濟的道路上，營建無疑扮演重要的角色，因為全球的營建業從建造到使用製造了全球30%的溫室氣體。此外建築在使用的階段，因為耗水耗電，環境衝擊更是其他階段的5倍。而來到建築的生命終點時的大量營建廢棄物，更顯示出營建業必須朝向循環經濟的思維轉型，邁向「循環營建」的新階段。

面對營建產業各階段的環境衝擊問題，現今已有各種努力，包含綠建

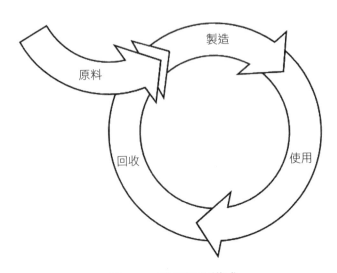

圖7-8 循環經濟模式

築、智慧建築、永續建築等。而「循環營建」想要進一步達成的是，如何導入以人為本的設計、能資源的循環、選用健康環保的建材，並且在面對未來的使用機能、生活模式轉換時，能保持最大的彈性，在調整、重建時而不斷保持建材的高價值而不將其摧毀。大幅導入「建材銀行BAMB」（Buildings as Material Banks）的概念，不只是「Less Bad」的減碳、減廢，而是「More Good」，企圖在建築生命週期的每個階段都創造正向價值。這需要透過可回復設計來預防性地提升建材價值與彈性；詳細建立「建材護照」，註記材料特性、維修、拆解及重組等資訊，以最佳化管理建材生命週期；若能搭配商業模式的轉化將建材、設備購買轉為取得服務，更能最大化彈性及顧及價值鏈中利害關係人之多重利益。

　　循環經濟下殯葬設施符合環保並永續經營、零廢棄、零汙染、資源不斷循環性的思維：

1.基地使用期限屆滿，應撿骨存放於納骨塔，而當納骨塔使用年限屆滿，應改為拋灑或植存等自然葬。
2.設施以租用方式，殯儀館、冷凍櫃、火化場、爐具、納骨塔設備。
3.火化爐發電（熱能）。

五、結論

　　殯葬設施的空間規劃，因文化價值觀、資源技術及政府法令及制度影響，其受政府法令及制度影響最甚，光復後「公墓暫行條例」，民國44年「墓地改善計畫」，民國65年「公墓公園化十年計畫」，公墓興建納骨堂、殯葬館、火化場，民國72年頒行《墳墓設置管理條例》，74年「改善喪家設施十年計畫」，鼓勵民眾遺骨置於納骨堂塔，殯葬館治喪，殯葬一元化。

　　91年頒行《殯葬管理條例》，促進殯葬設施符合環保並永續經營，補助地方政府辦理環保自然葬，漸進式創新，整體殯葬設施空間，經由殯葬管理條例許可制，現代興建之殯葬設施，從傳統宮殿式建築轉化為現代化建築，井然有序的室內外空間對殯葬空間較易接近。

　　殯葬設施的空間再經由共感融入環境與想像，循環經濟思維下使綠色殯葬設施空間，從遺體接收、運送、冰存、化妝、防腐、火化、撿骨、安置和弔念等每一項殯葬活動空間，必須使用殯葬館、火葬場、公墓、納骨設施都具有綠色環保意識，使整個殯葬過程使用空間，全程保持無汙染、無公害，達到友善環境，融入自然中之綠色殯葬設施空間。

參考文獻

徐純一（2013）。《最後的人間場・建築的轉渡》。台北市：城邦文化。

邱達能（2017）。《以綠色像世界告別──環保自然葬》。台北市：人生雜誌社。

邱達能（2017）。《綠色殯葬暨其他論文集》。新北市：揚智文化。

尉遲淦等著（2018）。《殯葬改革與創新論壇暨學術研討會論文集》。新北市：揚智
　　文化。

楊國柱（2015）。《殯葬管理與殯葬產業發展》。台北市：獨立作家出版。

李民鋒（2014）。《台灣殯葬史》。台北市：殯葬禮儀協會。

綠雜誌期刊（2012）。《死都要環保》。台北市：台灣建築報導雜誌社。

黃育徵（2017）。《循環經濟》。台北市：天下文化。

威廉・麥唐諾（2008）。《從搖籃到搖籃》。新北市：野人文化。

陳燕釗（2005）。《台灣地區納骨堂塔選址及地理景觀構成之研究》。國立師範大學
　　博士論文。

La V168期刊（2018）。《世界的共感建築之》。台北市：麥浩斯出版。

人間289期刊（2007）。《以綠色像世界告別──環保自然葬》。台北市：人生雜誌
　　社。

8

日人的死亡觀與葬禮
的改變之我見

楊盈璋

日本送行者學院博士候選人

關於考慮如何辦理身後事的方式，「終活」一詞得到日本2012年的流行語大獎候選。近年來，考慮到關於自己的人生結束時，如何辦理身後事的人增加了。光是看葬禮儀式和墓園的變化，就可以看到這二十年來日本人的意識觀念發生了很大的改變。「希望自己的葬禮只有親人參加」這樣想法的人也逐漸增加，不過不想要繁雜的葬禮，只要用火葬草草了事之「直接葬」的人也多了。

在東京首都地區，有「不想使別人為自己的葬禮而苦惱」之想法的人占全國的二成到三成。「並不是沒有錢辦葬禮，也不是沒有家族卻不辦葬禮」這樣的選擇，至少在二十年前是無法想像的。也有可能是因為人類的長壽化、小家庭化或都市化，然而「想節省錢」或「想避免浪費」這樣的消費者意識，在葬禮方面也不例外地萌芽了，這也可能是原因之一吧！

關於墓園也是一樣。當然墓園的形式相當多樣化，近年來選擇不葬入墓園的人顯著增加。譬如關於海葬，日本政府在1990年進行調查時，認為以殯葬法來說並不合適的人，是當時的主流。不過近年來，不管是不是自己想或是不想，另當別論，否定海葬這件事的人也漸漸減少了。小谷博士於2012年在日本做的調查中得知，舉辦葬禮不拘泥習俗或習慣的人也不少，而且，看起來那個傾向反而以老年人具多。目前為止的殯葬之應有的樣子，考慮重視門面和面子問題、家庭的關係等等因素。不過近來，如「想怎麼迎接人生的結束」之自由的觀念，考慮「準備人生如何結束」的人增加著。

可是，死並不只是本人的問題而已，也是與死者有深切關係的和周圍的人們的問題。有人主張「死後想要怎麼樣，死去的本人有決定的權利」和死的自我決定權的想法，不過我認為決定的權利本人和周圍的人雙方都是有的。實際上，有案例指出，生前自我決定「如果我死了不需要葬禮」的人之遺族，一直無法接受那個人死亡的事實。因為照故人的遺言將骨灰全部拋灑於大海中，但是會焦慮「該向何處合掌祭拜才好」的遺族也有。縱使是自己的死，也不可絕對變得隨心所欲「自我決定」，不可以僅僅是自己覺得高興就可以的。有很多的現代人，有著所謂的「如果自己死了希望能成為無。不過，卻潛意識想著死了的親人在守護著我們」這樣的矛盾感。雖然想以自己的人生方式直到臨終，這樣的想法雖然很好。不過這樣的話，以在世的人

（被遺留下的人）的立場來考慮死的觀念，覺得在現在的潮流中，感到非常的微薄。

到現在為止我遇見了各種各樣的人的臨終，至於是怎樣的死法，是各式各樣有所不同的。而且，考慮了多少「想以怎樣的方式來迎接臨終」，結果是不是能以自己所期待的那樣去做，誰也無法知道。不過，死別後，遺族對生前故人有各種各樣的心情。而且，根據與故人的關係性和親密程度，也抱有不同的感情。與故人交往的各種各樣之關係的人們共享感情的場合是「葬禮」，更是為了讓在世的人能各自接受故人之死的「重要的儀式」。

死，對本人來說，也對牽掛的那個人及重要的人來說，是人生的一大考驗。而且，任何人必定也都要面對死亡來臨，在人生中也會經驗與親人好幾次的死別。雖然那麼說，「如果可能，不會想去考慮死亡」的事，這才是許多人的真心話吧。面對死亡我們應該有很多要學習的事。考慮死的本質，不在於怎樣的葬禮和墓園，不是決定怎樣分配遺產，而是讓自己想想剩下的時間要如何面對讓人生、活得有意義，再重新想想有什麼是人生最重要的事情！

生前無論怎麼去做好準備，人的死並不是自己個人的事而已，還有遺留在人間的親屬。然而需要對誰託付意思，或者是請誰代替去實行，在生前是可以先行決定，但是也必須尊重親屬的意見，畢竟實際執行的是遺留在人間的親屬，我認為以故人生前的想法作為參考，盡可能的照故人的遺願去做即可。

近年來，「自己想迎接這樣的臨終」、「自己如果死了，想要這樣」，像這樣「屬於自己專有的身後事」指向的人變得非常多。可是，在這樣的潮流中沒被關注到的，是被遺留下的人的觀點、看法。對死去的人本身來說，這是人生的考驗，不過對於在面臨了重要的人往生之後，必須持續活下去的人來說，也是重大的問題。現在，在日本「死」是怎麼樣被解說，怎麼樣的改變著？

一、日本面對「多死亡之社會」的課題

到現在為止，公開地談論關於死亡被認為是禁忌之物，不過在這約二十年之間，如何面臨死亡和死後的問題，被社會的關心也提高了。其原因是在這數十年死亡景觀有所改變。其一是「多死亡之社會」的來臨。日本的年間死亡人數，1990年是超過80萬人，2003年100萬人，2011年約125萬3千多人，增加的速度變快了。未來，死亡人數也是順著增加的走向前進，根據國立社會保障人口問題研究所2012年發表的推算來看，認為2040年會成為約167萬人。在日本年間死亡人數，在1900年以後，超過150萬人的一次也沒有，至今以前沒有面臨過那樣多死亡的社會，不久就要面臨了。

其二是死亡年齡的老齡化。2007年的死亡人數中，80歲以上的人第一次超過了全部的半數。四十年前，80歲以上死亡人數只占了全死亡數的20％而已。在稍微早期的時代，能活超過80歲以上的人，其存在算是稀有的。由於長壽化使晚年的人生變長，對於人老之後如何去面臨死亡的事就能有充裕的時間考慮。其中，有許多人意識到長壽是一種「風險」，所以產生了所謂的「長壽的風險」，不僅僅是金錢上的問題，還有孩子和朋友先行逝世這樣的問題。在超高齡者的葬禮，參加的人極端地少之案例也增加了。

第三個理由是在醫院臨終的事實已成為是當然的了。雖然現在80％以上的人都在醫院死亡。不過，到1977年為止，在自己的家中死亡的人為多。由於在醫院死亡的人數增加的結果，因此關於想被告知病情的事實、想接受怎樣等待臨終的關懷等等獨自思考的潮流增強了。因為醫療水準的升級，可供選擇的治療方案增多，患者積極地收集資訊，選擇對自己適合的治療法。

二、銀髮族「獨居老人」的增加

不僅僅是圍繞著死亡的社會環境改造，還有家族形式的多樣化，面臨死亡的方法也對葬禮有著很大的影響。數年前，日本NHK播放的「無緣的社會」的節目引起了很大的迴響。節目獲得高度的迴響，表示許多人有著「說

不定自己沒有可以看護我的人和死後可以託付的人」這樣的焦慮。「獨居老人」絕對不會是他人之事，如果把「獨居老人」定義為：(1)一生未婚的男女（未必是過著單身生活的人）；(2)與配偶死別或者離別，過著單身生活的男女的話，或許在諸位的身邊就存在著即將成為「獨居老人」的。

那麼，試著用統計來分析觀察獨居老人的實際狀態吧。顯示到了50歲時一生都沒有結婚的人之未婚率比例，2010年男性20.1％，女性10.6％，這十年來特別是男性的一生中都未婚的比率劇增中。在男性的5人之中有1人，一生中都未婚的高齡者變成為獨居老人的可能性較高。

還有，根據2010年的日本人口普查，65歲以上的單身生活約500萬戶人家，夫婦中至少有一位是65歲以上的夫婦兩人生活的也有大約620萬戶人家。高齡單身者，高齡夫婦兩人生活的家庭，65歲以上的家庭占據著全部的52％。夫婦兩人生活的家庭，是因為配偶死後，選擇不和孩子同居的人也不少，將來會成為一位獨居老人的「未來潛在組群」。那樣考慮的話，預測日本不久的未來不論孩子的有無，獨自生活的老年人會劇增。

三、如何面臨屬於自身的死亡

到現在為止，父母的看護都是由孩子們來承擔的。不過由於看護保險的引進，於2000年的看護保險規定40歲以上的人有加入看護保險的義務，日本的看護就漸漸地邁向外部承擔，變成遇到有需要看護時，就要利用專業的看護服務，住進看護設施。不過有個前提，就是關於死亡的問題至今還是必須由家屬和子孫擔負。不管是在醫院或看護設施死亡，家屬和親屬必須將大體接走。舉行葬禮，墓園的維護和死後的手續，也全部都是家屬該做的。可是近來沒有切身地看到父母病倒老死的身影，會覺得父母的遺體「討厭難受」的孩子（這個情況的人們是嬰兒潮時期出生的孩子）也不少。夫婦與未婚子女組成的小家庭化的邁進，要是與父母沒一起度過個幾十年，說不定這是理所當然的感情表現。

在以前，地區的人們互相幫助合作舉辦葬禮，像這樣互相幫助的文化，

在大都市已完全被丟失了。居民們的關係即使是很親密的區域，光是老年人們，也已經接近無法辦理葬禮的界限了，像這樣的村落也增加著。另一方面，應該擔負死亡和死後的家屬，遇到老年者看護老年者和幼年人口漸漸減少的時代，人力資源也在減少中。那樣的結果，就算有孩子在，考慮著「死後無法託付孩子」、「不想因死後的事讓孩子有所負擔」的老年人也增加著。

像以上所敘述的，隨著社會和家族的轉型，在自己還很有精神的時候考慮如何去迎接死亡的方法，預先準備的必然性高漲著。並且，現在迎接死亡的方法和送葬的可供選擇之方案增加，已是透過收集正確的訊息、考慮想要怎樣臨終逝世，能自己斷定終結人生的時代。因為纏繞著死亡和葬禮的訊息，平素不太有所見聞，過度深信和誤解的人不少。還有，或許也會有不想去考慮有像這樣的「觀念」。可是，沒有人不死的，也不會有不遭遇重要的人之死亡的人。如果是基於在精神很好的時候就做好準備的話，剩下的時間是不是就能很有意義的活下去了呢！

四、在超老齡化社會面臨的死亡之課題

成為高齡者之前沒有接觸到雙親死亡的案例也有，日本在2008年之死亡人口中，80歲以上的男性42.2％，而女性占66.9％。因為女性的死亡人口中大約70％是超過80歲的，就算孩子迎接60大壽時，母親仍在世的，都不是不可思議的事了。由於日本人的長壽化，也可以說，到成為高齡時沒有面臨父母之死的人增加著。有很多作為參加者去參加葬禮的機會，在年輕的時候沒有作為遺屬來進行過要執行葬禮的經驗之人在增加著。也就是說，因為雙親的長壽，孩子年過60歲父母都還健在的情況。因為在日本公司的退休年齡是60歲。

另一個話題是關於非常高齡的故人。最近，感覺到冷清悲哀的氣氛之葬禮減少了。當然突然死亡的情況除外，尤其是長久臥病在床的和在長期看護的末期中之死，與其說悲哀不如說放鬆了心情的比較多吧。好像有「故人可

以從辛苦的和疾病的鬥爭生活中被解放了」這個心情，以及「自己也被從這個長期看護的痛苦中解放」這樣的雙重解放感。還有，周圍的人們對著長期看護的家屬說慰勞致哀悼的言詞說「因為天壽已盡了」。而長期安養在療養院之老年人的死，對大家來說是意料之中的事情。

那麼，對於超老年人和有必要長期看護或看護的老年人之死，對家族來說不是悲傷的事嗎？其實，近來與親人的離別，悲傷不是死後才開始，而是從死亡之前就開始了，把這個稱之為「預期悲傷」。

五、從臨終前就開始的死亡之悲傷

現在，近90％的人在醫院死亡。不過，預料沒有治癒的希望，不能避開死亡的情況之下，此時家屬會被醫療者告知事實。家屬從那個瞬間開始便預期與親人的死別，被悲傷和不安等各種各樣的感情動搖。

然而，沒向患者本人告知那個事實的情況，在本人無法理解的情形時，家屬就必須假裝不知情的樣子。家屬必須去面對與重要的人死別這樣的事實的心裡準備也不能，在患者面前故意裝得很開朗的樣子等等，壓制自己的感情的人也不少。

還有，被告知之後的護理和看護的期間成為長期化之後，與親人死別的精神準備能達到某種程度的家屬也不新奇。由於醫療水準日新月異的提高了，有連續不斷延長餘生的狀況也是一個原因。一邊被宣判已不能避開死亡，一邊也要持續注視著親人漸漸衰弱的話，根據情況的不同，幾個月或是持續一年以上的也有，因此家屬會認為「想從辛苦和疾病的鬥爭生活之困苦中快點使之解放」，但是這也跟「關係親密度」有關，人之常情再苦也希望看護到恢復健康為止。「關係親密度」低的，在葬禮中或許家屬會有種安心的心情，是因為經過了這樣的預期悲傷的結果。因此，如果只看葬禮，也會認為親人的死亡好像不會悲傷。不過，現在於醫院療養的最終是會死已成為必然了，而對被遺留下的人來說，其死亡的悲傷，是患者還在世的時候就開始了，只是藏在心中的深處，當面臨往生的那一刻便會爆發出悲傷的心情。

　　以我自己的例子來說，在看護母親的時候，沒有任何悲傷的感覺，當醫生說已經不行了，我還是期待著奇蹟的出現，耐心看護著，持續對著母親說話。可是當面臨母親往生的那一剎那，忽然一股悲從心中起，立刻快步走到浴室關起門嚎啕大哭，眼淚不停地流。

　　另一方面，也有這樣的問題。在日本，患者本人的意思如果不是很明確的時候，要同意臨終時做不做「維持生命的急救措施」的判斷，會由家屬來決定。如果做出不做「維持生命的急救措施」這樣的判斷而死亡之後，會想「說不定如果做了維持生命的急救措施會有奇蹟發生」，而做了維持生命的急救措施之後，又會想「本人是不是很痛苦？應該快點使之逝世才好吧」，不管是做了怎樣的決定家屬都會有後悔之意。

　　在日本的醫療機構，重點被放在關懷即將死去的患者身上，對於注視患者的家屬之關懷起步比較晚。不僅僅是死了以後，對於還有作為私人的感情之家族的預期悲傷，社會結構的現狀是沒有伸出援手的。

　　可是，也有我們每個人都可以做得到的事。是在世的時候對考慮想怎樣度過臨終前的生活、已經沒有治癒的可能、已經無法避開死的情況時的通知與否、做不做維持生命的急救措施等等，在世的時候預先傳達給家屬和周圍的人知道。因為家屬們不明白本人的想法，為了這個那個而焦慮，也會讓家屬在故人往生之後感到後悔。如果能預先表示自己的意思，家屬們就能一心一意的去支撐面臨死亡的臨終問題了。

　　在世的時候預先考慮關於面臨死亡的方式和喪葬儀式的話，也算是對家屬留下一些體諒與設想。如果成為高齡者之後，和配偶死別的人數會劇增。根據在美國所進行的調查，得知與配偶的死別之壓力度比離婚和失業都高的結果，也是成為老年人憂鬱症發病的最大危險因子。因為夫婦與未婚子女組成的小家庭化的增進，每一戶人家的人員變得少，欠缺一個人的衝擊，跟大家族應該就大大不同了。當然，友人的訃聞及接觸朋友和同事之死的機會也增加。同年齡的人之死亡的話，就會意識到自己之死的人也會不少吧。退休後，到此為止的生活為之一變，當然請來參加自己的葬禮的人和應該聯絡的人會有所變化。譬如在現役時代往生時，同事會來參加葬禮，不過如果退休後，會有聯絡交往的人應該會有所限定。在退休後，把訃聞送到哪裡才好，

家屬會感到不知所措而為難。以人生舞台的改變為時機，在考慮今後的生活方式的同時，也有必要重新改寫有交往的朋友名單了。

六、死是歸屬於誰的呢？

(一)人即使是死了也不會成為「無」

　　另一方面，關於「第一人稱（我）的死」寄予關心的潮流是在1990年代以後變得顯著起來。在這之前，怎樣的送葬方式和墓園是那個被遺留下的人該考慮的問題，可是於生前就考慮了關於自己的死後事的人們增加了。同樣的情形在歐美是於1960年代以後才開始出現。

　　可是，在這裡產生了一個疑問，所謂死亡，是自己的問題嗎？還是被留下的人的問題呢？

　　當然，死的是本人，所以死是本人的問題。另一方面，像前面那樣所敘述的，對被留下的人來說，因為親人的死亡是人生的一件大事，關於在考慮死亡時，需要從雙方的立場來捕捉。然而，在兩者間，關於死亡的捕捉方式有很大的差異。如果假設以作為自己的死亡問題時，及親人的死亡，這樣的考慮死亡時，其對死亡的印象就有所不同。

　　譬如，有指出有所屬特定之宗教和宗派之信仰的人變少了，及「如果死是無」這個死生觀印象的日本人之見解，不過，關於這個見解我是抱持著懷疑的。如果以設定「我的死」的情形，有「如果死了是無」這個意識的人卻不認為「親人的死」是「如果死了就是無」的想法。這是2006年以約1,000人作為調查對象，所進行的調查結果也清楚分析。像這樣的，乍看就是個矛盾的意識形態，也有以下的意識形態呈現出來，譬如說「我死後不需要辦葬禮，不過對於親人死時要舉辦葬禮」、「我不用墓園，但是要去親人的墓園掃墓」。

　　也就是說，關於自己的葬禮由於「如果死是無」這個前提思考的話，當然，成為「不辦葬禮沒關係」、「只是希望家屬做個小儀式」，或「不需要

墓園」、「流放到海裡就行了」等。可是如果以被遺留下的人的立場來看，如果牽掛那個親人，是不認為「如果死是無」。是正因為被親人遺留下的家屬尊重故人的意思。不過如果變成不辦葬禮，墓園也沒有，共享死的悲傷的朋友和場所也就沒有，因此一直無法面對其死亡之事實的人也有，然而這也是與故人的「關係親密度」有關的。

數年前，在日本流行「成為千陣風」這首歌，描述往生的人成為一陣風、刮過天空這樣的情景，大家的心得到非常大的共鳴。我們有很多人會想著「如果自己死是無」的另一方面，死就成為是無的感覺，卻覺得切身親密的人死之後無論隨時都守護著自己的想法，這樣是雙重矛盾的。還有，葬禮結束告一段落之後，也有遺族會自問自答，與親人的最後的離別，做這樣不知道好不好呢？是不是還會有其他更好的治療方法呢？想到對故人是否有做好看護和照顧、葬禮的儀式等等，其家屬做得被親屬批判造成關係不圓滑的情況也是不稀奇的。被遺留下的人們，不僅僅是與親人死別的悲傷，也要面臨著各種各樣的糾紛和緊張狀態，其中也有人閉居家中，成為憂鬱狀態。在之前有敘說了預期悲傷，不過被留下的人們如果死別後，也必須持續與緊張狀態搏鬥下去。

然而目前我經歷了四次親人的死亡之後，讓我對於死亡已經沒有任何恐懼感，隨時都能接受死亡的來臨了。

在日本崎玉醫科大學國際醫療中心的精神腫瘤科，為了由於癌症而死之人的家屬，於2006年開設了「遺屬外來科」門診，給予精神上的抒壓途徑。不過，像這樣關懷遺屬之重要性的認知在日本還很低，這是現狀。

(二)治療遺屬的心境，宗教的儀式也有效果的

敘說喪失親人的悲傷和故人之回憶，對被留下的人來說是非常重要的悲傷輔導。日本在佛教儀式的葬禮，死一週年忌辰之前，有頭七、七七等法事。本來，到七七，每七日舉行一次法事。不過，近來大部分的遺屬只是進行頭七和七七而已。常常那個頭七和七七也被簡化，火葬結束之後，同日就辦完頭七了。

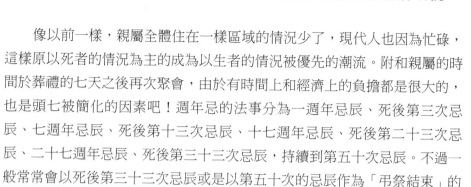

　　像以前一樣，親屬全體住在一樣區域的情況少了，現代人也因為忙碌，這樣原以死者的情況為主的成為以生者的情況被優先的潮流。附和親屬的時間於葬禮的七天之後再次聚會，由於有時間上和經濟上的負擔都是很大的，也是頭七被簡化的因素吧！週年忌的法事分為一週年忌辰、死後第三次忌辰、七週年忌辰、死後第十三次忌辰、十七週年忌辰、死後第二十三次忌辰、二十七週年忌辰、死後第三十三次忌辰，持續到第五十次忌辰。不過一般常常會以死後第三十三次忌辰或是以第五十次的忌辰作為「弔祭結束」的好像比較多。

　　雖然那麼說，近來，以七週年忌辰或是死後第十三次忌辰作為弔唁的結束等，週年忌法事的次數在減少的傾向也有。由於長壽化（死亡年齡的老齡化）和夫婦與未婚子女組成的小家庭化、親屬交往的減少等因素的影響，死後二十年過去的話，和故人有親密往來的人們幾乎都不在世了，也有這樣的情況吧。如果沒有信仰，在儀式中法事的意義之存在就不為人所知了。

　　可是，親人的死，在數年以內親屬和親近的人們集會舉辦法事，這樣的事，在悲傷關懷上應該有很大的效用。姑且不論信仰的有無，儘管是舉行掃墓週年忌法事回憶故人，或者在故人死的當月的當天（祥月命日）和每月的死的時日（月命日），誦佛經這樣的習慣，對遺族來說應該確實成為了悲傷關懷的過程。當然，我們可以以無論什麼時候、無論怎樣的地方來回憶故人，不過在日常生活中能有那樣的機會，對被留下的人來說肯定是成為活著的原動力。

　　當然，也有與佛教或是基督教的法事類似的儀式。在故人死後，第三日、第七日、第三十日等日子，在教會除了進行追悼彌撒之外，於一年後的升天日（忌辰）盛大地進行對死者祈禱的彌撒。在那個之後，就沒有像佛教一樣有固定的習俗了。不過也有家族在第十年、第二十年時舉行彌撒。共享這樣的彌撒不僅僅是宗教的意義，還有為了故人的死而集會之悲傷的人們，對被留下的人們來說，這是非常重要的時間，佛教或是基督教也同樣。

(三)經常被忽略之遺族的觀點

然而在生活方式的轉變中，在家中不設置佛堂，或是沒有佛堂空間的房子增加了。小谷博士在2009年進行的調查，得知在小時候家中有佛堂的人占68.7%，現在的家中有佛堂的人占46.9%，不到一半的狀況。在以前家中佛堂的房間裡，有擺設祖先們的照片，這樣的場面也已經漸漸的成為過去不再有了。

在佛堂前面早晚跪坐合掌祭拜的行為，是面對故人的寶貴時間，被包圍在祖先們的照片中生活，可以感覺到被故人們保護著，這是只有被遺留下來的人們可以得到的感受。這樣的做法，接收了心愛的人的死亡時，療緩喪親的悲痛，是繼續與死者共存的一個裝置，也可以說，在日常生活中是已經經歷了悲傷關懷的過程。

當然，週年追悼會和逝世週年紀念日，以及佛堂都有其佛教的意義存在，但是我認為是否應該更注重讓被遺留下來之人的悲痛可以有療癒效果的事呢！例如，舉辦沒有宗教色彩的葬禮儀式，信仰佛教以外之宗教，在家中設置一個能面對故人的空間來代替佛堂的小小空間，記得故人的每個忌辰節日，我認為應該考慮創造談論回憶的機會之意義所在。雖然各種宗教對於死後之世界的宣揚說法，而如何接受心愛之人的死亡的問題，就算有信仰的人，也不一定宗教就能解決此問題。這是因為，即使能解決人死亡之後會成為什麼樣的問題，但是因為「我」和重要的死者之間的關係，要如何繼續持續下去的問題，它是非常個人化的問題。社會和家庭之生活方式的多樣化，事實上每個懷念已故者的方式也是多樣化的，當心愛的人死亡的時候，所承受之強烈的悲傷和失落感的突襲，於任何時代的任何人都是同樣的。而這與「關係親密度」的不同情況也會有所不同的。

考慮如何尋求屬於自我之死亡的看法，如何生存下去的問題是非常重要的，但是同時也要顧慮到對於心愛的人之死亡，被遺留下來的人們如何承受下去的觀點、葬禮的方式等等都是必要的。前一種看法是大大的被注目了，但是經常被忽視那些失去親人的角度（看法）是現今的局面，所以我們必須重申悲傷關懷之工作的重要性。

另一方面，有關死後的後事處理的事，怎樣自我決定呢？關於繼承財產，如果用遺言記下分別方法和分配等等，在法律上是被保障的。可是，想要怎麼樣的葬禮，用遺言記載是自由的，不過，對遺族來說是沒有法律上的拘束力。死的自我決定作為權利是否有被保障來說，既有被保障的事情，也有不被保障的事情。惟死也不僅僅是本人的問題而已，對持有關係的人們也是相關的，並不是死的人可以隨便地就決定了全部的事情。

七、怎樣來迎接死亡的方式是最理想的呢？

(一)日本人所認為的理想的死法

　　小谷博士在2011年針對20歲以上的男女1,000人做了「你認為怎樣的死法是最理想的」的調查。以「如果自己可以決定死的方式的話，你認為最理想的是哪種方式呢？」，以二選一的方式回答的結果是，回答「突然有一天因心臟病等的突然死亡」的人是70.9％。另一方面，回答「由於（就算是昏睡不起也好）生病等因素慢慢衰弱死亡」的人26.3％，相當於4人之中有1人。而且，希望能猝死之人的傾向具多，尤其是老年人。

　　這個調查也針對了為何會認為是最理想的死法之理由做了分析。認為猝死是理想的死法的人，列舉出的理由項目中最高的是「不想造成家人的麻煩」占80.9％，然而卻是造成家人最大的麻煩。其次是「不想承受痛苦」占69.8％，因此明白了這兩個理由是「希望猝死」之人的最大背景。

　　另一方面，認為「（臥病在床也好）因病慢慢的衰弱而死」是最理想的人，結果回答是「已經心存死亡的心態」（76.6％）之理由的人具多。總之，想突然死的人，大多是不想給家族的人添麻煩的理由，相對的，臥病在床也好的人，是想對於自己的人生好好的有一個終結這樣的想法，兩者對於如何迎接死亡的時候之想法有很大的差異。

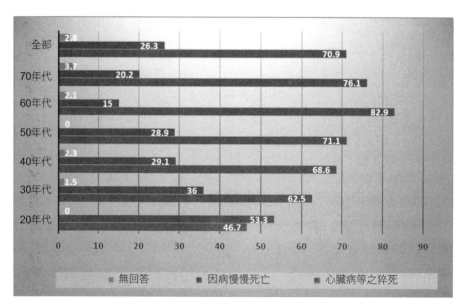

圖8-1　認為怎樣的死法是最理想的

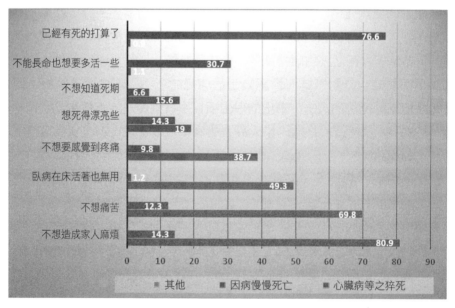

圖8-2　選擇最理想的死法之理由

資料來源：「日本ホスピス・緩和ケア研究振興財団」（2011）。

(二)重要的事、到死的那一瞬間是如何過活

　　很容易的，突然的猝死（PPK）及瞬間死亡（GNP）之想法的人，在日本大多數的老年人是認為不想給家族的人添麻煩而期待以上的兩種死法。

　　日本作為世界上是少數的長壽國家（2010年為止女性是世界第一長壽的，2011年以後，女性的平均壽命僅次於香港位居第二），在另一方面，不成為由於因病臥床不起、接受看護的老人，卻是能自立而且健康地生活的「健康的壽命」之差距很大的事，眾人皆知道。厚生勞動省（衛福部和勞動部）的估算，以2010年男性的健康壽命70.42歲，女性是73.62歲，不過，2012年的平均壽命男性79.55歲，女性是86.3歲，單純地計算的話，有不請看護和不請護理長照的期間是十年。

　　順道說明一件事，日本最健康壽命最長的都道府縣統計，男性在愛知縣71.74歲，女性在靜岡縣75.32歲，壽命較短的男性在青森縣是68.95歲，女性在滋賀縣是72.37歲，以自治團體來比較也存在著差距。

　　總之，如果在人生最後的十年不借他人之手不能生活的老年人之請求「不想家族添麻煩」，「想突然死」也不是沒有其理由的。可是在現實上，有著健康的狀態越是健康的人就會想「今天不想突然死」才是真實的心情吧。即使實踐了適度的運動，健康的伙食，怎樣的人也不能避開死的階段。而且，誰也不能知道是怎樣的原因而死。就算即使被發現癌症已到末期的狀態，卻是因受傷或事故而死亡的可能性也不是沒有，癌症也不一定就是成為死因的，也有因醫療疏失而死亡的。如果是那樣的話，就不是在意是何死因，而是要怎樣面臨死亡及直到死的瞬間應該怎樣的過活。

　　所謂理想的死，是在臨終之前有家人圍繞著，就算是臥病在床，是能做自己喜歡的事，盡可能的在臨終之前，在自己的家中和家人過著日常生活。演員都會說「如果能死在舞台上是他的夙願」，或許也會有人想一直工作到死吧。不過，因人而異有各式各樣理想的最後臨終的姿態，意想不到的是，想過著與日常生活不變的人也很多的。

(三)對於死之不安和恐懼的原形，很多的不安是由於死別的喪失感

　　根據小谷博士於2011年接受了「日本ホスピス‧緩和ケア研究振興財団」的請託，做了以下的調查結果得知，被醫師宣告「死期將近」時也不會「擔心或不安」的人不超過3.6％，幾乎所有的人都會有一些憂心事的存在。而操心之事的內容最多的是「隨著病情的惡化，是不是會有疼痛和痛苦」，而這樣的不安，也是導致其期望猝死之願望的原因。

　　就像前述的那樣，也有不想因久病在身而讓家族添麻煩這樣的想法，及不想承受和疾病之抗爭中的痛苦而期待突然死亡的人很多。可是，已經沒有治癒的希望，而如果接近死亡的時候，當然還是希望能沒有疼痛和痛苦的人多，一方面，在國際上來看，日本對於病人的病情緩和關懷還是尚未被重視落後中。譬如，醫療應用毒品能緩和癌症的疼痛效果，不過在日本，每一位患者的嗎啡之使用量是歐美（七分之一）的一半了。全部的醫療應用毒品，在美國被使用的量只有僅僅5％。

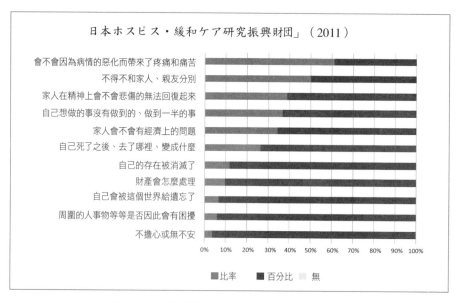

圖8-3　面臨接近死亡時之不安和憂心事

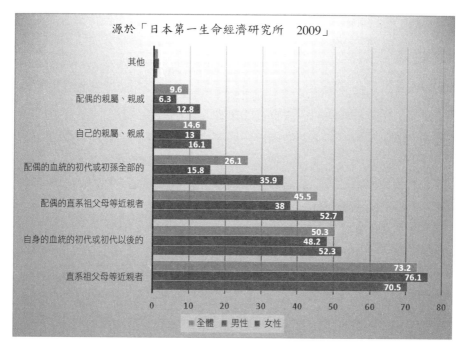

源於「日本第一生命經濟研究所　2009」

其他

配偶的親屬、親戚　9.6 / 6.3 / 12.8

自己的親屬、親戚　14.6 / 13 / 16.1

配偶的血統的初代或初孫全部的　26.1 / 15.8 / 35.9

配偶的直系祖父母等近親者　45.5 / 38 / 52.7

自身的血統的初代或初代以後的　50.3 / 48.2 / 52.3

直系祖父母等近親者　73.2 / 76.1 / 70.5

0　10　20　30　40　50　60　70　80

■全體　■男性　■女性

圖8-4　對你來說何謂祖先？

實行都是不可能的。從終結期開始之後，任何人都不可能自立的。因為本人已經沒有意識，或是已經死亡了。因此，不是自己而是非請「誰」來代替執行自己的意思才行。我們在人生中會面臨到很多大的決斷和被逼迫選擇決定的機會，在面臨這個階段時都可以自己來決定，唯獨關於死的那個場合不能由自己來決定。可是，多次的指出，任何人都必定面臨死亡的事，大家都很明白，所以在健康的時候，可以預先設想關於自己的人生之終結方式。

　　關於死應該預先設想的另一個理由是社會的必然性。在日本，看護患者、辦理葬禮、主持掃墓和法事，被認為是家族和子孫們的職責，是被遺留下的人該做的規範。然而，家族的形式多樣化，面臨了光只是家族和子孫也不能擔任之事態的家族增加著。不再只是家族和沒有子孫之人的問題了。不論只有夫婦兩人、有無孩子，或是單身的個人生活等，面臨萬一的事態需要時，必須自己去應對的老年人劇增中。

　　近來，就算有孩子在，比長壽的父母先行往生的例子也已經不稀奇了。

未必有孩子在就能有保障之安全的時代了。反倒是，正因為有孩子在，「不想讓孩子添麻煩」之強烈想法的老年人也快速增長。試想看看，對於人生的終結之關心的高漲，明白好像是伴隨社會和家族的多樣化之必然和到最後也想有屬於自己獨特的想法這樣的背景的這兩種理由。可是，如果無論生前怎麼準備著，也都是無法自己去實行的事實，自己所想的託付之人不在就沒有意義了。那樣設想的話，要準備自己的死之身後事，應該也發現到要重新評估與家族和周圍的人之關係的契機。被父母說「葬禮委託給孩子」，但是也有孩子們的意見是對立。如果家人只有一人就另當別論，多數的家族的話，就不能保證彼此的意見能一致相符。葬禮的做法以及做不做延長壽命措施是沒有正確的解答的，所以家族的意見對立不同的關係無法解決的話就也會有關係惡化的。

因為繼承而爭執的、也因為不太交往的親屬們聚為一堂，各自主張自己的立場和權利。或是之前那個兄弟姐妹的感情非常好的，面臨了母親的看護之人生的一件大事，因看護方法的意見不一致，兄弟姐妹關係不和了的情況也有的。迎接人生的終結時，自己不能自立了之後的事、所謂的「託付給家人」，聽起來好像很優美謙虛，不過，因為家族未必是一團和氣想法一致的，在迎接死時自己預先決定想要怎麼做，由誰來決定傳達自己的意思的方式，是能防止家族內的爭論意見對立時是有相關聯的。

八、死不只是本人的問題，與那個人的死別一生只有一次

病情告知的是非、末期醫療應有的樣子及死後的送葬等等，關於死亡一連串的問題，到現在為止被認為是被遺留下之人的立場該去設想的事情，過去也沒有人會想到這是該由本人考慮的構思。在想要說怎樣去終結自己的人生的視點來看死的事情，變得受到注目的，在日本是90年代以後的事。

最近，對於終活筆記本的關心高漲，除了被推出各種各樣類型的筆記本之外，關於考慮自己的送葬的市民講座在各處也都有舉辦。將自己之死視為禁忌之物的已經漸漸薄弱了。表示其考慮自己的臨終的預先準備之「終活」

的名詞，被提名為2012年的流行語大獎。因為對任何人來說死都是只有一次而已，想預先考慮怎樣迎接死亡，感覺說是當然的吧。

另一方面，一生裡面與家族和朋友的死別體驗會有幾次吧。可是，即使有成為遺族的幾次經驗，對被遺留下的人來說，與那個人的死別，還是也只有一次。同樣是喪失了親人，譬如，母親和父親往生時，應該會有不同的感覺和悲傷及喪失感，這也因「關係親密度」的不同情況而有所不同。所以對於同樣的面臨母親的死亡，孩子們各自抱的心情會不一樣。因為是對和那個人的關係性的不同，所以被遺留下的人所擁有的東西是各自固有的。

死，不只是死去之本人的問題，切身地牽掛死去之人的人們，也是那個當事者。如果試著策劃終活，或者寫在終活筆記本上的經驗，也會發現無論怎麼準備著，最後實行那個的不是自己。如果不管任何怎樣的人，不麻煩自己以外的人經手就無法來完結死亡之事，那死亡就不只是自己的問題了。無論怎麼準備著，被遺留下的人認為那個內容不適切不服從，也就不會被實行。因此，重要的是本人要和被遺留下的人們商談，在迎接死亡時自己想怎樣做，而不是為了不讓家族添麻煩的預先準備。對於被遺留下的人來說，切身之人的死是很容易也很大地影響此後的人生和生活方式的，這是一件非常重要的事情。

作為死別諮詢第一人的美國心理學家J・威廉・沃登（1932-）認為，遺族應該要面臨承受的課題，例如「承受喪失的事實」、「跨過悲傷的痛苦」、「適應於死者不存在的環境」、「對於死者的情感重新定位，持續的生活下去」。精神分析學者弗洛伊德主張，居喪的工作是要拉開向死者的期待和追憶，不過在1990年以後的歐美，卻認為不是切斷向切身的死者之追憶，與死者的連結關係的重要，眷戀死者，在遺族的生活中找到死者存在的地方是重要的，這樣的論調成為了主流。

在日本，孩子死亡的父母，若沒有把孩子的遺骨放入墓內安置於自己的家中的話，因此被親屬和周圍的人指責「不儘快納骨孩子便不能成佛」、「永遠戀著孩子的死，這樣小孩子很可憐」等，也不足為怪。或許說得好聽是儘快使之接受死亡的事實，讓其快速復歸於日常生活，從切斷對於切身之故人的追憶，開始新的生活，但這對被遺留下的人來說是不可能的。

(一)有必要從被遺留下之人們的角度來看

對被遺留下的人來說，在觀念上死亡是意味著與死去之人的離別，不過與切身之故人的關係性也一直被維持。即為被遺留下來的人需要眷戀死者，認為故人活在心中這樣的視點。為了承認死亡的那個意義，送葬禮儀和墓園祭祀，有緩和死別之悲嘆這樣重大的效用。

然而，近來日本的送葬禮儀和墓園祭祀應有的樣子，與其說多樣化，還不如說是縮小簡化的傾向增強了來得恰當。以家族作為中心之小規模的葬禮的增加就是縮小簡化的一個例子，不做葬禮以只有完成火葬就結束的「直接葬」，是最簡單的縮小化的，因此可以說是送葬禮儀即將消滅吧。如果事先考慮自己的死亡葬禮時會說「希望做華麗盛大的葬禮」的人稀少，大部分的人必然的請求「只是家族成員的簡潔式葬禮」。

可是，我認為是不是更要重視「對被遺留下的人來說，是切身之人的死」的這個視點。到現在為止，以故人的意思不做葬禮，幾年過去了也一直無法容納其死之事實的遺族，以故人的意思散了全部的遺骨，因此不知要向哪裡祭祀才好的遺族，為此而煩惱的人我看了很多。讓家族花工夫時間辦喪事不是給他們為難添麻煩，對遺族來說是能漸漸的接納其死亡事實之重要作業的過程。倒不如，我認為應該要考慮使之花工夫不會覺得成為麻煩的人際關係是需要的。因為死去的一方和被遺留下的一方，兩方都是面臨死亡的當事者，以雙方商談關於死亡的迎接方法是比什麼都重要的。

(二)被遺留下的人之死別的喪失感

伴隨死別的喪失感，是會因對於往生者有多大的留戀及愛情，而「關係親密度」高，帶來的影響是相對的大。透過與故人的關係，喪失感也有其濃淡。譬如，和父親死別的孩子們，根據與其父親的互動關係性的不同，兄弟各自對其父親的感情也有所不同。在目前為止的研究中得知，如果與其切身之人死別時，認為會經過「錯愕感」、「虛脫」、「自閉」、「適應」的四階段。但也並不是都照這個四階段等級順序那樣，會重複走來走去，也有兩個階段同時發生的。或許經過了一段時間之後，即能適應那個人不在人世的

狀況，但是因人而異。

　　許多人和切身之人死別時，會感到「錯愕感」，這個是第一階段。人遇到了過分吃驚、發生不能預期的事，悲哀之餘，人的思考會停止，拒絕接受事實。像這樣，許多人體驗在緊接死別之後，會感情麻痺。也有人吃飯感覺不到味道，或不記得從醫院是如何返回到自己的家，當天的行動沒有記憶等等。

　　第二階段的「虛脫」，是有可能想起故人或者找尋的事情而悲傷。第三階段的「自閉」，被孤獨感襲擊、發怒、哭的感情起伏變得激烈。也有是被不眠折磨。兩年前我與家母死別時，變得在半夜好多次因哭泣而醒，在吃好吃的東西時，或者到國外出差時，也會想「沒有帶母親出國過」，覺得很對不起。因人而異，也有在這個過程中成為抑鬱狀態的，或者是身心平衡的破壞。也有追隨自殺的事件。過了一段時間以後，會進入到第四階段，關於親人不在人世這樣的狀況能「適應」了，不過，對被遺留下的人之心的葛鬥，不用說是周圍的人，社會也更需要表現出其理解的。

　　當嬰兒潮時代出生的年齡者同時超過75歲時，就即將面臨這「大量死亡的時代」的來臨。雖然時代潮流會考慮「不要墓園」、「希望撒骨灰」的人逐漸在增加，也面對著骨灰的安置和追思故人的場所，要面對著那裡祭拜等等的現實問題的存在。

　　適切地選取雙親或自己的墓地、要如何才能好好的常年永續供奉＝永遠追悼。解決這個問題的其中一個方法就是「子孫持續繼承的供奉」形式。一個家族的墓園（家墓）無人繼承，面臨著這種「墓地問題」的承受者，像這樣「永代供養」[1]種種的問題在日本的社會中急速地增加。這種新形態的墓園到底又是什麼呢？又要如何去祭祀呢？這些實際狀態相信許多人知道的絕對不多。

　　如果把「墳地」以住宅來說的話，那就是將以往透天厝的「家墓＝家墳」換成大樓公寓的「永代供養墓＝永世持續繼承的供奉墓」的意思。比如

1　永代，基本上是有期限的，也就是以有「後代子孫」的持續繼承的供奉為原則，並不是永久性的。針對墓園的「永代使用權」，如果無後代子孫的存在時，或有子孫但是無法付管理費時，就結束墓園的使用權，並不是永久、永遠可以使用的。

說，現在在東京都內有數千到一萬座的骨灰罈放在一個大樓內的永代供養式的「納骨塔」，像這樣的納骨塔陸陸續續的建設。於2020年，在嬰兒潮時代出生的年齡者即同時達到75歲以上，此時這種大樓型的納骨塔的需求量會增加。

　　一進到大樓裡就是大理石的大廳，擺放著豪華奢侈的家具，旁邊站著穿著西裝筆挺的經理在等候接待，就好像進入了高級豪華公寓一樣的氣氛。「永世供養墓＝永世持續繼承的供奉墓」的類型，不是只有大樓型的納骨塔，透過住持的構思，也有各式各樣的型態產生了。建築物的設計很摩登，祭祀空間也很講究，具有個性及特色的東西也不斷的出現。「回歸於自然」的印象，很受歡迎的樹木葬（撒骨灰）也算是永世供養的一種模式。而這樣的模式跟以往的廟寺不同的是感覺不到那種陰鬱的氣氛。

　　「永世供養墓＝永世持續繼承的供奉墓」的結構是簡約式的。共通的特徵是：(1)不問是何種宗教或宗派；(2)不一定要成為信徒；(3)明示價格等等。「想擁有這樣的墓地的門檻很低」，所以因為這點而被吸引的人也不少。

　　乍看之下，有個性的、價格、結構也是易懂的「永世供養墓＝永世持續繼承的供奉墓」。但是因此而想要擁有，輕易地撲過去也是一件很危險的事。沒有事先調查，光憑所得到的「永世供養墓」印象決定，其結果是會失望的，甚至演變成為一種紛爭的案例，實際上是有發生過的。

　　例如，永世供養的話就認為「就是可以永久的供奉」，因此而安心的人有吧？

　　圖上中間就是個別納骨塔的永世供養墓。牆面雕刻有墓誌，個別的納骨就這樣放著，無期限的永世供養。

　　原則上，「永世供養墓＝永世持續繼承的供奉墓」是不特定的多數的故人，在同一個地方埋葬在一起，只要每年的管理費有持續繳交下，就在那裡一直供奉下去的概念。也就是說，跟同族墓不繳交費用還是會守住同族的故人，一直供奉下去是不一樣的，永代供養墓不能保障會一直供奉下去，而是視繳交管理費用的情況而定的。

　　撒骨灰的葬禮印象也就是最早進行的樹木葬、海葬，或許會有「死後，就可以回歸於大自然」如此深信的念頭。但是，在撒骨灰的現場時，在現場見證的家屬們，在面臨現實與理想的間隙中，而呈現出困惑感的案例也是有的。

自然葬的衝擊與因應

陳伯瑋

國立台北護理健康大學生死與心理諮商系兼任講師

曾煥棠

國立台北護理健康大學生死與心理諮商系教授

摘 要

本文以文獻研究法，探詢台灣的殯葬行為的衝擊及因應之道。在衝擊面以主要的「習俗文化」、「宗教生死觀」、「殯葬業者」三者論述之。這裡所謂的環保自然葬的因應，就是為了不斷的努力改變在原有的觀念、習慣、行為認知和行為，以符合社會的及心理的需求。分別以接受環保自然葬因應主要因素的探尋、因應之道的建立與做法。在因應的做法建議：(1)殯葬教育往下扎根；(2)輔導殯葬業者轉型；(3)改變傳統祭祖迷思。並重新建立「臨終關懷與悲傷輔導」成為現代國民喪禮的新核心價值，使之成為環保自然葬的堅固盤石，人類的社會才能永續的發展。

關鍵詞：文獻研究、環保自然葬、臨終關懷與悲傷輔導、現代國民喪禮

一、前言

何謂自然葬（natural burial）？維基百科說當今世界先進國家政府相續推廣的殯葬觀念，它鼓勵人民以自然、環保、節能、簡約和可持續的方法，占用較少的土地資源，用革新、有創意和低消費的方式開創新世代的殯葬文化。自然葬是綠色殯葬（green burial），也稱為生態葬（ecological burial）、環保自然葬或循環再生葬（eco-burial）。1993年建立在英國卡萊爾公墓的林地墓區（The Woodland Burial）被認為是當世第一個自然葬墓園，其後這種環保的自然葬法陸續傳到北美、歐陸、澳洲、東亞等地，越來越多人選擇這種方式作為自己的安息之所[1]。英國目前已經有250個自然葬墓區[2]，台灣地區

---

[1] https://zh.wikipedia.org/wiki/%E7%94%9F%E6%80%81%E8%91%AC

[2] http://www.naturaldeath.org.uk/index.php?page=find-a-natural-burial-site

依照民政司網頁列舉全國可實施環保葬地點有35處[3]。

在台灣自然葬目前較常被稱為「環保自然葬」，是指「樹（花）葬、海葬（骨灰拋灑）、植存」。《殯葬管理條例》明定實施骨灰拋灑或植存之區域，施設不得任何有關喪葬外觀之標誌或設施，也就是不立碑不設墳，且不得有任何破壞原有景觀環境之行為[4]。其目的在於「為促進殯葬設施符合環保並永續經營」[5]，也是符合世界潮流的做法，重視「自然生態體系的永續，才有人類社會發展的永續」[6]。

台灣傳統喪禮的葬法主要是採二次葬法，就是先土葬，於葬後六至七年起掘，撿骨俗稱「撿金」，經曝曬後再放進「金斗甕」奉祀在家族墓或另外啟建風水（墳墓）。由於台灣地狹人稠，為避免死人與活人爭地，讓土地能永續再利用，鼓勵火化以降低土地使用面積。據民國76年台灣省社會處「台灣省喪葬設施使用及費用概況調查」報告分析指出，民眾辦理治喪總費用每人平均為新台幣367,757元，民國95年，國人治喪平均費用為新台幣354,145元[7]，兩次調查資料相隔十九年，治喪金額看起來似乎沒有多大改變，倘若再以物價、消費指數分析，則不難發現，國人治喪金額逐年下降，到了106年調查資料顯示國人治喪平均費用為新台幣242,465元[8]，治喪金額更是減少約新台幣11萬多元，其主要的原因則是喪葬行為的改變，目前台灣喪禮的葬法已經從土葬轉為火化晉塔的方式。據內政部統計資料顯示，我國遺體火化率由82年不到五成，至98年起已突破九成，105年更提升至96.19%。

從土葬到火化晉塔的葬法改變，讓台灣的殯葬行為經歷過一次殯葬習俗的衝擊，火化率的提升除了法令政策宣導、經濟發展之外，應該還受到教

3　https://mort.moi.gov.tw/frontsite/nature/locationAction.do?recordCount=35&siteId=MTAz&subMenuId=906&method=doFindAll&currentPage=2

4　「殯葬管理條例」第18條第四項、第五項及第19條。

5　「殯葬管理條例」第1條。

6　聯合國「世界環境及發展委員會」於1987年發表布蘭特報告（Brundtland Report）：「我們共同的未來」（WCED, 1987）。

7　內政部（2006）。「台閩地區殯葬消費行為調查研究」報告。

8　內政部（2017）。「我國殯葬消費行為調查研究」報告，頁266。

育、宗教、習俗文化等因素的影響。然而,民國91年通過《殯葬管理條例》確立推行環保自然葬殯葬政策,勢必帶來第二次的衝擊,值得探究。

二、環保自然葬的衝擊

　　環保自然葬法的推動會衝擊台灣哪些殯葬行為呢?首先,根據內政部統計資料顯示,民國93年至105年間每年使用環保葬法的人數占當年死亡總數,除了民國104年5.58%之外,其餘都在0.16～3.91%之間(**附表1**),可見使用環保自然葬的比例很低。比對內政部民國95年「台閩地區殯葬消費行為調查研究」調查結果,回答為長輩安排環保自然葬(如樹葬、海葬)之可能性為「亦可,不反對」者占23.7%,為自己安排環保自然之葬(如樹葬、海葬)可能性為「可接受」占30.3%。以及內政部民國106年「我國殯葬消費行為調查研究」報告,受訪者能接受為親人選擇環保自然葬的比率,比95年多出27.3%,而不接受的人數也下降31.6%,整體都往逐漸接受環保自然葬,接受自己身後事採環保自然葬的百分比,相較於95年的調查在百分比上提升了14.9%。代表國人現在能夠接受環保葬的比率持續在增加[9],但是觀察實際採用環保自然葬的數量與死亡人口總數的比例,確實是有明顯的差距。

　　再者,內政部在「全國殯葬資訊入口網」相關報導指出「2015年推動環保自然葬計9,136件,為94年之20倍,其中又以樹葬居多,顯示獲得愈來愈多民眾認同環保葬的概念」。使用環保自然葬法,也許從成長的倍數來看似乎有很高的比例獲得民眾認同環保葬的概念,但分析同年(2015年)死亡人口總數計有163,822人,使用環保自然葬法僅為9,136人,其比例為5.58%。由此看來,「環保自然葬」是為了有限的土地能永續利用,兼顧環保、殯葬革新、尊重生命為議題的做法,政府在2001年開始推動淨化殯葬意願聲明書[10],民眾雖然愈來愈多認同環保葬的概念,但是真正抉擇時卻是裹足不前。

---

[9]　內政部(2017)。「我國殯葬消費行為調查研究」報告,頁264。

[10]　http://old.ltn.com.tw/2001/new/may/27/today-c6.htm

探究其原因，環保自然葬對台灣現行殯葬行為衝擊很大，衝擊面亦很廣，本節僅就最主要的衝擊面，「習俗文化」、「宗教生死觀」、「殯葬業者」三者，試論之：

(一)對「禮俗文化」的衝擊

傳統喪禮的做法，尤其受到沿襲傳統的陰宅風水的觀念、清明掃墓祭祖的習俗文化影響。考察古今中外的「葬法」（burial）可分為遺體「留存式」和「不留存式」兩種。第一種是普遍使用的方式，包括：土葬、穴葬、崖葬、骨灰晉塔等仍留存遺骨或骨灰；第二種則有西藏的天葬、印度恆河的水葬以及近代各國所推廣的綠色殯葬，當然也包括我國的環保自然葬。

綠色殯葬（green burial）也稱為生態葬（ecological burial, eco-burial）、環保自然葬（natural burial），完全不留存遺骨或骨灰。遺體「留存式」和「不留存式」這兩種葬法的產生，主要是建立在一個地區的居民的死亡觀、宗教及文化習慣上。所謂「葬」的意思就是「藏」，將屍體藏起來，《禮記・檀弓》國子高曰：葬者，藏也。說文解字：《艸部》葬：藏也。从死在艸中。《易》曰：「古之葬者，厚衣之以薪」。孟子對「葬」提出看法，說明凡是孝子有仁人之心的人，總不忍看到親人的遺體在野外被野獸、蒼蠅和蚊蚋螻蛄等小蟲侵食，這就是要將遺體埋藏的道理。

《孟子・滕文公上》孟子曰：「……。蓋上世嘗有不葬其親者。其親死，則舉而委之於壑。他日過之，狐狸食之，蠅蚋姑嘬之。其顙有泚，睨而不視。夫泚也，非為人泚，中心達於面目。蓋歸反虆梩而掩之。掩之誠是也，則孝子仁人之掩其親，亦必有道矣。」

欲了解各地採用的葬法不同與當地習俗文化有很大的關係，這樣的習俗文化是由不同的死亡觀所發展而來的。欲瞭解西方世界的死亡觀，首先當探究死亡的特性，美國耶魯大學公開課程謝利・卡根（Selly Kagan）教授，指出死亡的特性，第一個特性即是我們就死亡的必然性（inevitability），這是無法改變的事實，就像數學定律2+2=4，這是無法改變的。第二個特性即死亡的差異性（variability），就是每個人的壽命長度存在著很大的差別，有人出生即夭折，有人卻長命百歲。第三個特性是不可預測性

（unpredictability），我們已知死亡是必然的，也確定差異性，但是並不知道死亡什麼時候來臨，換句話說，我們並無法預測任何人的死期。第四個特性死亡是無所不在（ubiquitous），從每日新聞就不難發現，有人無預警中風或心臟病發死亡，有人自殺，有人車禍、天災意外死亡，甚至從事戶外活動追求極限刺激不慎而死亡。第五個即生而後有死（death follows life），這是一種形而上的組合，死亡是生的對立面，既然有生就伴隨著死亡的存在。當然，死亡的特性還有不可逆性（irreversibility），即是人死後伴隨著屍體的腐爛，斷無再活過來的可能。另外還有隔離性（isolation），人死後就完全和活人世界無關，無法透過任何管道來影響或聯絡生者。

其次，探究「靈魂」的論點，古典哲學二元唯心論的概念是相對於一元唯物論，二元論指的是「理念」、「可感事物」。「理念」的闡釋是不變的事物，例如：倫理、善的，可透過理性理解的，無法用感官體會的，也是代表會永恆存在的，「可感事物」的闡釋是可變的事物，可以用感官體會的事物。「費多篇」柏拉圖記錄蘇格拉底的對話，他在喝下毒芹酒之前就已經期待死亡的到來，因為他相信靈魂可以從肉體死亡中存活下來。笛卡兒提出心物二元論，延續這樣的概念，認為「靈魂」、「身體」是兩種實體的存在，「靈魂」也是獨立的精神體，笛卡兒認為「我」只是思想之物而已，靈魂可以沒有肉體而存在。在這裡可以理解二元論重視的是靈魂，對肉體死亡就與靈魂脫離而言，當然死亡後肉體就不重要了。在馬克思（Karl Marx）的唯物史觀的一元論，認為宗教是人民的精神鴉片，間接的說明他的無神論思想，意涵著共產制度會替人類帶來幸福，倡導的是消滅資本主義的階級鬥爭，以建立新的共產制度。由此觀之，在西方哲學思想孕育下的死亡觀，不論注重的是現世的經濟生活的提升，或是追求靈魂、精神、思想的永存，對殯葬而言並沒有發展出許多的繁雜儀式。

中國儒、道哲學的生死觀，首推孔子提出「未知生，焉知死」，重視的是父母在世時要盡孝道，活人都不能好好侍奉了，如何談侍奉鬼神呢？道家莊子在妻死後卻「鼓盆而歌」，他認為生與死並無本質的區別，其變化是相對的，就像春、夏、秋、冬四季的變換。雖然展開了喪禮儀式繁簡之爭，但本質上重視的是現世養生、倫理道德、自然定律，並未對死亡後會腐朽的肉

體有特別的重視。

在儒家思想中最重要的是「復禮」，就是恢復禮制的思想。孟懿子問孝。子曰：「無違。」樊遲御，子告之曰：「孟孫問孝於我，我對曰『無違』。」樊遲曰：「何謂也？」子曰：「生事之以禮；死葬之以禮，祭之以禮。」（論語・為政第二）為維持社會秩序和道德規範，反映在喪禮上，從事生、事死到祭祀都不能逾越「禮」的分際。所謂「禮制」就是禮儀制度，國家規定的禮法。《禮記・樂記》：「天高地下，萬物散殊，而禮制行矣。」孔穎達疏：「禮者，別尊卑，定萬物，是禮之法制行矣。」儒家「復禮」思想充分展現在五倫「父子有親，君臣有義，夫婦有別，長幼有序，朋友有信」的體制上。這樣的禮儀制度亦反映在殯葬的祭祀上，孔子主張治喪「禮，與其奢也，寧儉。喪與其易也，寧戚」，也就是說辦理喪事，需符合「禮」的體制之下，喪禮應該要節儉，喪事應該要哀戚。

但是，在《論語・陽貨二十一》宰我認為，為父母守喪三年的喪期太久，主張守喪一年就可以了，孔子質問他這樣心會安嗎？宰我回答說：心會安。孔子說有仁德的君子在居喪三年期間食不知味，聽到音樂也快樂不起來，寢居難安，如果你會心安，就去做吧！並責罵宰我是個不仁德的人，並說明嬰兒三歲之後才能離開父母的懷抱，守三年的喪期，也是天下通行的喪期。所以，喪禮儀式就在孔子堅持需守喪三年的主張而產生質變，也開啟了喪禮厚葬、簡葬之爭。

《論語・陽貨》宰我問：「三年之喪，期已久矣。君子三年不為禮，禮必壞；三年不為樂，樂必崩。舊穀既沒，新穀既升，鑽燧改火，期可已矣。」子曰：「食夫稻，衣夫錦，於女安乎？」曰：「安。」「女安則為之！夫君子之居喪，食旨不甘，聞樂不樂，居處不安，故不為也。今女安，則為之！」宰我出。子曰：「予之不仁也！子生三年，然後免於父母之懷。夫三年之喪，天下之通喪也。予也，有三年之愛於其父母乎？」

台灣傳統的喪禮雖然並未沿襲守喪三年的做法，但是在喪葬行為仍保有厚葬的觀念，從出殯前大量焚燒「庫銀」，焚燒紙紮豪宅、汽車、人偶等的隨葬物品，遺體沐浴採用精油SPA，家、公奠時聘請開路鼓、陣頭等，將喪禮變成廟會一樣熱鬧，無非是受到厚葬觀念的影響。

　　一般在台灣傳統的葬禮認知中，對殯葬儀式認為相當繁雜的。但是，在2006年「台閩地區殯葬消費行為調查研究」調查結果，對於所辦喪葬儀式的知覺中，認為喪葬儀式「繁簡適切」居多，占68.7%；其次則認為「太繁瑣可以簡化」，占26.9%；為什麼一般認知與調查的結果不同？該研究並未進一步探析原因，殊屬可惜；查2017年「我國殯葬消費行為調查研究」也未提出這個題項，故無法參照比對，但是可以理解的是台灣喪葬文化深受儒家「禮制、孝道」的厚葬思想所羈絆。顯然，傳統的習俗文化勢必衝擊到現階段推展的環保自然葬。

(二)對「宗教信仰」的衝擊

　　在台灣使用「火化晉塔」的比例大約在民國80年開始迅速的成長，一方面受到法令政策的影響，在政策面主要是土地政策，避免死人與活人爭地，以宣導及獎勵的方式。另一方面是受到宗教的影響。在台灣主要的宗教是信仰佛、道、基督教及一般民間信仰居眾，佛教承襲婆羅門教思想，也流行火葬。釋迦牟尼佛住世時，印度以火葬為正儀，佛滅後，舉行荼毗火葬，信徒皆效法之，而僧眾更是跟進。傳至漢地，隋唐開始，佛家居士亦多火葬；日本佛教在道昭和尚提倡下，亦以火葬為主，乃不重皮囊，若埋土中，唯恐死者執著於其形骸肌膚，以致不能解脫，故以火焚之，則不眷戀而知四大皆空[11]。

　　道教生死觀在中國經歷了三個歷史階段：(1)漢魏兩晉時期：主要是肉身成仙說；(2)南北朝隋唐五代時期：道教受到佛教的強烈輻射，生命哲學呈分化發展的勢頭，除了傳統的神仙不死說，又有將佛教無生無死說與道教長生不死說混雜在一起的；(3)宋元明清時期：這一時期道教生死觀由肉體不死為主一變而為追求精神不死，故對肉體便持一種貶斥的態度，以肉身為假相，認為人無身則無患，勸人在生命體驗中把「骨肉換盡」，精神不朽[12]。

　　因此，佛教與道教都支持當時台灣省政府的火化政策，認為不依戀死

11　維基百科，https://zh.wikipedia.org/wiki/%E7%81%AB%E8%91%AC

12　李剛（1994）。〈道教生死觀〉。《神學年刊》，第15期，頁37-47。

後的肉體，追求的是死後精神世界。一般民間信仰多是融合儒、道、佛的思想，對於火化政策配合，符合教義，並無反對。

但是，火化晉塔的葬法是對基督教的衝擊最大，基督教的教義認為，火葬是不合聖經的，把自己的父母、親人送到火葬場，點火焚燒自己父母的屍體，這無疑是毀屍滅跡，更是殘忍、不孝的行為。在聖經中，火是神用來審判、毀滅犯罪、悖逆之人的工具。故基督徒不應舉行火葬，因火葬不僅不合聖經真理，更含有審判，或刑罰死者的含意。經過論證，聖經並無對火葬有明文規定，基督徒應讓基督的平安在心裡做主。[13]因此，基督徒接受火化的比例也就提升了。所以在推行環保自然葬政策上，對佛道和基督宗教的信仰者的衝擊應該會是最小的。

(三)對「殯葬業者」的衝擊

推展環保自然葬是觸動殯葬服務業者最敏感的神經，反彈的聲浪當然也最大。中華民國殯葬設施經營商業同業公會在107年4月5日刊登廣告公開質疑「樹葬、花葬真的環保嗎？」、「如同清理廢棄物」、「要捨棄慎終追遠的文化嗎？」、「清明節要消失了嗎？」。禮儀師是提供殯葬相關訊息給有需要的消費者最重要的媒介，倘受制於僱主營利的目的，無疑地，環保自然葬的政策對殯葬業者的衝擊是最大的。台灣大型的殯葬設施經營業者通常也會經營殯葬禮儀服務業。大型殯葬設施經營業者投入大量金額設立骨灰（骸）存放設施（私立的納骨堂、塔），剛好因應民國80年台灣省政府改革殯葬風俗、火化晉塔，以節省土地利用的政策，其目的當然是為了營利。而今殯葬設施經營業者在「具一定規模」即須聘任禮儀師的法令規定之下，試想受聘於殯葬設施經營業者的禮儀師會為環保自然葬的政策而努力嗎？

---

[13] 文章來源：《基督教論壇報》，https://www.ct.org.tw/1140001#ixzz5LxrHZNtO

三、環保自然葬的因應

　　柯林（Collins）英文網路字典「因應」（coping）解釋為to contend、manage、to deal with，有抗衡、管理、處理的意思[14]。這裡所說的「因應」（coping）可以被定義成「持續的改變認知和行為的努力，來管理特定外在、內在的需要」（Lazarus & Folkman, 1984, p.141; Compare Monat & Lazarus, 1991）[15]。所以，這裡所謂的環保自然葬的因應，就是為了不斷的努力改變在原有的觀念、習慣、行為認知和行為，以符合社會的及心理的需求。本節以接受環保自然葬因應主要因素的探尋、因應之道的建立與做法試論之。

(一)探尋接受環保自然葬者的特性

　　為探尋接受環保自然葬者，以內政部統計相關資料進行「皮爾遜積相差相關統計」（Pearson's product moment correlation）檢定，推估「環保自然葬」件數、「高教育程度」人數、「信徒人數」之有無顯著關係。

◆「環保葬」件數與「高教育程度」皮爾遜積相差相關統計檢定

　　內政部統計資料顯示民國93年起環保葬件數有225件逐年成長，到了民國104年有9,136件、105年6,774件，成長約3、40倍之譜，高教育程度（大學以上含研究所以上）民國93年合計人數3,139,392人，到民國105年高教育程度（大學以上含研究所以上）合計6,598,093人，成長約2倍（**表9-1**）。

　　假設虛無假設（H_0）：高學歷人數越多，環保自然葬的人數無顯著關係。皮爾遜積相差相關統計檢定：將統計資料帶入SPSS22.0分析結果發現，「教育程度」與「環保自然葬」件的相關係數.874**、顯著水準是.000（p<0.01）、樣本13（**附表2**）。據此推翻虛無假設，此相關係數代表之間呈現

---

[14] https://www.collinsdictionary.com

[15] 曾煥棠校閱，張靜玉等譯（2004）。Charles A. Corr等著。《死亡教育與輔導》。台北市：洪葉文化。

表9-1　民國93年～105年環保葬件數與高教育程度（大學、研究所以上）人數統計表

年度＼環保葬高教育程度	研究所	大學	合計
93年	225	511,596	2,627,796	3,139,392
94年	447	574,967	2,825,573	3,400,540
95年	246	648,675	3,039,408	3,688,083
96年	404	721,952	3,281,851	4,003,803
97年	669	789,494	3,511,187	4,300,681
98年	1,442	855,052	3,731,899	4,586,951
99年	1,542	924,708	3,981,133	4,905,841
100年	1,786	1,014,165	4,194,774	5,208,939
101年	2,939	1,098,507	4,432,693	5,531,200
102年	2,612	1,169,441	4,669,964	5,839,405
103年	3,910	1,237,414	4,869,841	6,107,255
104年	9,136	1,299,932	5,059,304	6,359,236
105年	6,774	1,362,217	5,235,876	6,598,093

資料來源：研究者自行整理。

正向相關聯，也就是大學以上（含研究所）人數越多環保葬的件數就越高。

◆「環保葬」件數與「信徒人數」皮爾遜積差相關統計檢定

　　內政部統計資料顯示「信徒人數」緩速成長，民國93年信徒人數為14,536人，到民國105年信徒人數為15,251人，信徒人數增加不多（**表9-2**）。

　　假設虛無假設（H_0）：信徒人數與環保葬的件數無顯著關係。皮爾遜積差相關統計檢定：將統計資料帶入SPSS 22.0分析結果發現，「信徒人數」與選擇「環保自然葬」的相關係數.687**、顯著水準是.009（p<0.01）、樣本13（**附表3**）。據此推翻虛無假設，此相關係數.687**顯示有「中度相關」，呈現正向相關聯，也就是信徒人數越多環保葬的件數就越高。

　　但是，使用這種方法所取得的相關係數屬於零階相關係數（zero-order

表9-2 民國93年～105年環保葬件數與「信徒人數」（依各宗教皈依之規定）
統計表

年度	環保葬	信徒人數 （依各宗教皈依之規定）
93年	225	14,536
94年	447	14,654
95年	246	14,730
96年	404	14,840
97年	669	14,993
98年	1,442	15,095
99年	1,542	15,198
100年	1,786	15,285
101年	2,939	15,296
102年	2,612	15,406
103年	3,910	15,385
104年	9,136	15,422
105年	6,774	15,251

資料來源：研究者自行整理。

coefficient），即未排除其他第三因素的影響之前的相關係數。因為尚未控制其他第三因素的影響，因此這類的相關係數隱含著虛假關係存在的可能[16]。

　　藉由上述推估「環保自然葬」件數、「高教育程度」人數、「信徒人數」之有無顯著關係，可以發現高教育程度的人對於環保意識有較高的接受程度，自然可以接受環保自然葬的葬法。再者，就台灣主要信仰宗教均重視靈性、精神的重生，對於會腐朽的肉體並不是那麼的重視，尤其是佛教主張當捨棄對身體之執著，才能離開對此世的依戀[17]，選擇環保自然葬恰似建立在這樣的死亡觀念上。因此，具高教育程度、宗教信徒比較能接受環保自然葬的觀念，可視為影響環保自然葬的主要因素。

---

[16] 謝旭洲（2008）。《社會統計與資料分析》。新北市：威仕曼文化。

[17] 黃柏棋（2017）。《宇宙、身體、自在天：印度宗教社會思想中的身體觀》。台北市：商周出版。

(二)因應之道的建立：重新建立新的現代喪禮核心價值

內政部於2012年頒布《平等自主慎終追遠——現代國民喪禮》乙書，揭櫫現代國民喪禮「殯葬自主、性別平等、多元尊重」三個核心價值，在殯葬自主部分強調「亡者自主」、「家屬尊重」及加強「喪禮服務人員敬業」精神；在性別平等部分強調「對女性不平等問題」、「對同志不平等問題」的重視；在多元尊重部分強調「多元尊重的意義」、「多元尊重的對象」及「多元尊重的具體表現」。文中「觀念」、「流程」、「奠禮」、「綠葬」、「文書」、「協力」等六篇，均環繞這三個核心價值闡述現代國民對喪禮應有的觀念及作為。

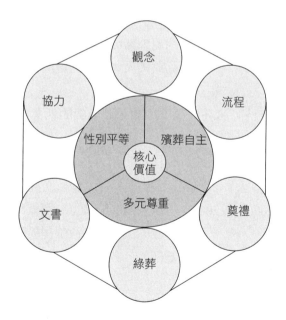

圖9-1　現代國民喪禮三核心價值[18]

資料來源：研究者自行整理。

---

[18] 陳伯瑋（2013）。〈現代國民喪禮認知與態度初探〉。國立台北護理健康大學生死與教育輔導所碩士論文。

　　台灣省政府民政廳於民國80年頒布「喪葬禮儀範本」，其目的除了殯葬改革之外，企圖統一禮儀規範，對於當時台灣有閩南、客家、原住民、大陸各省人是雜居，形成一個大熔爐，如果各自衍生禮儀，則社會就動亂，國家當然不能安寧，故「禮俗從宜但禮儀必須統一」，各縣市均依部頒「國民禮儀範例實施」，……[19]。頒布實施後，受到各界反對聲浪，是因為社會多元化的關係，並無法以統一的禮儀來規範各地不同的習俗文化。

　　而今，內政部所提倡的「現代國民喪禮三核心價值」，力圖殯葬改革，是為了達到「殯葬行為切合現代需求，兼顧個人尊嚴及公眾利益，以提升國民生活品質」[20]，但是在推展環保自然葬政策上，顯然遇到障礙。查其原因發現，台灣省政府的「喪葬禮儀範本」的統一禮儀與內政部提倡的「現代國民喪禮三核心價值」兩者，都是建立在「殯葬儀節」改革之上，注重的是喪禮行為的改革，卻忽略了「悲傷輔導」、「後續關懷」心理層面的做法。喪事若僅是依照既定的禮俗、循規蹈矩來處理，和悲傷支持相比較之下，則相對的是一件較容易處理的。因為協助個人如何因應走出失去親人的悲傷與失落卻是需要時間與人力來經營的[21]。

　　《殯葬管理條例》第46條第一項臚列禮儀師的執業兩大項目：「殯葬儀節」、「臨終關懷及悲傷輔導」。「殯葬儀節」包括：殯葬禮儀之規劃及諮詢、殯殯葬會場之規劃及設計、指導喪葬文書之設計及撰寫、指導或擔任出殯奠儀會場司儀。然而現代國民喪禮三核心價值就是建立在「殯葬儀節」之上。內政部在2006年及2017年的兩次殯葬消費行為調查研究，也都是偏重在「殯葬儀節」、「殯葬消費」方面的調查，內政部對於喪親者的「悲傷知覺」、「悲傷復原歷程」、「後續關懷」方面的調查付之闕如。倘若可以將建立在「殯葬儀節」上的現代國民喪禮三核心價值，轉換為建立在「臨終關懷與悲傷輔導」上，再從喪親者的角度的心理層面需求，來重新建立國民喪禮的核心價值，相信在未來推展環保自然葬會有更好的成效。

19　台灣省政府民政廳（1991）。喪葬禮儀範本。

20　《殯葬管理條例》第1條。

21　曾煥棠等（2008）。《臨終與後續關懷》。國立空中大學。

(三)環保自然葬因應的做法

◆殯葬教育往下扎根

　　依據教育部生命教育計畫沿革：民國90年，教育部宣布該年為「生命教育年」並初頒「教育部推動生命教育中程計畫」（90年至93年），規劃從小學至大學十六年一貫的生命教育實施，奠下我國推動生命教育之重要里程碑。自此，教育部在因應社會變遷以及校園學生狀況，每三年推動生命教育之中程計畫重點工作。96年至98年推動「校園學生憂鬱與自我傷害三級預防工作計畫」使校園學生自我傷害防治工作得以全面開展；99年至102年的計畫以「全人發展、全人關懷、全人教育」為主軸，強調學校、家庭與社會的關聯，加強整合延續，發展特色與創新等目標方向。103年至106年推動之方案，強化學前到成人之終身發展階段，更加強關懷特殊與弱勢族群[22]。從上述不難發現教育部推展「生命教育」以三年為一期，尤其在99年至102年的計畫強調以全人的「發展、關懷、教育」為主軸。但唯獨缺乏「殯葬教育」的課程，以至於對殯葬知識的不足，造成殯葬革新的困難。

　　本研究發現「高教育程度」對於環保意識有較高的接受程度，自然可以接受環保自然葬的葬法，但並不代表「中低教育程度」就無法接受環保自然葬法，而是現今教育忽略「殯葬教育」應往下扎根的重要性，爰此，教育部應該在中、小學的生命教育通識課程裡加入基礎的殯葬教育，建立正確的殯葬觀念及態度，則是刻不容緩的。

◆輔導殯葬業者轉型

　　據內政部統計各直轄市及縣（市）政府「骨灰（骸）存放設施概況」[23]，截至2017年底骨灰（骸）存放設施計有510座（公立410座、私立100座），最大容量合計8,837,887位（公立3,945,621位，私立 4,892,266），已使用3,680,043位（公立2,694,213位，私立985,830位），本年納入數量196,551位（公立146,544位，私立50,007）。統計表如下（**表9-3**）：

---

[22]　教育部生命教育中程計畫（107-111年）。

[23]　內政部統計處統計查詢網，http://statis.moi.gov.tw/micst/stmain.jsp?sys=100

2018 年綠色殯葬論壇學術研討會論文集

表9-3 2017年骨灰（骸）存放設施概況統計表

	公立	私立	合計
座數	410	100	510
最大容量（位）	3,945,621	4,892,266	8,837,887
已使用（位）	2,694,213	985,830	3,680,043
剩餘數（位）	1,251,408	3,906,436	5,157,844
本年納入數量（位）	146,544	50,007	196,551

資料來源：研究者自行整理。

　　由**表9-3**可以看出雖然公立骨灰（骸）存放設施「座數」是私立的4倍，但容量位數卻少於私立約946,645位；從「本年納入數」分析公的納入數是私立的3倍，可見民眾仍以將骨灰（骸）存放於公立的為多。以目前的容量剩餘數約5,157,844位計算，除以每年使用位數約196,551位，約於二十六年後達到滿位。若單以私立塔位計算將於七十八年後才會達到滿位，而公立塔位則將於八年後即達滿位。因此，對公立有限的骨灰（骸）存放位數而言，推行「環保自然葬」是刻不容緩的，然而，若推行的成效良好，對私立骨灰（骸）存放設施的業者而言，則所投資的成本將很難達到收益利潤，如此一來，環保自然葬衝擊最大的對象無疑是殯葬設施經營業者。

　　因此，應該思考如何化阻力為助力，政府應該輔導殯葬設施經營業者進行經營轉型，增設樹葬、花葬及植存區，改造現有納骨塔（堂）成為多功能生命紀念館，提供民眾在清明節利用多功能紀念館追思、緬懷先人，代替掃墓時人潮雜沓，焚燒紙錢時所製造的空氣汙染，讓「慎終追遠」有新時代的意義。

◆ 改變傳統祭祖迷思

　　自從推行環保自然葬法以來，受到不少質疑，特別是擔心自然葬會對遺體產生物化喪失人性和文化關懷。2018年1月，「台灣環保自然葬協會」在台中市神岡樹葬園區「崇璞園」，舉辦了第一場「愛‧生命與大自然的對話」研討會，與談人和與會來賓所提出的環保葬相關問題，會中以「追思需求無法滿足」為最多人提出，顯示民眾對環保自然葬法會改變傳統祭祀的憂

慮。

　　清明節要消失了嗎？反觀中國歷史上即存在「薄葬論」及「厚葬思想」的爭辯。墨子就是最先提出薄葬理論的人，他在「節葬篇」提出三點來衡量厚葬久喪是否有好處：(1)厚葬久喪有害「富貧」，不能使人脫貧致富；(2)厚葬久喪有害「寡眾」，不能增加人口；(3)厚葬久喪有害「治亂」，不能使國家安定；(4)厚葬久喪無法抵抗外國侵襲。厚葬思想則是以孟子為其代表，孟子繼承孔子的孝道、仁愛思想，認為只有厚葬父母，才算孝道，才符合禮制。孔子的守喪三年的喪葬思想於父母之懷，給了厚葬思想的理論依據[24]。至於為什麼要守喪三年，孔子曰：「子生三年，然後免夫三年之喪，天下之通喪也。」孔子極力主張維持孝道，父母死生之間的大事，應該依照古禮。

　　崇尚「儒家」思想，推崇傳統「孝道」文化的人，對於推展環保自然葬法，當然不免感到疑慮，但是觀察歷史厚葬、薄葬的發展，無論葬法如何改變，都不會有背棄忘祖的思想發生，也不會有要捨棄「慎終追遠」文化的改變。曾子曰：「慎終追遠，民德歸厚。」何晏的《論語集解》記載孔安國的注解說：「慎終者，喪盡其哀；追遠者，祭盡其敬。君能行此二者，民化其德，皆歸於厚。」從孔安國的注解看來，喪禮的「慎終、追遠」所重視的核心意義在於「哀」與「敬」，這兩者皆是發之內心的，並非以外部的作為來框限。因此，推行符合時代潮流的環保自然葬法，是不會消滅清明節的，反而會將對父母的「孝」，轉換為對後代子孫的「愛」，讓後代子孫能永享地球乾淨的資源，而後代子孫也將更能緬懷先人的付出。

四、結論

　　為了終極環保的需求，美國甚至推出「化學葬」就是將死者遺體放置於機器內，工作人員再利用加壓的水、氫氧化鉀合電力，迅速產生化學反應，其效果等同用火去焚化遺體，利用這種方式處理遺體就沒有火化時產生的廢

---

[24] 張捷夫（2003）。《喪葬史話》。台北市：國家出版社。

氣和汙水,所以對環境的汙染也就沒那麼嚴重。在台灣目前基於法令及技術,以推行環保自然葬,待國人達成共識,形成習慣,將來必然可進一步推行更符合環保的葬法。其實「環保自然葬」只是土葬、火化晉塔的另一種選擇,並非反傳統儒家禮制、孝道思想。換言之,傳統的禮制與孝道應隨時代的進步而有所改變,否則謹守不符時宜的三年喪制和二十四孝式的愚孝,將成固步自封、墨守成規、沽名釣譽之舉。

　　環保自然葬絕對不是將亡者物化成廢棄物清理,環保自然葬的根本同樣是尊重亡者的尊嚴、顧及家屬悲傷的感受,俟殯葬儀節完成之後,在親人的祝福和陪伴之下,尊嚴地走完人生最後一哩路,而亡者也將最後的大愛換成春泥繼續滋養大地,親人仍然可以在特定的節日辦理追思、紀念,這才是新時代「慎終追遠」的真諦。所以,唯有重新建立「臨終關懷與悲傷輔導」成為現代國民喪禮的新核心價值,使之成為環保自然葬的堅固盤石,人類的社會才能永續的發展。

附表1　93年～105年間每年使用環保葬法的人數占當年死亡總數的比例

年度	環保葬	死亡總數	百分比
93年	225	134,765	0.16%
94年	447	139,779	0.31%
95年	246	136,371	0.18%
96年	404	140,371	0.28%
97年	669	143,594	0.46%
98年	1,442	143,513	1.00%
99年	1,542	145,804	1.05%
100年	1,786	153,206	1.17%
101年	2,939	155,239	1.89%
102年	2,612	155,686	1.68%
103年	3,910	163,327	2.39%
104年	9,136	163,822	5.58%
105年	6,774	172,829	3.91%

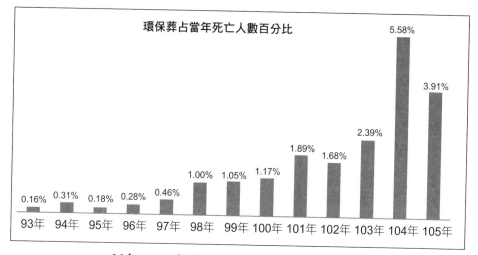

93年～105年環保葬占當年死亡人數百分比

資料來源：研究者自行整理。

附表2　環保葬與高教育程度之皮爾森（Pearson）相關分析表

相關

		環保葬	大學、研究所以上
環保葬	皮爾森 (Pearson) 相關	1	.847**
	顯著性（雙尾）		.000
	N	13	13
大學、研究所以上	皮爾森 (Pearson) 相關	.847**	1
	顯著性（雙尾）	.000	
	N	13	13

**相關性在0.01層上顯著（雙尾）

附表3　環保葬與信徒人數之皮爾森（Pearson）相關分析表

相關

		環保葬	依各宗教皈依之規定
環保葬	皮爾森 (Pearson) 相關	1	.687**
	顯著性（雙尾）		.009
	N	13	13
依各宗教皈依之規定	皮爾森 (Pearson) 相關	.687**	1
	顯著性（雙尾）	.009	
	N	13	13

**相關性在0.01層上顯著（雙尾）

參考文獻

一、網址

維基百科，https://zh.wikipedia.org/wiki/%E7%81%AB%E8%91%AC

基督教論壇報，https://www.ct.org.tw/1140001#ixzz5LxrHZNtO

內政部全國殯葬資訊入口網，https://mort.moi.gov.tw/frontsite/cms/serviceAction.do?method=viewContentList&subMenuId=101&siteId=MTAx

內政部統計處統計查詢網，http://statis.moi.gov.tw/micst/stmain.jsp?sys=100

教育部生命教育全球網，https://life.edu.tw/2014/

二、論文、期刊、計畫

陳伯瑋（2013）。〈現代國民喪禮認知與態度初探〉。國立台北護理健康大學生死與教育輔導所碩士論文。

審計部（2015）。審計部專案審計報告「高雄市殯葬管理處火化設施使用及管理維護情形」。

李剛（1994）。〈道教生死觀〉。《神學年刊》，第15期，頁37-47。

內政部（2006）。「台閩地區殯葬消費行為調查研究」報告。

內政部（2017）。「我國殯葬消費行為調查研究」報告。

教育部生命教育中程計畫（期程107年8月1日至111年7月31日）

三、中文書

內政部（2012）。《平等自主慎終追遠——現代國民喪禮》。台北市：國家圖書館。

曾煥棠等（2007）。《台灣殯葬教育與考照》。台北市：五南圖書。

曾煥棠等（2008）。《臨終與後續關懷》。台北市：國立空中大學。

謝旭洲（2008）。《社會統計與資料分析》。新北市：威仕曼文化。

黃柏棋（2017）。《宇宙、身體、自在天：印度宗教社會思想中的身體觀》。台北市：商周出版。

張捷夫（2003）。《喪葬史話》。台北市：國家出版社。

貝小戎等譯（2015）。謝利・卡根（Selly Kagan）著。《耶魯大學公開課：死亡》。北京聯合出版公司。

曾煥棠校閱，張靜玉等譯（2004）。Charles A. Corr等著。《死亡教育與輔導》
　　（*Death and Dying, Life and Living*）。台北市：洪葉文化。

徐學庸譯（2013）。柏拉圖《米諾篇》《費多篇》譯注。台北市：臺灣商務。

奎納爾・希爾貝克，尼爾斯・吉列爾（挪威）（2016）。《西方哲學史：從古希臘到
　　當下》（修訂版）。上海譯文出版社。

周春塘譯（2018）。笛卡兒《沉思錄》（3版）。台北市：五南圖書。

10

唐代道教興盛對「厚葬」
文化的影響

黃棟銘

大仁科技大學生命關懷事業學士學位學程助理教授

張秀菊

逢甲大學中國文學系博士生

摘　要

　　唐代是個波瀾壯闊之時代，有貞觀、永徽、開元之治，有元和中興、會昌中興與大中暫治，也有武周革命、安史之亂、黃巢之亂，有宦官亂政、朋黨之亂、藩鎮之亂，使唐朝成為政治、社會、文化不斷激盪之時代。再加上百姓既有盛世豐足奢華的生活記憶，也有在戰亂中流離失所的血淚悲歌。此外，官吏受安史之亂與宦官朋黨為禍，經歷宦海浮沉後，對佛道養生產生吸引力。入唐後朝廷主導的儒家經典與科舉制度，佛、道兩教更積極走入民間，再加上動亂之時代，人們想藉宗教撫慰心靈，故儒、釋、道同時興盛。因此研究唐人在盛世繁華與動亂不斷之環境下，對「厚葬」文化的興盛中，本文擬從道教思想的呈現及對生命意涵之感受的視角切入，探討其特別意義與價值。

關鍵詞：唐代、喪禮、道教

一、前言

　　《論語・先進》：季路問事鬼神。子曰：「未能事人，焉能事鬼？」「敢問死？」曰：「未知生，焉知死？」孔子針對子路「敢問死」的答覆，一般都解讀為孔子注重關心生前之事，孔子是否真有此意，因為失去了原有的場景脈絡，只憑對話的片段言語，實難以了解孔子真正的想法，但後人總以孔子此言來表達儒家不言死亡，不重視死後世界，不言談死後的理性態度，也某種程度宣示儒家對死亡的基本態度。

　　如果將這句話應用在喪禮文化的研究上，正好提供很好的切入點，那就是研究有關死亡的議題，尤其是歷史中有關人的死亡，則必須先了解人間的日常生活，尤其要明瞭具體的細節。而自先秦以來，對於亡者的態度就有所謂的「事死如事生」的做法，將人間會用到的日常物品裝置到認知的死者所居的空間（也就是墳墓），想像死者靈魂也會按照人間的食衣住行育樂方

式過著生活，不只如此，對於死後冥間世界的想像，認為就是人間世界的模式，尤其是政府體制官僚體系的制度和運作格式，基本上都與人間並無差別。因此認為對人間其組織和運作有正確的了解與日常生活的方式，才能真正了解死後的世界。

《荀子‧禮論》：「喪禮者，以生者飾死者也，大象其生以送其死也。故如死如生，如亡如存，終始一也。」「祭者，志意思慕之情也。愷諒唈僾而不能無時至焉。故人之歡欣和合之時，則夫忠臣孝子亦愷諒而有所至矣。彼其所至者，甚大動也；案屈然已，則其於志意之情者惆然不嗛，其於禮節者闕然不具。故先王案為之立文，尊尊親親之義至矣。故曰：祭者、志意思慕之情也。忠信愛敬之至矣，禮節文貌之盛矣，苟非聖人，莫之能知也。聖人明知之，士君子安行之，官人以為守，百姓以成俗；其在君子以為人道也，其在百姓以為鬼事也。故鐘鼓管磬，琴瑟竽笙，韶夏護武，汋桓簡簡象，是君子之所以為愷諒其所喜樂之文也。齊衰、苴杖、居廬、食粥、席薪、枕塊，是君子之所以為愷諒其所哀痛之文也。師旅有制，刑法有等，莫不稱罪，是君子之所以為愷諒其所敦惡之文也。卜筮視日、齋戒、脩涂、几筵、饋薦、告祝，如或饗之。物取而皆祭之，如或嘗之。毋利舉爵，主人有尊，如或觴之。賓出，主人拜送，反易服，即位而哭，如或去之。哀夫！敬夫！事死如事生，事亡如事存，狀乎無形，影然而成文。」[1]

《中庸》：子曰：「武王、周公，其達孝矣乎！夫孝者：善繼人之志，善述人之事者也。春、秋修其祖廟，陳其宗器，設其裳衣，薦其時食。宗廟之禮，所以序昭穆也；序爵，所以辨貴賤也；序事，所以辨賢也；旅酬下為上，所以逮賤也；燕毛，所以序齒也。踐其位，行其禮，奏其樂，敬其所尊，愛其所親，事死如事生，事亡如事存，孝之至也。郊社之禮，所以事上帝也；宗廟之禮，所以祀乎其先也。明乎郊社之禮、禘嘗之義，治國其如示諸掌乎！」「聖人知之，故多其愛而少嚴，厚養生而謹送終，就天之制也。」由此看來，古人是將「送終」看得與「養生」同等重要的[2]。

1　[清]王先謙撰，《荀子集解》，北京市：中華書局，1988。

2　樂卓瑩（2010）。〈唐代喪葬典禮考述〉。浙江市：浙江大學中文研究所碩士論文。

　　關於死亡，尤其是生命思想或喪禮禮儀的研究並不算太少，但討論到這類問題時總是糾纏在兩個部分，其一是偏重在死亡觀念的論述，不管是死亡本身或是死後世界，都偏重以人們對死亡的看法重建死亡世界的圖像。此種做法並非不可取，但由於關於死亡的論述往往引用經典依據、用字遣詞都是先秦、兩漢經典文本及注疏的用詞，顯現很強的典範性和正統性，總是讓人難以明確區分其中所言是先秦的想法，還是當代的想法，這些論述多半依靠講述者對於經典的分析理解，產生不同的看法，很難說是當時面對死亡的態度。另一則是過於著重在規範性的喪禮禮儀和法令上，將「應然」視為「實然」，在此基礎上建立與實際情況有所脫節的喪禮過程，甚至難以區分是先秦、兩漢還是唐代的喪禮儀式。

　　民間喪禮禮俗繁複的儀式，實實在在地反映出中國宗教文化中，其事死如事生與慎終追遠的精神，以及人民對亡魂原始的恐懼與不安的心情。繁複的禮俗既在「追思」，亦在「送終」，希望亡魂能終得其所，不要再回到陽世間了。儀式與象徵是文化的遺產，它們不僅深究生活裡發生的事件，為這些事件賦予意義，其亦代表人們認定群我關係的里程碑。

　　喪禮文化中必定涉及禮儀，其中傳統喪禮禮儀可說是以儒家喪禮禮儀為中心，到了中古世代逐漸受到佛教、道教和民間信仰的影響，開啟宋代以下喪禮禮儀的基本形式[3]。自先秦以來的儒家經典，如《儀禮》、《禮記》等書的喪禮禮儀，成為漢代之後編定喪禮禮儀的重要範本，內容上具有延續性，不只是程序，甚至連用語都基本雷同，這對現代喪禮文化的研究產生很大的困擾。以唐代而言，唐代官方制定的喪禮禮儀規範《開元禮・凶禮》用字遣詞，喪禮儀式的過程、使用的物品，看起來與《儀禮》、《禮記》並無太大的區別，在研究唐代《開元禮》中的喪禮禮儀時，動輒參用禮記中的注釋，很少認真思考，唐代的時代背景已產生很大的變化，即使名詞相同，實際的內容也已大不相同。錢鍾書曾云：

---

[3] 關於歷代喪禮儀禮的概論，可以參見王明珂（1981），〈慎終追遠——歷代的喪禮〉，《中國文化新論・宗教禮俗篇・敬天與親人》，頁309-357。台北市：聯經出版事業公司。

從古人各種著作中收集自己詩歌的材料和詞句,從古人詩裡孳生出自己的詩來,把書架子和書箱砌成了一座象牙之塔,偶爾向人生現實居高臨遠地憑眺一番。……偏重形式的古典主義發達到極端,可以使作者喪失了對具體事物的感受性,對外界視而不見,恰像玻璃缸裡的金魚,生活在一種透明的隔離狀態裡[4]。

雖然錢鍾書討論的是宋詩的情況,但用來說明有關喪禮禮俗的研究也頗為合適。因為心中有經典,用詞也是經典,所以對於典籍以外的現實都視而不見,用典籍詞彙來說明當代禮儀,正是對於規範的敏感,反而造成了對於現實事物認識上的盲點。因為當時人的記載就是如此,當然造成了現今研究者莫大的困難,這是必須先有的認識。

二、有關唐代喪禮文化的研究現況

唐代(618～907)自李淵開國至唐朝滅亡為止,共二十二位皇帝,兩百八十九年(不包括武周則是兩百七十四年)。唐代帝王擁有統治萬民之權威,帝王之言行,關係到無數官吏、百姓對於生命的認知與品質,所以必須予以重視。唐代帝王與歷代帝王一樣,希望能藉封禪之祭典儀式,昭告天下自己能獲得上天之認同,以此治理天下。並告知上天,施政規範著重於造福萬民,如玄宗制《紀太山銘並序》中云:「至誠動天,福我萬姓。」[5]此種順天應人,敬天重民之思想,是帝王封禪儀式之重要意義。唐人生活型態甚廣,包含帝王將相、官吏文士、儒士僧道、后妃婦女、販夫走卒,在唐代各自扮演不同之角色。由於唐代是一個偉大之時代,從初唐、盛唐到中唐、晚唐,各時期都有不同之特色,所以各階層之生命歷程,以及生命思維,都有所不同。文本則從道教觀點予以切入。從道教的思想中,找出傳達的人生與死亡觀,與唐人的生命思想觀予以結合。希望從不同的角度來探討唐代道教興盛對「厚葬」文化的影響之發展,期能以較完整的面貌來了解兩者的關係。

4　錢鍾書(2002)。《宋詩選注》,頁14。北京市:三聯書店。
5　[清]董浩等編,《全唐文》,頁453,北京市:中華書局,2001。

　　喪禮的制度層面部分，諸如喪禮禮儀、喪禮法令、喪禮習俗等偏重規範性的研究。喪禮禮儀方面，以皇帝的喪禮禮儀最為人所注意，唐代在制禮之時，並未列入皇帝的喪禮禮，在《通典》中保留有為代宗舉行喪禮禮時的儀注，亦即《大唐元陵儀注》，詳細地記載有關皇帝的喪禮過程，因此為學者所重視與研究，金子由紀以《大唐元陵儀注》的內容為中心，大略復原了唐代皇帝的喪禮儀式和過程。吳麗娛則從《元陵儀注》的禮儀來源，討論唐代的國恤禮[6]。

　　唐代官僚、士人的喪禮禮儀，現有研究主要以《大唐開元禮》、敦煌出土的多種《書儀》，以及〈喪禮令〉為中心。關於《開元禮》所規範的官員喪禮禮儀，有邱衍文的研究，集中焦點於《開元禮》中的五服制度、喪期和喪禮儀節，比對《開元禮》與《儀禮》、《禮記》的關係，與其說研究的是唐代喪禮禮儀，不如說是關注禮經的相關內容[7]。張長臺的研究是以《開元禮·凶禮》中所記的官員喪禮儀式（從初終到虞祭）為中心，以分項校注的方式，詳細註解和說明禮文所提及的各種相關名物制度，尤其注意比對禮經與唐禮之間的異同，探索《開元禮》禮文的淵源，另外還利用到考古出土器物討論唐代的喪禮禮俗，可說是目前所見最詳細的唐代喪禮禮儀研究[8]。

　　除了以官方制定的《開元禮》為中心研究相關的喪禮禮儀之外，有關唐代民間常用的喪禮禮儀和習俗研究，主要依賴於新出土資料，如敦煌文獻就有數量不少的唐代吉凶書儀，周一良很早就利用這些書儀來研究唐代喪禮儀式和習俗，指出諸如弔喪、弔詞等其他史料少見的內容。另外，內容保存較為完整的杜友鏡《新定書儀鏡》和張敖《吉凶書儀》，其中凶儀亦即喪禮禮儀占了主要的部分，可以顯現國家禮典之外的民間禮儀規範[9]。

　　在喪禮與死亡的文化史部分，主要是以墓誌為中心的喪禮或死亡文化

6　吳麗娛（2002）。《唐禮摭遺──中古書儀研究》。北京市：商務印書館。

7　邱衍文（1984）。《唐開元禮中喪禮之研究》。台北市：財團法人郁氏印書及獎學基金會。

8　張長臺（1990）。〈唐代喪禮研究〉。台北市：東吳大學中國文學研究所博士論文。

9　黃亮文（1997）。〈敦煌寫本張敖書儀研究〉。台南市：成功大學中文研究所碩士論文。竇雁詩（2010）。〈《新定書儀鏡》研究〉。台南市：成功大學中文研究所碩士論文。兩者分別以此為主題進行研究。

研究，這是除喪禮規範外的另一個研究的重點。唐代墓誌數量龐大，是研究這個時代的重要原始材料，但因為大量墓誌資料的出土，多為正史所未記載的人物，使得唐史研究者得到前人所未見的新材料，擴大研究領域，獲得突破性的進展[10]。墓誌作為唐代喪禮文化的主要載體，記載了墓主的生平與功績，有關墓誌的研究，很多是從墓誌本身，如形制、內容、演變、書體等方面，探討墓誌的性質和作用。另一類則是以墓誌的誌主為中心，探討墓誌所提供關於人物與事件的訊息，補充正史的不足，與死亡或喪禮活動幾無關係，這類研究極多，幾乎一篇墓誌就可撰寫一篇論文，難以一一列舉。

三、唐代的厚葬文化

中國自古代即有詳細周密的喪禮制度，使得喪葬活動成為人們生活的重要部分，《論語・八佾》雖有「禮，與其奢也，寧儉。喪，與其易也，寧戚」的宣示，墨翟更主張「節葬以厚民」，唐前也有漢文帝、曹操、諸葛亮等人倡導「薄葬」，但並未蔚為風氣，因此「厚葬」仍是中國傳統文化的重要表徵之一。然而，南北朝時期，一則南渡士族的「僑寓」心態，再則民間生活未臻富足，是以厚葬之風在物資富足的唐代方始得到充分發展，上至帝王，下至普通庶民百姓，在喪禮中都透露著一種奢靡之風，且愈演愈烈，甚至形成有些失去控制的厚葬風氣，唐代主政者已經無法只憑藉傳統倫理道德的勸說力量來約束人們的行為。於是唐太宗對厚葬習俗實施「以禮入法」的規範，貞觀十一年（637）三月壬子詔曰：

朕聞死者終也，欲物之反真也；葬者藏也，欲令人之不得見也。上古垂風，未聞於封樹；後聖貽則，乃備於棺槨。譏僭侈者，非愛其厚費；美儉薄者，實貴於無危……勳戚之家多流遁於習俗，閭閻之內或侈靡而傷風，以厚葬為奉終，以高墳為行孝，遂使衣衾棺槨，極雕刻之華，靈輀盟器，窮金玉之飾，富者越法度以相尚，貧者破資產而不逮，徒傷教義，無益泉壤，為害

---

[10] 毛漢光編（1984）。《唐代墓誌銘彙編附考（第一冊）》。台北市：中央研究院歷史語言研究所。

既深，宜為懲革，其王公已下，爰及黎庶，送終之具有不依令式者，仰州府縣官明加檢察，隨狀科罪，在京五品已上及勳戚之家，乃錄奏聞。

唐太宗雖引「譏僭侈」、「美儉薄」的古訓，也只對「厚葬」的逾越官方法制法度、過度耗盡資產提出禁令，並不直接導向薄葬的引導做法。玄宗開元二年（714）九月，以葬制明確規範，對厚葬習俗處罰失禮違令的情況，頒制曰：

宜令所司據品令高下，明為節制：冥器等物，仍定色數及長短大小；園宅下帳，並宜禁絕；墳墓塋域，務遵簡出凡諸送終之具，並不得以金銀為飾、如有違者，先決杖一百。州縣長官不能舉察，並貶授遠官[11]。

唐代執政者認為「德禮為政教之本，刑罰為政教之用」[12]，「禮」與「法」是兩種相互不同又有關聯性的統治方法，各有所長。所以唐代法律強調將禮制的精神規範於法律中，用法律的強制力來保障禮制的有效施行。由此可見當時厚葬風氣興盛的狀況，唐代的厚葬風氣屢禁不止雖然與帝王自身言行不一有關，更重要的是因為唐代法律的威嚴性和震懾力不足所造成，首先，唐代法律具有嚴重的缺失性，很多嚴重違犯禮儀的行為在唐律中卻找不到相應的懲罰條例，其次，還因為唐代法律具有一定的行政空間，不能嚴格執法[13]。唐代有「別敕葬」一說，《唐六典、甄官署》載：「凡喪葬則供其明器之屬。」注曰：「別敕葬者供，余並私備。」[14]對於一般士庶百姓來說，操辦厚葬是件非常耗費財力的事情，但也總是竭盡所能，對於有些缺乏財力的人，為辦喪事散盡家財，或想盡辦法獲取財物舉辦喪事。咸通二年節度副將吳清隱家人「喪盡家財 以營大事」[15]這在當時屢見不鮮。講究厚葬的唐代人，重視墓穴的修建，以致洛陽古墓非常稠密，如王建〈北邙行〉所云：

北邙山頭少閒土，盡是洛陽人舊墓。舊墓人家歸葬多，堆著黃金無買

---

[11] [唐]吳競編著，《貞觀政要》，頁174，上海市：古籍出版社，1978。

[12] [唐]長孫無忌等，《唐律疏義・名例一》，上海市：古籍出版社，1978。

[13] 樂卓瑩（2010）。〈唐代喪葬典禮考述〉，頁47。浙江市：浙江大學中文研究所碩士論文。

[14] 周紹良（1960）。《唐代墓誌匯編》。上海市：上海古籍出版社。

[15] [唐]李林甫等撰，《唐六典》，陳仲夫點校，北京市：中華書局，1992。

處。天涯悠悠葬日促，岡阪崎嶇不停軑。高張素幕繞銘旌，夜唱挽歌山下宿。洛陽城北復城東，魂車祖馬長相逢。車轍廣若長安路，蒿草少於松柏樹。澗底盤陀石漸稀，盡向墳前作羊虎。誰家石碑文字滅，後人重取書年月。朝朝車馬送葬回，還起大宅與高臺[16]。

　　不僅唐代中國人崇尚厚葬，在唐代連居住在中原地區的少數民族也都沾染上了厚葬的習氣，「蕃夷等輩及城市閒人，遞以奢靡相高」[17]，可見其風氣之盛。唐人為何非要厚葬且屢禁不止呢？除了一般的因為信奉厚葬才是孝順的表徵，即「厚葬以明孝」[18]，怕不進行厚葬會被親人與世俗視為不孝或吝嗇，還有一個原因是宗教因素，希望放置大量的宗教陪葬品可以讓死亡的親人順利的超生，唐墓中隨葬的鎮墓石、柏人俑和石真等即是施於墓葬中的道教法物。

四、唐代道教的興盛

　　唐代佛學興盛，八宗盡興；道教在佛教刺激下，逐漸捨棄金丹、練氣，而重視道性之闡釋。道教經典中有許多佛教之名相，可見道佛有融匯之趨勢。唐代經過儒學、佛學、道學三家思想的衝擊激盪後，三教形成匯流之勢。

　　唐高祖李淵未起兵時，道士王遠知進獻符命：「高祖之龍潛也，遠知嘗密傳符命。」[19]李淵稱帝後，絳州百姓吉善行報告，在羊角山三次見到太上老君，太上老君說是當今天子之祖先，由此確定李淵是太上老君之子孫。李淵下令在羊角山建太上老君廟，武德七年（625），親自到樓觀拜謁老子，稱老子為先祖，封道士歧平定為紫金光祿大夫。由歐陽詢、陳叔達撰〈大唐宗聖觀記〉[20]。提高道教地位。唐太宗貞觀十一年（637），下詔令道士、女

16　《全唐詩》，頁3375。北京市：中華書局，1960。

17　[後晉]劉昫等編，《舊唐書》，頁5125，北京市：中華書局，1975。

18　[漢]司馬遷撰，《史記》，[南朝宋]裴駰集解，北京市：中華書局，1959，頁3034。

19　[後晉]劉昫等編，《舊唐書》，北京市：中華書局，1975，頁2265。

20　周誠明（2017）。《唐人生命思想的多元探討》。台北市：元華文創。

冠居於僧尼之前：

老君垂範，義在於清虛；釋迦遺文，理存於因果。詳其教也，汲引之跡殊途；窮其宗也，宏益之風齊致。然則大道之行，肇於遂古。源出無名之始，事高有形之外。邁兩儀而運行，包萬物而亭育。故能經邦致治，返樸還淳。況朕之本系，起自柱下。鼎祚克昌，既憑上德之慶；天下大定，亦賴無為之功。宜有改張，闡茲玄化。自今已後，齋供行立，至於講論。道士女冠，可在僧尼之前[21]。

太宗認為經邦致治，返樸還淳，是靠無為之功，以肯定道家是唐朝治國理論之基礎。高宗時對老君加以神化與尊崇，乾封二年（666），親臨亳州，謁老君廟，追贈尊號為「玄天皇帝」，御制〈上老君玄元皇帝尊號詔〉曰：

大道混成，先兩儀以立極；至仁虛己，妙萬物以為言。粵若老君，朕之本系。爰自伏羲之始，洎乎姬周之末。靈應無象，變化多方。遊元氣之上升，感星精而下降。或從容宇宙，吐納風雲；或師友帝王，丹青神化。譬陰陽之不測，與日月而俱懸。宜昭元本之奧，以彰玄聖之功。可追上尊號為玄天皇帝[22]。

詔文中，敘述老子是吐納風雲，變幻莫測，帝王師之神人，且將老子的年代，上推至伏羲之始，姬周之末，作為唐室皇族祖先之根源，將穀陽縣改為真源縣，表示此地為唐朝李氏之根[23]。

上元元年（674），王后武則天上表，要求把老子《道德經》列為各級官員必讀之書，和國家考試之科目之一，天后上表，以為：

「國家聖緒，出自玄元皇帝，請令王公以下，皆習《老子》，每歲明經，准《孝經》、《論語》策試。」[24]

逮武則天執政後，續尊老子。光宅元年（684），追尊老子母為先天太后，後來改尊崇佛教，對老子之推崇略為降溫。長壽二年（693），令舉人

---

[21] [清]董浩等編，《全唐文》，卷6，頁113，北京市：中華書局，2001。

[22] [清]董浩等編，《全唐文》，卷12，頁151，北京市：中華書局，2001。

[23] [清]董浩等編，《全唐文》，卷12，頁151，北京市：中華書局，2001。

[24] [宋]司馬光編撰、胡三省注，《資治通鑑》，卷202，頁6374，台北市：洪氏出版社，1974。

停止誦習《老子》，而誦習其著《臣軌》。其後取消老子「玄元皇帝」稱號，仍舊稱老君。中宗即位後，又恢復老子「玄元皇帝」稱號。復命貢舉人恢復誦習《老子》。

玄宗年間振興儒教，提升老子之地位。開元二十九年（741），命長安、洛陽兩京，和天下諸州縣，建玄元皇帝廟。讓玄元皇帝廟和孔廟數量相同。京城設置「崇玄學」，置博士、助教，招學生，誦習《老子》、《莊子》、《列子》、《文子》，參加國家考試。天寶元年（742），崇玄學改稱崇玄館，博士升為學士、助教升為直學士，各州亦置「道學」，與儒學並列。並下詔修訂班固《古今人表》，將老子提升至上上聖人。將《莊子》尊為《南華真經》，《列子》尊為《沖虛真經》，《文子》尊為《通玄真經》，注《道德經》，以宣行於世：

先聖說經，激時立教，文理一貫，悟之不遠，後來注解，歧路增多，既失本真，動生疑誤。朕恭承餘烈，思有發明。推校諸家，因之詳釋，庶童蒙是訓。亦委曲其詞，慮有未周。故遍示積學，竟無損益，便請宣行[25]。

唐僖宗時，杜光庭修道有成，在青城山齋醮祥異一事，予以嘉勉，並下〈賜杜光庭詔〉，敕令恩賜：

敕光庭：昔得郭遵大奏，青城山齋醮祥異事，具悉。夫元道觀，靈寶齋場。星官上奏於殊庭，驛騎初傳於詔命。光摛五鳳，狀列宿於空中；聲吼長鯨，若飛霞於豐嶺。祥鱗忽現，棕幹分榮。神仙難期，陰陽不測。驗茲祥應，自帥精虔。追蹤於五利文成，事美於文皇漢武。嘉歎所至，寤寐不忘。故茲詔示，想宜知悉。秋冷，師皆好否；遣書，指不多及。其修齋道士等一十七人，各賜有差[26]。

唐德宗令以老子《道德經》取代《爾雅》，《明經舉人更習老子詔》云：

明經舉人，所習《爾雅》，多是草木鳥獸之名，無益理道，宜令習老子《道德經》以代《爾雅》[27]。

---

[25] [清]董浩等編，《全唐文》，卷32，頁360，北京市：中華書局，2001。
[26] [清]董浩等編，《全唐文》，卷87，頁914，北京市：中華書局，2001。
[27] [清]董浩等編，《全唐文》，卷52，頁564，北京市：中華書局，2001。

唐憲宗時，藩鎮平定，民生安逸，詔令煉製長生丹藥之方士來京，於是鄂州觀察使李道古，通過宰相皇甫鎛，推薦方士柳泌和僧人大通。柳泌藉煉丹需要原料，封為台州刺使，到天臺山採藥。當時群臣勸諫無效。柳泌一年多，無所獲，攜妻兒逃往深山，被抓回京城。憲宗要其繼續煉丹，服食後，變得脾氣暴躁，後為近臣所殺[28]。

唐穆宗將柳泌與僧人大通，用亂棒打死，但自己也服食丹藥而死。唐敬宗則相信道士趙歸真，到全國各地尋訪煉丹者，後有周息元者，自稱以數百歲，被請到京城。穆宗服藥後，脾氣暴躁，被宦官所殺。繼位的文宗，將趙歸真流放海島[29]。

由以上論述，唐代帝王在用人上，振興儒學。但佛教可以解脫成佛，道教丹藥可長生久視，故儒佛道皆盛。

五、從隨葬物看道教對厚葬文化的影響

道教在唐代臻於鼎盛，對社會習俗的影響力也就大為增強，在唐代墓葬呈現出相當突出的設計與陪葬品。道教信仰內容龐雜，主要來源於原始巫術、秦漢方仙和先秦道家的思想和實踐。在此基礎上創建發展起來的道教，諳熟符咒禁祝的祈禳壓鎮，擅長煉丹服食的神仙方術，注重養性修身的養生之道。道教為世人描繪極樂的境界，也就是神仙式的理想生活，於是神仙世界成了世人夢想的生命至高境界。道教教義極其貼近世人生活需求，其身分的定位，即在人與神鬼之間充當媒介與神力執行者的角色，以法術溝通人神之情，阻隔人鬼之通道，塑造人世間的苦難拯救者與通往神仙境界的領航者[30]。基於道教施法需要借助靈器來完成，其製作的符印劍鏡及象徵物就成為上通神明、下鎮鬼怪的神物，人們在試圖躲避象徵死亡的鬼魅世界通往神仙旅程時，會想到借助道教法物來作為護身的法寶，影響厚葬之風由此而興。

---

[28] 何文翰（2008）。《大唐帝國的黃昏史》。北京市：中國時代出版社。

[29] 同上註。

[30] 武瑋，《略談唐代墓葬中的道教因素》，河南博物館文物春秋，2006。

唐墓中隨葬的鎮墓石、柏人俑、石真和唐墓壁畫等都是施於墓葬中的道教法物。常見的有以下四種：

(一)鎮墓石

　　唐人尚厚葬，墓中陪葬品經常甚為豐厚，鎮墓石是其中較為獨特的一種。鎮墓石是按其考古發掘的慣例定名，也有人稱其為安魂盒。係指古代人們專門為死者及其亡魂驅鬼辟邪，使之免遭侵擾的鎮墓之物。

　　一般樣式是五個一套正方形的青石，蓋底相合，大小相等，形狀如同墓誌，各以青、白、赤、黑、黃五色代表東、西、南、北、中五方，石上刻有

鎮墓石拓文[31]

31　鎮墓石拓文，圖片來自網路，https://image.baidu.com/search/detail?ct=503316480&z=0&i
　　pn=d&word=%E5%94%90%E4%BB%A3%E4%BA%94%E8%89%B2%E9%95%87%E5%
　　A2%93%E7%9F%B3&step_word=&hs=0&pn=316&spn=0&di=364563244552&pi=0&rn=
　　1&tn=baiduimagedetail&is=0%2C0&istype=2&ie=utf-8&oe=utf-8&in=&cl=2&lm=-1&st=-
　　1&cs=3406730770%2C527958983&os=567790438%2C271915232&simid=0%2C0&adpici
　　d=0&lpn=0&ln=1637&fr=&fmq=1529501489157_R&fm=result&ic=0&s=undefined&se=&
　　sme=&tab=0&width=&height=&face=undefined&ist=&jit=&cg=&bdtype=15&oriquery=&
　　objurl=http%3A%2F%2Fwww.kfzimg.com%2FW03%2F24%2Fe4%2F24e4bcba9a863b9ca
　　a7faa0468aad503_b.jpg&fromurl=ippr_z2C%24qAzdH3FAzdH3Fk55h_z%26e3Bh5g2uz_
　　z%26e3Bv54AzdH3Ftpj4_rtv_d8b8nc_0d0d8n90lAzdH3F&gsm=10e&rpstart=0&rpnum=0&
　　islist=&querylist=

文字和符籙。唐代的鎮墓石有較固定的程式，銘刻發散出玄虛神秘的氣息，滲透著道教精神的本質。鎮墓石的放置直接體現了道教五行與神仙觀念的理念，五方五色之制被配以五帝和五嶽五帝各受赤書符命，各有所主掌，不可逾越，五石鎮五方，就是要沿途諸神皆拜，打通各方全部關節，這樣才能借助道教法物的威靈，順利實現壓鎮凶神惡煞的願望，魂神安寧，在神仙的庇佑下，引渡其飛登仙界。

(二)柏人俑

用柏木做成的人形俑，高約35釐米，頭戴黑帽，身穿長袍，雙手拱於

柏人俑圖片[32]

---

[32] 柏人俑圖片來自網路，https://image.baidu.com/search/detail?z=0&ipn=d&word=%E5%94%90%E4%BB%A3%E6%9C%A8%E4%BF%91&step_word=&hs=0&pn=2&spn=0&di=152541252270&pi=&tn=baiduimagedetail&is=0%2C0&istype=2&ie=utf-8&oe=utf-8&cs=2250751605%2C4116509187&os=1434245235%2C3728696&simid=&adpicid=0&lpn=0&fm=&sme=&cg=&bdtype=0&simics=1871341711%2C2641515291&oriquery=&objurl=https%3A%2F%2Ftimgsa.baidu.com%2Ftimg%3Fimage%26quality%3D80%26size%3Db10000_10000%26sec%3D1529499794%26di%3D978e10aa1670f3f15131e60d32886422%26src%3Dhttp%3A%2F%2F1811.img.pp.sohu.com.cn%2Fimages%2Fblog%2F2010%2F8%2F24%2F9%2F5%2F12b54e74160g214.jpg&fromurl=ippr_z2C%24qAzdH3FAzdH3Fks52_z%26e3Bftgw_z%26e3Bv54_z%26e3BvgAzdH3FAzdH3Fks52_j8vbuwb0a8adola5_z%26e3Bip4s&gsm=0&islist=&querylist=&cardserver=1

胸前，眉目衣紋皆用墨線勾畫而成，背面墨書文字「唯大唐歲次某某年某月某某朔某時，依男女而有不同穿著。宋墓中的柏人俑，有奉太上老君敕」、天帝使者元黃正法、奉道弟子等語，與道教密切相關不言而喻。柏人俑是作為死者家中主人及其後輩子孫乃至奴婢六畜等一切有生命者的替身置於墓中的，目的是保護死者全家及其所有活物的安全。這種做法被認為是源自道教解注法中的假人代形屬於代替生人受注，使生人免於注殃的法術。反映了天師道系統的葬俗在唐宋時期流傳的情形。

(三)十二時俑

　　十二時俑是唐墓中具有厭勝、鎮墓性質的隨葬品，出現較早的地區是湖北、湖南地區。唐墓中坐姿十二時俑和千秋萬歲俑也較常見。一般的情況下，唐墓中厭鎮的多為天王俑、鎮墓俑和十二時俑的組合。十二時俑從南方漸次影響至北方。兩京地區於開元末期興起或與唐玄宗後期對於道教法術的迷信有關。

唐墓十二時俑圖[33]

---

[33] 唐墓十二時俑圖，中國國家博物館館藏，圖片來自網路，http://www.zhangxingkui.cn/tupian/50863/

(四)唐墓壁畫

　　唐代墓中繪有各種題材的壁畫，其中常有青龍、白虎、朱雀、玄武、日月、星象和雲鶴的形象。這些圖案往往這樣安排：甬道、墓道或墓室東西兩壁繪青龍、白虎，有的在墓室南北兩壁畫朱雀、玄武；墓室東面畫金烏、西面畫蟾蜍來代表日月，或者直接繪日月；墓室頂部則滿布星斗以象天空。

唐墓壁畫北方玄武圖[34]　　　　　　　唐韓休墓南壁朱雀圖[35]

六、結論

　　唐代道教的地位，是鞏固統治、神化皇權的需要，是唐代道教始終倍受推崇的主要原因。道教的鬼神思想信仰深入人心。唐人表現在墓葬上所重視的是寄望著生命的美好再次呈現。文本從墓葬中流行鎮墓石、柏人俑之類的道教法物和十二時俑等壓鎮驅邪的隨葬品中呈現，尤以唐墓壁畫中反映升仙

34　唐墓壁畫北方玄武圖，山西省考古研究所，圖片來自網路，http://www.sxkaogu.net/webshow/aritcleDetail.shtml?articleId=1176

35　唐韓休墓南壁朱雀圖，中國書畫，2015年11月第11期。

主題的內容更為繁興，形成唐代的厚葬之風的其中一個要素。若要再進一步細究，一則可從道教思想的視角，探討老子「歸根曰靜，是謂復命」等思想如何發展成墓葬風水的信仰基礎；再則從道法切入，探討如何勘視天機、祈禳壓鎮以達到葬先蔭後理想作為。由此體現在厚葬習俗中，深信郭璞葬經所言「氣感而應、鬼福及人」的喪葬乃因繫著人心真誠祈求與設置，導致對道教玄秘法術的威懾十分虔信，不斷擴大道教的影響，因限於篇幅，有待後續的進階研究。

參考文獻

一、古籍

[清]王先謙撰，《荀子集解》，北京：中華書局，1988。
[後晉]劉昫等編，《舊唐書》，北京：中華書局，1975。
[清]董浩等編，《全唐文》，北京：中華書局，2001。
[清]董浩等編，《全唐文》，北京：中華書局，2001。
周紹良，《唐代墓誌匯編》，上海：上海古籍出版社，1960。
[唐]長孫無忌等，《唐律疏義・名例一》，上海：古籍出版社，1978。

二、近人相關研究論著

[宋]司馬光編撰，胡三省注，《資治通鑑》，台北市：洪氏出版社，1974。
毛漢光編，《唐代墓誌銘彙編附考（第一冊）》，台北市：中央研究院歷史語言研究所，1984。
周紹良、趙超，《唐代墓誌匯編》，上海：上海古籍出版社，1960。

三、專書

王明珂（1981）。〈慎終追遠──歷代的喪禮〉。《中國文化新論・宗教禮俗篇・敬天與親人》。台北市：聯經出版事業公司。
吳麗娛（2002）。《唐禮摭遺──中古書儀研究》。北京：商務印書館。

周一良（1998）。〈敦煌寫本書儀中所見的唐代婚喪禮俗〉。《周一良集》，第3卷：佛教與敦煌學。瀋陽：遼寧教育出版社。

邱衍文（1984）。《唐開元禮中喪禮之研究》。台北市：財團法人郁氏印書及獎學基金會。

錢鍾書（2002）。《宋詩選注》。北京：三聯書店。

葉國良（2014）。《中國傳統生命禮俗》。台北市：五南圖書。

吳麗娛（2012）。《終極之典 中國喪葬制度研究上下冊》。北京：中華書局。

徐吉軍（2012）。《中國殯葬史》。武漢：武漢大學出版社。

周誠明（2017）。《唐人生命思想之多元探討》。台北市：元華文創。

四、期刊

武瑋（2006）。《略談唐代墓葬中的道教因素》。河南博物館文物春秋。

金子修一著，博明妹譯，〈圍繞《大唐元陵儀注》的諸多問題〉，《中國史研究動態》，第4期2011。

齊東方（2006）。〈唐代的喪葬觀念習俗與禮儀制度〉，《考古學報》，第1期。

五、碩博士論文

張長臺（1990）。《唐代喪禮研究》。台北市：東吳大學中國文學研究所博士論文。

黃亮文（1997）。《敦煌寫本張敖書儀研究》。台南：成功大學中文研究所碩士論文。

竇雁詩（2010）。〈《新定書儀鏡》研究〉。台南：成功大學中文研究所碩士論文。

樂卓瑩（2010）。《唐代喪葬典禮考述》。浙江：浙江大學中文研究所碩士論文。

11

唐代歷次官修禮書動因與
「禮重喪祭」教化理念論析

郭燦輝

中國長沙民政職業技術學院副教授

摘　要

　　唐代對於禮儀制度建設非常重視，由朝廷或禮官發起，多次修禮，成為有唐一代顯明的社會現象和盛世王朝的典型標誌。唐修禮書對後代也產生了重要影響。追溯其動因，發現喪祭是歷次修禮的主要考量因素，也是其重要表現內容。這集中反映出以禮治國及「禮重喪祭」以益教化之思想理念。

關鍵詞：唐代官修禮書、動因、內容與影響、禮重喪祭、教化

　　唐代官修禮書，史書明文記載有九次之多，其具體修禮年代分別是貞觀七年（633）、永徽元年（650）、顯慶三年（651）、儀鳳二年（677）、開元十年（732）、貞元七年（791）、貞元十七年（801）、元和十年（815）、元和十一年（816）。影響甚巨者有《大唐開元禮》、《元和禮》（又名《曲台新禮》），體現了唐代統治者「以禮治國」的理念和對禮儀制度建設的重視。從其歷次修禮的動因、內容與影響來看，喪祭禮儀是其重要考量因素，而且也是其重要表現的內容，鮮明反映出「禮重喪祭」的禮書修撰理念，以及借喪祭以助益教化的思想。

一、唐代歷次官修禮書概況

　　考量唐代官修禮書，其文獻資料集中體現於《唐會要》。依王溥所撰《唐會要》記載，參照新、舊《唐書》所述，對唐代歷次官修禮書概況列表如下。

　　依表中可知，唐代官修禮書之程序主要有兩種情況：其一是由朝廷發起，召集大臣學士及禮官等人修撰禮書，其著名者如《大唐開元禮》；其次是禮官修禮，然後進呈，得到朝廷認定，這主要體現在王彥威所修之《曲台新禮》。第二種情況有別於後代私人撰禮，主要是修禮者的身分以及認定的方式。因為王彥威本身是禮官，有其自身之便利，且其禮學功底深厚，「世

時間	動因	修禮官	修禮內容	施行及評價
武德初	朝廷草創，未遑製作[1]。		郊祀享宴，悉用隋代舊制。	此為沿襲，不為修禮，可作為有唐一代修禮之大背景。——作者按
貞觀七年	玄齡與禮官建議，以為……皆非古典，今並除之。	中書令房玄齡、祕書監魏征、禮官學士修改舊禮。	著吉禮六十一篇，賓禮四篇，軍禮十二篇，嘉禮四十二篇，凶禮六篇，國恤禮五篇。總一百三十篇，分為一百卷。	七年正月二十四日獻之，詔行用焉。蘇氏曰：……而修禮官不達睿旨，坐守拘忌。近移凶禮置於末篇，斯為佞矣。
永徽之初	永徽之初，再修典禮，刪去國恤禮，以為預凶事，非臣子之所宜言。	長孫無忌、侍中許敬宗、兼中書令李義府、黃門侍郎劉祥道、許圉師、太常卿韋琨、博士蕭楚材孔志約等。	刪去國恤禮。	此又乖也。……何貴耳而賤目，背實而向聲？有以見敬宗、義府之大佞也。
顯慶三年	議者以貞觀禮未備。	太尉長孫無忌、中書令杜正倫、中書侍郎李義府、中書侍郎李友益、黃門侍郎劉祥道許圉師、太子賓客許敬宗、太常少卿韋琨、太常博士史道玄、符璽郎孔志約、太常博士蕭楚材孫自覺賀紀等。	共一百三十卷，二百二十九篇。	至顯慶三年正月五日奏上之，高宗自為之序，詔中外頒行焉。其時，以許敬宗、李義府用事，其所損益，多涉希旨，學者紛議，以為不及貞觀禮。至上元三年二月，敕五禮行用已久，並依貞觀年禮為定。
儀鳳二年	顯慶已來新修禮多不師古。		自是，禮司益無憑，每有大事，皆參酌古今禮文，臨時撰定。	其五禮悉宜依周禮行事。

1　[宋]王溥《唐會要‧卷三十七‧五禮篇目》，頁669。北京市：中華書局，1955。按：表中如無特別標注，皆出自本書目。

時間	動因	修禮官	修禮內容	施行及評價
開元二十年	通事舍人王嵒疏請撰禮記，削去舊文，而以今事編之。	初，令學士右散騎常侍徐堅、左拾遺李銳、太常博士施敬本等檢撰，歷年不就。説卒，蕭嵩代為集賢學士，奏起居舍人王邱。歷十年始成。	撰成一百五十卷，名曰唐開元禮。	二十九年九月頒所司行用焉。由是，唐之五禮之文始備，而後世用之，雖時小有損益，不能過也[2]。
貞元九七年	久曆歲時，每仰經綸，輒書故實，謹集歷代郊廟享祀之要及聖朝沿革因襲之由，倫比其文各標篇目。	王涇，時為太常禮院修撰。	大唐郊祀錄十卷。	
貞元十七年		太常卿韋渠牟。	大唐貞元新集開元後禮二十卷[3]。	
元和十一年		秘書郎、修撰韋公肅。	秘書郎、修撰韋公肅又錄開元已後禮文，損益為《禮閣新儀》三十卷[4]。	
元和十三年	自開元二十一年已後，迄於聖朝，垂九十餘年矣……法通沿革，禮有廢興……修撰儀注，以合時變，然後宣行。	禮官王彥威	集開元二十一年已後至元和十三年五禮，裁制敕格為曲台新禮。三十卷。又采元和以來王公士民昏祭喪祭之禮為《續曲台禮》三十卷。	元和郅隆，禮官所續《曲台新禮》，自長慶以後莫不次第編錄，是以朝儀國範，粲然複振[5]。

儒家，少孤貧苦學，尤通《三禮》，無由自達。元和中游京師，求為太常散吏。卿知其書生，補充檢討官。彥威於禮閣掇拾自隋已來朝廷沿革、吉凶五禮，以類區分，成三十卷獻之，號曰《元和新禮》。」[6]上呈其禮書後，當

2　[宋]歐陽修，宋祁《新唐書‧志第一‧禮樂一》，頁309。北京市：中華書局，1975。

3　同上書頁1491。

4　同上書頁309。

5　[宋]葉宗魯，《中興禮書續編序》。

6　[五代]劉煦，《舊唐書‧列傳第一百七》，頁4155。北京市：中華書局，1975。

即得到朝廷認定，所以仍然認為是官修禮書。當然，就禮官對於禮儀的貢獻來說，顏真卿也是應該有一席之地的。因為他久任禮儀使，參定當時朝廷禮儀的確定，對唐朝的禮儀制度多有厘正。「真卿大節，炳著史冊，而文章典博莊重，稱其為人，集中廟享議等篇，說禮尤為精審，特遺文在宋散佚已多」（《四庫全書集部·顏魯公集四庫館臣按》）。在杜佑《通典》「凶禮」中收錄了顏真卿《元陵儀注》逸文[7]，記錄了唐代宗去世時的喪葬禮儀程式，有較為重要的史料價值，但其文全靠《通典》而得以保全。到宋代時，顏真卿論禮的文章就已經散失太多，且其論禮多是就事論事，解決當時出現的實際問題，沒有編撰禮書的規劃，所以可視之為遵其職守，而非著意修書，所以未立於唐修禮書之列。

唐修禮書除了正常的制禮外，還有所謂「悉用舊制」、「臨時撰定」，對於「悉用舊制」，下文將做說明。而「臨時撰定」，即不成系統和規劃性的修禮，屬於特殊情況，且其文本也查找無據。但這兩種情況對後來朝廷有組織或系統性的修禮，是具有一定啟發或激勵作用的，所以表中也將其標出。

列表所據《唐會要》，其作者王溥是宋初人，編撰除《唐會要》外，還有《世宗實錄》、《五代會要》，是一代史家。《唐會要》一百卷，「唐代沿革損益之制，極其詳核」（《四庫全書·史部·唐會要提要》）。因為它保存了很多正史沒有記載的史料，而且注重某項制度的動因與流變，條理脈絡比較清楚，所以向來為研究唐代社會政治尤其是禮儀制度等方面的學者所重視。此處所述唐代官修禮書之變革即是一例。《唐會要》記載的唐代官修禮書情況反映在本表中，主要敘述了修禮動因及施行效果與社會影響等方面，從中可以看出有唐一代修禮的實際情況。

二、唐代歷次官修禮書動因分析

依上表所示，做如下分析：

---

[7]　[唐]杜佑《通典》（上中下三冊），中冊頁1184、1188。長沙市：嶽麓書社，1995。

（一）唐襲隋禮

　　唐朝開國之初，因前所歷隋末農民起義及王朝統一戰爭，百廢待興，是以唐高祖武德年間，無暇制禮，導致「郊祀享宴，悉用隋代舊制」。那麼「隋代舊制」是一個什麼情形呢？檢閱《隋書》，有如下論述：

　　高祖受命，欲新制度。乃命國子祭酒辛彥之議定祀典[8]。

　　此是隋文帝制禮的記載，「祀典」是指祭祀之禮，以「祀典」代替整個禮儀制度，可見喪祭之禮在整個隋代禮儀系統中的地位。

　　同卷還有如下記載：

　　開皇初，高祖思定典禮。太常卿牛弘奏曰：「聖教陵替，國章殘缺，漢、晉為法，隨俗因時，未足經國庇人，弘風施化。且制禮作樂，事歸元首。江南王儉，偏隅一臣。私撰儀注，多違古法。就廬非東階之位，凶門豈設重之禮？兩蕭累代，舉國遵行。後魏及齊，風牛本隔。殊不尋究，遙相師祖。故山東之人，浸以成俗。西魏已降，師旅弗遑。賓嘉之禮，盡未詳定。今休明啟運，憲章伊始，請據前經，革茲俗弊。」詔曰：「可。」[9]

　　此處是隋文帝制禮時的一段公案。牛弘所提的王儉，《南齊書》有傳：「時大典將行，儉為佐命，禮儀詔策，皆出於儉，褚淵唯為禪詔文，使儉參治之。」由此可見其是一位禮儀學家。《隋書·經籍志》載王儉所著有《喪服古今集記》、《禮論要鈔》十卷、《禮答問》三卷。然所述「儀注」，史中無記，未知牛弘所指出於何典，抑或概指上述諸書。但牛弘抓住「就廬非東階之位，凶門豈設重之禮」來批駁王儉解禮的謬誤，卻是非常值得關注的：「就廬」是指孝子於墓廬守喪，依禮，逝者為大，應處西位，而守喪者應該築墓廬於東，才是正確的做法；「設重」指建宗廟以祭祀祖先，屬於吉禮，在喪事「凶禮」過程當中「設重」，明顯違反傳統禮制。從牛弘批駁王儉所採用的論據可以看出，時人對於喪祭禮儀的格外留意，並以此作為修禮是否成功的依據。

---

[8]　[唐]魏徵《隋書》，卷6，頁116。北京市：中華書局，1973。
[9]　同上書，頁156。

的評價，認為放在貞觀開元年間都是一時之盛事。可惜這部續書已不復存在，「唐太常博士太原王彥威撰。元和十三年，嘗獻《曲臺新禮》三十卷，至長慶中，又自元和之末次第編錄，下及公卿、士庶婚姻喪祭之禮，並目錄為三十卷。通前為六十一卷。按：此惟續書，而亦無目錄，前書則未之見也。《館閣書目》亦無之。」（《四庫全書‧史部‧政書‧文獻通考卷一百八十七‧經籍考十四》）但從各史書記載的情況來說，王彥威所修禮書，對於喪祭禮儀等的撰述，其內容是非常完備的。

其他如「永徽禮」、「貞元禮」等，依表中所示，其修撰動因皆與重喪祭的思想理念相關。

三、唐代歷次官修禮書內容分析與當時評價

唐代歷次官修禮書，其各自內容或精繁或粗略，是以其影響及所得褒貶評價不一，且其中亦有未傳下文本者，下面擇其要者簡述之。

(一) 貞觀制禮

從其篇目數量來看，「著吉禮六十一篇，賓禮四篇，軍禮十二篇，嘉禮四十二篇，凶禮六篇，國恤禮五篇。總一百三十篇，分為一百卷。」（同上）「唐初，即用隋禮，至太宗時，中書令房玄齡、秘書監魏征，與禮官、學士等因隋之禮，增以天子上陵、朝廟、養老、大射、講武、讀時令、納皇后、皇太子入學、太常行陵、合朔、陳兵太社等，為吉禮六十一篇，賓禮四篇，軍禮二十篇，嘉禮四十二篇，凶禮十一篇，是為《貞觀禮》。」[12]在一百三十篇中，《吉禮》和凶禮共占七十二篇（加上了國恤禮），即喪祭之禮占了二分之一強，可見其制禮時對喪祭禮儀的重視。然而即便如此重視，但從時人評價來看，還是遭到了激烈的批評，且批評的焦點在喪祭禮儀順序的編排上：「蘇氏曰：……而修禮官不達睿旨，坐守拘忌。近移凶禮置於末

---

[12] 《新唐書‧志第一‧禮樂一》，頁308。

篇，斯為佞矣。」蘇冕認為：修禮官將「凶禮」放到禮書的「末篇」，是本末顛倒。因為按照《周禮》，「凶禮」是置於第二位元順序的，置於篇末既不合古禮，也「不達睿旨」，對於喪禮的重要意義沒有清楚的認識，這不僅僅是水準問題，是「佞」，是修禮人品格問題，所以才導致禮儀篇目順序的不當處置。當然，蘇氏的批評意見，在後來的禮書裡面並沒有得到糾正，大多數仍然是將「凶禮」置於篇末，但這並不代表對「凶禮」的不重視。

(二)永徽初年制禮

此次制禮，禮官對喪祭禮儀中的「國恤禮」進行了刪除，「初，五禮儀注，自前代相沿，吉凶畢舉。太常博士蕭楚材、孔志約以皇室凶禮為預備凶事，非臣子所宜言之。義府深然之。於是悉刪而焚焉。」[13]「刪去國恤禮，以為預凶事，非臣子之所宜言。」（《唐會要・卷三十七・五禮篇目》）這種行為，從制禮者的角度來看，許敬宗、李林甫等是為尊者隱，對於皇帝喪事採用避忌的辦法對待，體現出對最高統治者權威的敬畏。這一份「好意」，卻照樣遭到了激烈的批判：「此又乖也。且禮，有天子即位，為椑，歲一漆而藏焉。漢則三分租賦而一奉陵寢。周漢之制豈謬誤耶？是正禮也。且東園祕器，曾不廢於有司；國恤禮文，便謂預於凶事。何貴耳而賤目，背實而向聲？有以見敬宗、義府之大佞也。」批評者有足夠的論據：首先，依古禮，皇帝即位，都會準備棺材（椑），並且每年上漆一次，再藏起來，這都是公開的事情；其次，漢代時，國家用三分之一的稅賦來修建皇帝的陵寢，體現「國之大事，在祀與戎」的正統觀念。批評者認為，許、李等人本應該光明正大記載「國恤禮」，而現在卻採取刪去的辦法，不但謬誤之至，而且還顯現出修禮官人格之「大佞」。

(三)顯慶三年制禮

此次修禮，標出禮官姓名者共十三人，永徽初年修禮八人全在，再加入了其他五人，他們是：中書令杜正倫、中書侍郎李友益、太常博士史道玄、

---

13 《舊唐書・列傳第三十二・許敬宗 李義府 少子湛》，頁2768。

孫自覺、賀紀等。杜正倫於新、舊《唐書》有傳。「正倫工屬文，嘗與中書舍人董思恭夜直，論文章。思恭歸，謂人曰：『與杜公評文，今日覺吾文頓進。』」[14]李友益是李義府家族中人，但卻相交於杜正倫。此二人皆是作為勳貴進入修禮集團的。此修禮集團中最可矚目者，是太常寺官員人數的顯著增加，達到五人之多，即：太常少卿韋琨，太常博士史道玄、蕭楚材、孫自覺、賀紀。太常寺本來就是專掌祭祀禮樂之官。「太常寺，古曰秩宗，秦曰奉常，漢高改為太常，梁加「寺」字，後代因之。」[15]「太常卿之職，掌邦國禮樂、郊廟、社稷之事，以八署分而理之：一曰郊社，二曰太廟，三曰諸陵，四曰太樂，五曰鼓吹，六曰太醫，七曰太蔔，八曰廩犧。」[16]朝廷將專掌祭祀禮樂的官員充實到修禮集團中，其用意相當清楚，意在對喪祭禮儀的著重撰述。

(四)開元制禮

開元年間所撰《大唐開元禮》代表了唐代官修禮書的最高水準，其原因主要有三：第一，有修撰禮書之厚實基礎。此前《貞觀禮》和《顯慶禮》的成書，為編寫是書提供了可資借鑒的寶貴經驗，避免了一些無謂的爭論，思想理念上達到了統一。其二，王朝達到鼎盛時期，為禮書順利完成提供了客觀條件，所謂「功成治定而後禮樂興，氣淑年和而後嘉祥集」（《四庫全書總目提要・卷八十二・史部三十八・政書類二》），盛世制禮自古皆然。第三，修書時間跨度適中。從開元年始至開元十年，歷時十年，時間上既不顯倉促，又不至於耗時過長而產生拖遝。其達到最高水準的標誌，主要表現在內容的編排與後世以之為準的評價上。

首先，《大唐開元禮》在卷次分布上，「其書，卷一至卷三為序例，卷四至七十八為吉禮，卷七十九八十為賓禮，卷八十一至九十為軍禮，卷九十一至一百三十為嘉禮，卷一百三十一至一百五十為凶禮。凶禮，古居第

14　《新唐書・列傳第三十一》，頁4037。

15　《舊唐書・志第二十四・職官三》，頁1872。

16　同上。

二，而退居第五者，用貞觀、顯慶舊制也。」（《四庫全書·史部·政書·大唐開元禮四庫館臣按語》）總起來看，喪祭禮儀占九十五卷，達到近三分之二。

其次，對於禮儀的具體撰述體例，較《周禮》等前代禮書更為合理，於喪祭禮儀更是如此。如祭祀太廟，先定禮名為「皇帝時享于太廟」，在述儀程「齋戒、陳設、省牲器、鑾駕出宮、晨裸、饋食、祭七祀、鑾駕還宮。」最後對每一個儀程的儀文進行撰述；再入祀泰山，先定禮名「皇帝封祀于泰山」，然後定儀程，如「鑾駕進發、齋戒、制度、陳設、省牲器、鑾駕上山、薦玉帛、進熟、封玉冊、燔燎、鑾駕還宮、鑾駕進發」（《四庫全書·史部·政書·大唐開元禮卷六十三》），再定儀文。這種撰述，具有更強的操作性和實用性，成為後代修禮范式。

第三，從其影響來看，《大唐開元禮》也是最有代表性的成果。四庫館臣的按語說的很到位，「貞元中，詔以其書設科取士，習者先授太常官以備講討，則唐時已列之學官矣。新、舊唐書禮志，皆取材是書，而所存僅十之三四。杜佑撰通典，別載開元禮纂三十五卷，比唐志差詳，而節目亦多未備。其討論古今、斟酌、損益、首末、完具，粲然勒一代典制者，終不及原書之賅洽。故周必大序稱朝廷有大疑，稽是書而可定；國家有盛舉，即是書而可行。誠考禮者之圭臬也。」（《四庫全書·史部·政書·大唐開元禮四庫館臣按語》）以《大唐開元禮》作為開科取士的依據，足見其教化之作用；相較新、舊《唐書》、《通典》等書籍之缺陷，足見其宏博；成為國典大事之指南，足見其經典地位。從後來的行禮實踐中，也能鮮明的看到其影響。如《舊唐書》載，「貞元元年十一月十一日，德宗親祀南郊。有司進圖，敕付禮官詳酌。博士柳冕奏曰：『開元定禮，垂之不刊。天寶改作，起自權制，此皆方士謬妄之說，非禮典之文，請一準《開元禮》。』」[17]《中華古今注》記載，「左僕射劉昫等議曰：『今于喪服無正文，而嫂服給大功假，乃假寧附令，而敕無年月，請凡喪服皆以《開元禮》為定，下太常具五服制度，附於令。』」（《四庫全書子部·雜論·中華古今注》，唐末馬

---

[17] 《舊唐書·志第一·禮儀一》，頁843-844。

縞）。從郊祭到喪服制定，從朝廷到民間，人們都將《大唐開元禮》當做行動的指南。

(五)元和制禮

據記載，修撰者王彥威是當朝禮官，「尤通《三禮》。……彥威於禮閣掇拾自隋已來朝廷沿革、吉凶五禮，以類區分，成三十卷獻之，號曰《元和新禮》。由是知名，特授太常博士。」[18]「又采元和以來王公士民昏祭喪祭之禮為《續曲台禮》三十卷。」（同上書）因為王彥威通曉禮典，又在唐憲宗去世後定諡和定祔廟之禮的禮儀實踐中，都採取了讓人信服的對策，所以其所撰禮書帶有很大權威性，上表中南宋葉宗魯的評價也很高，是以《元和禮》對後代影響很大。

四、「禮重喪祭」以益教化之理念及對後代修禮的影響

依上所述，唐代官修禮書之動因及內容，很明顯反映出「禮重喪祭」的修書理念。此理念承襲於儒家對喪祭禮儀之重視。儒家重喪祭是有其獨特文化傳統的。《禮記・昏義》說：「夫禮始於冠，本於昏，重於喪祭，尊於朝聘，和於射鄉，此禮之大體也。」[19]這是文獻首次清楚表述「禮重喪祭」的理念。此後歷代對此都基本延續，「名教之家，重於喪祭。」[20]「重於喪祭，以慎終追遠。」（《四庫全書・儒部・禮經・日講禮記解義》）這些表述都是這種理念的反映。

為何儒家如此重視喪祭禮儀？要言之，生死俱善，人道之終，即教化之始，此是儒家對於生死的總看法。因為「喪」與「祭」既是人生必須面對和處理之大事，又是維持社會秩序、影響社會教化之大事，所以曾子說「慎

---

[18] 《舊唐書・列傳第一百七》，第4156頁。

[19] [清]孫希旦，《禮記集解卷五十八・昏義第四十四》，頁1418，中華書局，1989。

[20] [五代]孫光憲，《北夢瑣言》，卷3，頁17，上海市：上海古籍出版社，1981。

終追遠，民德歸厚矣。」[21]很明顯就帶有教化特點，「慎終」是謹慎處理喪事，即喪禮；「追遠」有追念先人之意，即祭禮。重視喪禮和祭祀之禮，達到社會風尚向好，人們道德淳樸。這是每一個時代都在追求的理想。儒家先聖們為社會開的「良方」裡，這是一種迥異於其他學派的治世之法，即發揮生命「終事」活動的作用，來促進社會秩序的建立。這種生命「終事」活動上升到「禮」的層次，就形成了「喪」禮，以及由此延伸出的「祭」禮，達到以「死」助「生」、以「死」益「生」，從而使社會面貌得到向好改變的目的。與現實社會「諱死」不同的是，中國傳統的生命文化觀念是把人的「死」看得和人的「生」同等重要，原因有二：首先，每個人的生命之路都不一樣，但殊途同歸，生命的結點都會降臨，荀子說：「禮者，謹於治生死者也。生，人之始也；死，人之終也，終始俱善，人道畢矣。故君子敬始而慎終，終始如一，是君子之道，禮義之文。」[22]，慎終和敬始都是君子之道、禮義之文；其次，透過關注人的「死」，可以更好的助益人的「生」，進而助力於社會的向前發展。生命的死亡，並不是意義的終結。曾子所說，即是講如何透過處理人之「死」，來達到社會人生的美好願景。「慎終追遠」是「因」，是方法和途徑；「民德歸厚」是「果」，是目標和理想。

除了儒家追求的社會教化理想外，歷代統治者在修撰禮書時重視喪祭禮儀還有如下現實作用：首先，祭祀禮儀將祖先及天地萬物完整的編織成為一個整體，其利在於確定社會及人生的先天秩序性，具有統攝人們思想的作用，所以「吉禮」被稱為「五禮之冠」，荀子說：「人之命在天，國之命在禮。」（《荀子・強國》）「禮有五經，莫重於祭，此天保臣子，所以欲人君奉祭而獲福也。」（《詩經世本古義》）；其次，在喪禮中，統治階級透過喪服制度可以確定血緣親疏，透過居喪制度可以強調人倫情感，透過節哀順變可以闡釋中庸之道，所以又非常重視喪禮。「周官凶禮有五，喪居其首，昭慎終也。」（《欽定四庫全書・欽定大清通禮卷四十五・凶禮》）基於上述兩點，決定了封建時代制禮修書的實踐過程時，往往會將「喪祭」禮

---

21 張燕嬰譯注，《論語・學而》，頁6，北京市：中華書局，2007。

22 [清]王先謙，《荀子集解》，頁358-359，北京市：中華書局，1988。

儀作為其修書的出發點和重要表現內容。

後代制禮，基本遵循「禮重喪祭」理念。例如宋代所修《政和五禮新儀》，《四庫全書‧政和五禮新儀提要》提到：「政和五禮新儀二百二十卷……次為吉禮一百一十一卷……次為凶禮十四卷，惟官民之制特詳焉。」是書中，「吉禮」卷目占全書一半，且「凶禮」內容相比其他禮類，對於官民喪禮敘述又特別詳盡。《明集禮卷一‧吉禮‧總敘》「天子之禮，莫大於事天，故有虞夏商，皆郊天配祖，所從來尚矣。」同書卷三十六「凶禮總敘」中記載：「周官凶禮之目有五：曰喪、曰荒、曰弔、曰禬、曰恤，秦漢以來，載籍殘闕，惟喪禮粗備。」自周禮以來，雖然「凶禮」中其他禮類都有殘缺不全的現象，但「喪禮粗備」。《欽定大清通禮卷一‧吉禮》：「禮有五經，莫重於祭。國家祀典孔明，有大祀，有中祀，有羣祀，殊事合敬，周禮所謂以吉禮事邦國之鬼神示，於是乎備焉。」同書對於「凶禮」所做的論述：「周官凶禮有五，喪居其首，昭慎終也。唐顯慶禮刪國恤之條，後世遂末。由詳考厥制，下逮臣庶，罕得遵循，或泥古而失其情，或從俗而違於義者有之。」（《欽定大清通禮卷四十五‧凶禮》）這些記載都清楚的表明，喪祭禮儀是歷代修書的重要考量因素和主要表現內容。研禮者在對歷代官修禮書之動因、流變及特色進行探究的過程中，以「禮重喪祭」作為切入點，並由此把握喪祭禮儀對於社會教化的作用，亦是了解整個中國傳統禮制發展的有效途徑。

參考文獻

[宋]王溥,《唐會要》,中華書局,1955年6月。

[宋]歐陽修,宋祁《新唐書》,中華書局,1975年2月。

[五代]劉昫,《舊唐書》,中華書局,1975年5月。

[唐]魏徵,《隋書》,中華書局,1973年8月。

[唐]杜佑,《通典》,嶽麓書社,1995年11月。

[清]孫希旦,《禮記集解》,中華書局,1989年2月。

[五代]孫光憲,《北夢瑣言》,上海古籍出版社,1981年11月。

[清]王先謙,《荀子集解》,中華書局,1988年9月。

張燕嬰譯注,《論語》,中華書局,2007年3月。

12

從生命永續觀點對
環保自然葬之省思

李慧仁

南華大學生死學系（所）助理教授

郭宇銨

南華大學生死學研究所碩士生

摘　要

　　環保自然葬源於環境保護之訴求，主張在人死後，將遺體採取環保自然的方式處置，以減少土地及經濟負擔，進而達到環境的永續利用。的確人們若不珍惜土地資源，濫砍濫伐勢必遭受大自然的反撲，人類的生存終將受到威脅，有可能因此而自取滅亡。但是從過去的歷史文獻來看，人類即使生存於充裕不匱乏的自然環境，仍會因心理或靈性上的不平安而覺得人生了無意義而自暴自棄，或者因此而在彼此的猜忌中自相殘殺。

　　所以，本文有感於當代環保自然葬僅著重於遺體處理的環境保護面向，有別於傳統殯葬禮俗全方位關照遺體處理、靈性安頓以及重整生死關係之做法，忽略喪葬活動具備引領人們超克死亡而得生命永續的意義與功能，因此，本文聚焦於現代環保自然葬是否能滿足人們生命永續需求之議題進行探討，也盼藉以此文對現代環保自然葬可再補足或加強之做法提出建議，以利生死兩安。

　　本文採取文獻分析法，第一節先針對傳統葬祭禮儀的表象以及蘊含的生命永續概念進行分析與詮釋；第二節彙整分析現代環保自然葬的實際做法，並就能否滿足人們生命永續之需求進行分析。第三節將傳統土葬「子孫叩立」及塔葬「子孫奉祀」的模式，加以對照環保自然葬法不立碑的做法，提出在生命永續概念上環保葬的缺漏與可能產生的影響。第四節則再納入現代社會異於傳統社會的時代變遷因素，提出環保自然葬若要兼顧滿足人類整體與個人生命永續需求時可行的創新做法的建議。

關鍵詞：環保自然葬、生命永續、傳統葬祭禮儀、生死兩安

一、前言

　　隨著時代變遷，原為人們主流選擇的土葬方式，逐漸成為少數，這種趨勢不僅發生在台灣，也已經是世界的潮流。倡導環保愛地球、回歸自然的

環保自然葬、生態葬、綠色殯葬是當代全球殯葬產、官、學界主推的議題，不過從探討的主題來看，以國內博碩士論文相關的研究成果為例，主要以各縣市政府環保葬園區的政策推動、園區規劃、民眾的選擇動機、行銷與經營策略為主，或有少數以莊子哲學思想提供環保葬理論依據，或者直接搭配網路祭祖進行討論的[1]，可惜並沒有回歸到喪葬禮儀最核心功能意義進行省思的。然而，因為喪禮不僅只是為了處理遺體而存在，還得滿足人們心理層面及靈性的需求，這是人們在了解生命的有限性後，透過喪禮以超克死亡威脅的因應做法。所以，本文回歸到喪禮有助於實現生命永續的意義與功能之面向，針對環保自然葬進行省思與建議。

二、傳統葬祭中的生命永續

　　喪禮的起源可以從人類與動物對於死亡同類的做法中，進行比較而得到啟發。部分動物如大象會為死去的同伴發出哀號，之所以有這樣的作為，並非來自於大象的自覺意識選擇，而僅是本能反應的結果[2]。不過，人類就不同了。人們會為死去的同類舉行所謂的喪禮，而之所以舉行喪禮，主要是受到了理性作用所驅動的結果。人類喪禮的起源從原始社會發展到先秦時代，當時人們對於死亡，出現了兩種觀點：一是在原始社會所啟動的宗教解釋；二是道德的解釋。其中，透過原始宗教的觀點，人們對應死亡的恐懼時所採取的對應方式是安撫亡者，道德的解釋則是透過理性的思考藉以解決情感的不捨[3]。所以，源於死亡的恐懼而舉行的喪禮採用安撫的方式，譬如在亡者遺骸周圍撒上赤鐵礦粉，並且將其身前所擁有的物品隨葬之，以避免其生氣不悅。先秦時代時則因進入了農業社會，人們有機會累積財物，並在面對死

---

[1] 以「環保自然葬」之論文名稱與關鍵字查詢，共有14篇碩士論文。見臺灣博碩士論文知識加值系統，2018年10月1日檢自：https://ndltd.ncl.edu.tw/cgi-bin/gs32/gsweb.cgi/ccd=k9xV4E/result#result

[2] 易俊杰（1996）。〈動物的葬禮〉。《科學之友》，1996年第11期，頁52。

[3] 李慧仁（2017）。《善終與送終 從儒家喪禮思想探究可行的進路》，頁38-55。台北市：翰蘆圖書。

亡的威脅時，懂得運用理性的思維，不再採取討好的方式，而是改用傳承的方式，這改變關鍵在於先秦時代的人們，體認到個人肉體生命有限已是事實，但發現若能讓家族生命繼續存在，個人生命便有了超越死亡的可能。因為，對於當時的人們來說，串聯起生與歿的家人們間之情感，就是克服死亡恐懼、超越生命有限最好的方法。因為，當過世的家人與後代子孫還能夠繼續維持一定的關係，而非生死永隔時，也就是體現了讓生命不再受限於有限的現世意涵。

因此，傳統喪禮中的葬與祭便設計了人們死後將有「去向與歸宿」的設計，以體現個人與家族生命的永續。然具體的作為雖然是將亡者遺體移往墓地安葬，但也同時處理了精神生命的層面。傳統社會認為每個人的精神生命便如同是家族生命之河中的一個小水滴，只要其生前曾經竭盡實踐道德內涵，對於家族的光宗耀祖也算是盡心時，雖然個人面臨死亡，但將因大我生命繼續被傳承而存在。所以，亡者身影雖不復得見，但只要還有其子女或晚輩渴望繼續與其維持不變的關係，便是得到了家族的肯定，晉升至祖先的行列而能永久被奉侍。然，實際上所舉行的儀式內容包含：

(一)回歸天人合德的安葬模式

傳統社會以土葬為主，如《禮記・檀弓上》之敘述：「葬也者，藏也；藏也者，欲人之弗得見也。是故，衣足以飾身，棺周於衣，槨周於棺，土周於槨；反壤樹之哉。」[4] 人類從上古時代的「舉而委之於壑」，因人智開發而有感於「孝子仁人」不忍之心，而懂得規範將過世親人之遺體加以掩藏[5]，可見一開始的動機，是為了保護逝者肉體不被昆蟲及野獸侵犯的目的。之後到了先秦時代，人們不僅止於安葬屍體，還在斂的階段進行襲尸，將屍體藏於衣再收納於棺，棺外還以槨來保護，最後掩上泥土後，墳上再栽種樹木，如此的做法，已非單純仁愛之心的驅動，還蘊含隱喻了人終究得回歸到

4　[清]孫希旦撰，《禮記集解》，頁205，台北市：文史哲出版社，1976。

5　《孟子・滕文公上》：「蓋上世嘗有不葬其親者。其親死，則舉而委之於壑。他日過之，狐狸食之，蠅蚋姑嘬之。其顙有泚，睨而不視。夫泚也，非為人泚，中心達於面目。蓋歸反虆裡而掩之。掩之誠是也，則孝子仁人之掩其親，亦必有道矣。」

天地之思想。如吳國季札在其長子的葬禮上曾經提到：「骨肉歸復于土，命也。若魂氣則無不之也，無不之也。」[6]人源於天地，死後將歸復回到大地土中，這是自然之性，可說是落葉歸根的意涵，其魂神終究得與肉體分離。如《禮記・郊特牲》所云：「魂氣歸于天，形魄歸于地。」[7]傳統喪禮的流程安排至安葬的階段，包含準備陪葬的明器、選擇墓地的筮宅兆、挑選出殯日期的卜葬日，到啟殯後向祖先告別之朝祖，再行告別儀式之大遣奠後發引安葬，皆兼顧落實形魄與魂氣之歸屬安頓。

(二)點主銜接生亡傳承

為了引領亡者能有個歸宿，並且有助於家族永續存在的問題，點主儀式便成了關鍵的做法。在過去，如《儀禮・既夕禮》：「猶朝夕哭，不奠。三虞。卒哭。明日，以其班祔。」[8]所述，足以得知在先秦時代即在遺體安葬當日，因擔心亡者無法順利完成身分轉換，所以在將神主祔祭於祖廟之前，將進行三次安魂的虞禮。演變到宋代成為「題虞主」[9]，近代則以點主儀式來協助亡者魂神的憑依。所以，當今部分地區在告別式會場舉行的點主，在過去台灣日治時代時卻是在靈柩安葬後，直接在墓地時舉行，返家前再用「魂轎」載送長孫捧著神主牌位迎回家供奉，回到家之後並舉行安靈的儀式[10]。確實點主儀式的舉行，原本的設計是在魂與魄即將分離的階段，協助亡者的魂進入神主牌位，表示他雖然不再是人間的家族成員，但從進入中間過渡階段，再經由神主牌位的中間媒介最終變成祖先，因此未來自然有機會獲得子女的祭祀。

---

[6]　同註4，頁266。

[7]　同註4，頁649。

[8]　[清]張爾岐，《儀禮鄭注句讀》，頁608，台北市：學海書局，1976。

[9]　[宋]朱熹，《家禮》，上海市：上海古籍出版社、合肥市：安徽教育出版社聯合出版，2002年，《朱子全書》第柒冊，頁921。載：「主人立于靈座前北向，祝盥手出，祠版臥，置硯桌子上，藉以褥，使善書者西向立，題之。……形歸窀穸，神返室堂。虞主既成，伏惟尊靈舍舊從新，是憑是依……。」

[10]　鈴木清一郎，《增訂台灣舊慣習俗研究》，頁328-329，台北市：眾文圖書，1989。

(三)返主安奉魂有所歸

　　傳統土葬的做法將亡者遺體埋入土中，把屬於人所歸為「鬼」[11]的魄處理完畢，不再和屬於「神」的魂有關[12]。此時如《小戴禮・檀弓下》所言：「葬日虞，弗忍一日離也。是日也，以虞易奠。卒哭曰成事，是日也，以吉祭易喪祭。」原先之凶事就轉變成吉事，負責捧請神主牌位的長孫便將喪服改易吉服[13]。再者神主牌位要迎回的目的地就必須是有機會與祖先牌位合爐之處，以實現回到祖先的家成為祖先。

(四)合爐讓亡者位列祖先

　　近代傳統合爐的儀式是在死者喪期屆滿時，由生者把祭拜亡者香爐中的些許的香灰放進祖先的香爐中，另外再把亡者的名字加入祖先的大牌位中，隨後把亡者原先的牌位火化，如此才算完成[14]。但是對於以前的人來說，亡者要成為祖先必須經過一定的階段。過去在先秦時代，卒哭後的第二天，生者讓亡者「隮祔爾于爾皇祖某甫」或「皇祖妣某氏」[15]，依據昭穆之序祔祭於祖父或祖母之廟。同時在亡者祔祭後，考量生者走過悲傷的時間需求，所以，在亡者過世滿一年後才會舉行小祥祭，再隔一年辦理大祥祭，自此，亡者神主正式遷入廟中，正式晉升加入祖先的行列。如此透過儀式，象徵亡者個人維護家族生命傳承的任務告一段落，也透過成為祖先，因祖德流芳而在代代子孫祭祀中而生命永續。

11　[漢]許慎撰、[清]段玉裁注，《新添古音說文解字注》，頁439，台北市：洪葉文化，1998。

12　參閱[清]孫希旦撰，《禮記集解》，頁652，台北市：文史哲出版社，1976。《禮記・郊特性》所言：「魂氣歸于天，形魄歸于地。故祭，求諸陰陽之義也。」

13　同註10，頁329。

14　同註10，頁342。

15　同註8，頁653。

(五)子孫祭祀家族永續

　　傳統葬祭之禮讓亡者成為祖先而尋得永恆的歸宿，但也不因此保證家族可以永續發展，因為還需要後代子孫持續的努力，必須落實每一天或重要年節的祭祀和祖先溝通，把在道德上的成就回報給祖先，表面上看似是要讓祖先得安慰，實際上卻藉由不讓祖先蒙羞的責任感加以鞭策，讓家族的存在永續發展，正是透過光宗耀祖與祖德流芳相互的連結與影響。

　　從上述傳統喪禮中葬、祭儀式內容與自然環保葬進行比較後，得見過去的做法主要包含遺體之保護安葬、魂神之安頓奉祀、親人由哀傷轉化敬奉祖先之道德實踐的三個面向。如此的設計，有助於人們體認到個體生命的有限雖是事實但不足以懼，真正應當擔心的是在活著時在道德上沒有建樹，甚至於有辱家族整體榮辱，於是等到死後，將無顏向祖先交代，也無後人願意追思懷念與祭祀，如此虛度人生實不足取。可見傳統喪禮在表面上，安頓了亡者解決死亡相關的事宜，但實際上，對應的卻是生命的意義與價值，核心的價值，在於協助人們在無懼死亡的威脅下，進而在實踐精神生命的永存中，不僅讓人們相信個體的生命可以在道德領域中永存，整體的大我生命也能因此而得到永續發展。傳統喪禮體現每個人只要在道德上有所建樹即能永存，同時親人之間的關係也不會因為死亡而被切斷，再者家族整體也將在道德實踐中能夠永續發展。

　　所以，傳統喪禮達成的境界與道家所描述的天人合一境界並不相同[16]，依循傳統儒家思想的殯葬禮俗，關照的核心在於鞏固個人生命永存及家族永續發展的道德觀點，而非道家思想所云大自然的天。相對於道家追求的天人合一的心靈自由之不生不死境界，傳統葬祭之禮傾向如《中庸》所述：「唯天下至誠，為能盡其性；能盡其性，則能盡人之性；能盡人之性，則能盡物之性；能盡物之性，則可以贊天地之化育；可以贊天地之化育，則可以與

---

[16] 如《莊子‧北遊篇》云：「生也死之徒，死也生之始，孰知其紀！人之生，氣之聚也。聚則為生，散則為死。若死生為徒，吾又何患！故萬物一也，是其所美者為神奇，其所惡者為臭腐；臭腐復化為神奇，神奇復化為臭腐。故曰『通天下一氣耳』。聖人故貴一。」

天地參矣。」[17]也就是在考量自然界之前，受到先秦儒家思想影響的傳統喪禮，著重的還是在於先安頓人的需求後，人才能體認天地之化育而維護大自然。所以，傳統喪禮是在以人為核心基礎作為考量，實踐超越自然界的天人合德。

三、現代環保自然葬概況與省思

回顧我國從土葬到火化塔葬再發展到當今推動環保自然葬的過程，果真是火化塔葬對於人們來說是全面優於土葬而無害嗎？甚至在今天，推動環保葬也是優點多於火化土葬的做法嗎？其實從政策的發展來看，可以發現當土葬轉化到火化的過程，可追溯的是在民國初年時，胡適[18]與蔡元培[19]等人對傳統風水發表了質疑的意見，因此促使當時的國民政府頒布《公墓條例》，規範各縣市設置公墓的限制[20]。之後，國民政府到了台灣，人口遽增，但受限於山嶺河川，剩下可供生產建設的土地面積有限，於是在都市化的過程中，政府在民國三十六年的《公葬條例》，以及民國七十二年的《墳墓設置管理條例》，檢討改善土葬的相關做法。因為，在社會整體與經濟起飛之際，土葬除了影響大環境的景觀，也使得土地無法產生更高的利用價值。因此，公部門認為土地不該作為埋葬亡者之用，而是必須優先作為發展都市建設之用[21]，所以，土葬慢慢的便被視為不合時宜。

---

[17] 傅佩榮（2013）。《予豈好辯哉：傅佩榮評朱注四書》，頁288-289。台北市：聯經出版社。

[18] 胡適，〈我對喪禮的改革〉，《胡適文集（2）》，歐陽哲生編，北京市：北京大學出版社，1998，頁538-548。

[19] 陶英惠（2015）。《蔡元培年譜(上)》，頁247-251。台北市：中央研究院近代史研究所。

[20] 〈我國主要殯葬管理政策之演進〉，內政部全國殯葬資訊網（2015年3月25日），2018年10月8日檢自：http://mort.moi.gov.tw/frontsite/cms/serviceAction.do?method=viewContentDetail&iscancel=true&contentId=MjcyMw==

[21] 民國七十五年增訂的《墳墓設置管理條例施行施行細則》的政策目標來看，當中重點包含限制墳墓設置地點，再者是限制墳墓使用面積，三是遷移不符合土地利用的合法設置墳墓與不合法的濫葬墳墓。

　　為了改善土葬影響土地利用的困擾，政府鼓勵民眾選用火化塔葬，曾在《墳墓設置管理條例施行施行細則》第19條曾明定：骨灰或骨骸安置於（納）骨堂（塔）內者減免收費。因火化塔葬不似土葬必須使用較大面積之土地，加上可以因著立體的建築結構發展，達成相對性土地面積較小狀況，反而可以滿足比較多人口數的死亡需求。因此，火化塔葬逐漸取代了土葬。

　　原本火化塔葬已經比土葬來得更有效率，但政府單位還是對於骨灰骸存放設施仍需要占用土地而困擾，加上國人尚未具備除葬的觀念，認為購買塔位後就要永久使用的想法，所以一旦被規劃為塔位的區域，勢必將成為都市發展的阻礙。另外，即使設在郊外，通常也因鄰近風景名勝，塔位林立的情況在視覺上也將造成「汙染」。所以，公部門察覺火化塔葬還是不夠，釜底抽薪的做法就是儘量不要用到土地。於是，政府單位於民國九十一年公布《殯葬管理條例》，開宗明義在第1條即說明：「為促進殯葬設施符合環保並與續經營……」，另外在法規第19條把規範樹葬、骨灰拋灑與植存的環保自然葬法列入並開始大力推動。

　　承上，可見國內環保自然葬的推動緣由，並不是因為研究發現或查證環保自然葬全然優於土葬，也非火化塔葬有損善良風俗，而是在於土地利用的經濟考量上，顧及的是都市發展與觀光需求。然而，此種做法若運用於住宅區的規劃或其他公共設施的設置可能是無可厚非，但是當面對的是攸關人們生死兩安必須兼顧的葬式議題時，若只注重土地利用與經濟發展，看似是維護了後代人們的生存環境，但是就環保葬被要求不立碑、不立任何標誌，而且在沒有規劃滿足人們心理及靈性需求的配套下，相關單位便大力推廣，或許民眾在第一時間因沉浸於回歸自然的浪漫情懷而選擇環保葬，但事過境遷，青山綠水即使依舊在，但人們是否會因為在死後將被遺忘，而質疑親情的存在，或因恐懼死後所擁有的一切都將灰飛煙滅，而活在悲觀喪志與懷疑人生意義的情境中。

　　然而以國內現今的環保自然葬為例，現況分述如下：

(一)何謂環保自然葬

　　依據內政部的說明，所謂的環保自然葬意指：「當人死亡後，以火化的

方式將遺骸燒成骨灰，之後不做永久設施、不放進納骨塔，亦不立碑、不造墳。也可說是：『讓遺體化作春泥、回歸大地，避免環境的破壞，節省土地的資源，提升殯葬文化及人的精神內涵』。」[22]環保自然葬的實施建構於遺體火化後「回歸自然」的做法，而所謂的自然狀態也就是取消納藏遺骸或骨灰的永久設施，目的在於避免破壞原本的環境景觀，達到土地資源的節省利用。因此2002年政府制定的《殯葬管理條例》開宗明義第1條即揭示：「為促進殯葬設施符合環保並永續經營；殯葬服務業創新升級，提供優質服務；殯葬行為切合現代需求，兼顧個人尊嚴及公眾利益，以提升國民生活品質，特制定本條例。」殯葬設施首要在於環境保護，殯葬行為需要兼顧公眾利益與個人尊嚴，同時也得致力於提升國人的生活品質。

邱達能也認為：「環保自然葬是一種解決土葬、塔葬占用土地資源問題的做法。這種做法不是取消人類對於埋葬的努力，重新回歸到原始狀態。相反地，自然葬做法是要避免土葬與塔葬所產生的問題。」[23]同樣的可以了解到環保自然葬對應解決的問題，主要還是在於土地資源的利用考量。唐士祥等人則描述環保自然葬必須具備三個重點，一是遺體必須先經過火化的處理，二是火化後的骨灰必須再透過研磨縮小體積，三是最終將處理過的骨灰以灑放或植存的方式回歸自然[24]。

因此當今的環保自然葬源於土地資源的利用，因此希望將遺體火化並研磨成最小的體積，如此可以讓一位亡者從使用土葬的8平方公尺墓基縮小到火化後土葬以每一骨灰盒（罐）埋葬面積的0.36平方公尺，繼續減少到晉塔使用立體式的骨灰骸存放設施空間後還不足夠，再使其隱匿於大海中或土壤裡。加上不立碑、不立墳的規範，表面上看來是不破壞自然景觀的考量，但是就另一個面向，是否是因為殯葬設施實屬令人厭惡與禁忌的場所，所以，

22 〈點滴身後事 輕鬆報你知〉，全國殯葬資訊入口網，2018年10月1日檢自：https://mort. moi.gov.tw/frontsite/nature/newsAction.do?method=viewContentDetail&iscancel=true&conte ntId=MzAwNA==

23 邱達能（2009）。〈環保自然葬的省思〉。《中華禮儀》，第21期，頁51-55。

24 唐士祥、陳雲卿、劉雅瑩、尉遲淦（2015）。〈《莊子》的生死觀及其殯葬應用〉。《輔英通識教育學刊》，第2期，頁53。

讓一處明明規劃為環保葬的區域，卻要讓人們看起來只是一般的自然環境而已，如此的做法，可能保持住了青山綠水的樣貌，但是就喪親者與一般社會大眾來說，能兼顧個人尊嚴嗎？也能提升殯葬文化及人的精神內涵嗎？值得深思。

(二)環保葬的葬與祭

　　國內環保自然葬在骨灰處理及後續追思的做法上，依據政府部門相關的法令及宣導文宣品，得知「自然葬」的常見做法有樹葬、骨灰拋灑、植存。然就骨灰安置的地點包含經劃定的海域、公園、綠地、森林以及公墓內，因此可區分為海域骨灰拋灑的海葬、公墓外的植存、公墓內的骨灰拋灑，以及公墓中的樹葬與花葬。然就《殯葬管理條例》的相關規範內容來看，樹葬指的是在公墓內將骨灰藏納土中，再植花草於上，或於樹木根部周圍埋葬骨灰之安葬方式[25]。對於執行環保自然葬的火化骨灰，則在第19條與第2條第7款規範：無論是在特定海域或陸地實施骨灰拋灑、植存等環保葬時，必須以骨灰再處理設備加工處理使得為之，若需裝入容器進行拋灑或植存時，必須得是易於腐化且不含毒性成分的材質。同時在實施的區域不得施設任何有關喪葬外觀之標誌與設施，而且不得有任何破壞原有景觀環境之行為。

　　承上，得知國內環保自然葬實施地點可以是經劃定的海域[26]，或公墓外經直轄縣市主管機關核准的公園、綠地、森林等地，以及公墓內的樹葬或花葬區。除公墓內的區域外，因包含公墓外的場所，所以，政府單位規定不得破壞原有景觀，也考量鄰近社區民眾的感受，除了不做永久的設施外也禁止立碑、立墳與註記亡者姓名。因此，在如此強調維護原有自然景觀的訴求下，若骨灰拋灑、植存或樹葬區域不在公墓內或鄰近公墓區域，基本上不會

---

[25] 引自《殯葬管理條例》第2條第11款。

[26] 見《殯葬管理條例施行細則》第17條規定：「依本條例第19條第一項規定劃定之一定海域，除下列地點不得劃入實施區域外，以不妨礙國防安全、船舶航行及漁業發展等公共利益為原則：一、各港口防波堤最外端向外延伸六千公尺半徑扇區以內之海域。二、已公告或經常公告之國軍射擊及操演區等海域。三、漁業權海域及沿岸養殖區。」

出現骨灰（骸）存放設施應有之祭祀設施、服務中心、家屬休息室、公共衛生設施等[27]。

　　所以，在上述的規範下，若要實施樹葬、花葬與植存時，則由亡者家屬代表將骨灰置入環保葬區內預先掘好的洞，之後以土壤埋藏覆蓋，再由工作人員完成植被澆水等步驟，家屬接著靜默追思，不焚香、不燃燒紙錢[28]。因此，若一般佛、道教或民間信仰的治喪民眾為親人舉行環保自然葬時，以及年節若需追思祭祀時，勢必無法比照晉塔於骨灰（骸）存放設施的祭拜流程與儀式。加上如果環保葬區域完善保留了原有之自然景觀，在未立碑與任何標誌及註記的情況下，將有遠造訪的民眾與遊客在不知情的狀況下進入環保葬區域，但在旅程結束後如果才恍然大悟，是否會因為曾經在場域中做了一些自認冒犯的行為，如此一來，對於不知情的遊客或是亡者的家屬來說不會心有罣礙嗎？實值得關注與探討。

(三)環保葬中的生命自主與生命永續

　　國內公部門現行宣導環保自然葬時，經常合併引導的觀點為殯葬自主。以內政部的電子宣導品為例，便揭示：選擇環保自然葬的人，多是具有自主意識的人，於生前已為自己規劃喪葬禮儀，或是舉辦生前告別式，其方式是很多元的[29]。的確環保自然葬區對於一般民眾來說，直接的聯想便是薄葬，因此，為了跳脫過去認為為父母長輩厚葬才是盡孝價值觀的影響，以及破除土葬風水及晉塔方位的束縛，所以，透過殯葬自主作為前導鼓勵民眾生前預做規劃身事，確實能有效減少推動環保自然葬時所面臨的阻礙，也能讓為人子女者或其他生者們在治喪時能在尊重亡者遺願的情況下，少一份遺憾，多

27　見《殯葬管理條例施行細則》第16條。

28　〈自主規劃身後事 環保自然葬節約又環保〉，內政部全國殯葬資訊網，2018年10月1日檢自：https://mort.moi.gov.tw/frontsite/nature/newsAction.do?method=viewContentDetail&iscancel=true&contentId=MzA1Nw==

29　〈環保自然葬介紹〉，內政部全國殯葬資訊網，2018年10月1日檢自：https://mort.moi.gov.tw/frontsite/nature/newsAction.do?method=viewContentDetail&iscancel=true&contentId=MjQ1OA==

一份安心。

　　的確對於自行在身前預先規劃並選擇環保葬的人們來說，運用了個人的殯葬自主權，同時也減輕了子女及家人在治喪與後續祭祀時的麻煩與困擾，可說是因為對家人的愛而提早規劃且願意捨得，再者因為選擇環保葬，所以也能說是實踐了「走了也能愛地球」的具體作為。如此能達到兩全其美效果的環保自然葬應當是要大力推動才對，但是就當代個人自主的觀念與源於傳統社會生命永續的觀念來探討，兩者之間的衝突仍然需要釐清與討論，避免在社會變遷中丟棄了真正能超克死亡與生死兩安的關鍵。

　　依據尉遲淦對於往生者殯葬自主權的研究發現，一般人針對身後事的自主安排，還是得立基於個人對於生死意義層面能有充分的了悟自主，如此才能算是實質上的殯葬自主，否則，對於我們一般未能體悟生死的凡夫俗子來說，所謂的生前規劃仍然是停留在表象上的殯葬自主，對於當今土地利用資源掛帥，著重於經濟發展的氛圍中，所謂的殯葬自主權事實上仍淹沒於社會制度的設計中，實際上無法突顯個人自主的意義[30]。

　　因此，環保自然葬的做法確實需要更周延與完善的研究與探討，避免社會大眾表面上似乎透過了喪禮，實踐個人自主而超克死亡，實際上仍然禁錮於如傳統宗族封建社會中犧牲小我而成就大我的情況中而不自覺，甚至更殘酷的情況是，傳統社會中個人權益雖被限制，但是對於當時能就身為人之義務責任已經盡力盡心圓滿而在道德領域有所成就者，即能因達光宗耀祖，而在死後晉升祖先得世代子孫奉祀，並因家族永續的存在而生命永續。過去的人們確實是在這樣的社會設計中，透過喪禮的執行而超克生命有限性的威脅，但是，當今的環保自然葬除了回歸天地的訴求，和對家人與地球的愛之外，後代的子孫們會永遠記得這些先行者嗎？仍有機會思想起或懷念離世的親人嗎？這種憂慮與質疑，將不只會影響臨終者的善終，也將引起人們懷疑活著的意義與價值。

　　然而，若從生死觀的角度來探討，當今的環保自然葬並非建構於傳統

---

[30]　尉遲淦（2001）。〈往生者的殯葬自主權〉。《社區發展季刊》，第 96 期，頁128-131。

儒家的生死思想，而是比較偏向於莊子的哲學思想。莊子認為死亡本來就在生命之中，而非來自生命之外的入侵者，因此生死是一體的，也可以說生死是互滲的。然而莊子之所以有這種生死一體的主張，源於其對於生死的觀察及體認，發現生死都是「氣」的變化，而莊子所指的「氣」，不是物質的依據，也非經驗性或認知意義下的，而是必須透過心齋、坐忘的修養工夫才能夠體驗得到。

所以，依據莊子的思想，若要克服死亡的恐懼，進而達到生死一體的境界，必須先回歸到自然本身才能得，而不是透過當今火化後自然葬的做法就能達到。因為，莊子所言的回歸自然，指的是境界形態下的精神所能體現的自然，並不是一般人們認知形態下的物質環境自然。因此，依據莊子理想中的自然葬也不是傳統土葬的做法，更不是將遺體火化後再拋灑、植存、花葬與樹葬的模式，因為畢竟這些仍然蘊含著人為的做法，與自然仍有隔閡。事實上，合乎莊子生死觀的做法是將亡者直接還回自然之中，如其所言：「吾以天地為棺槨，以日月為連璧，星辰為珠璣，萬物為齎送。吾葬具豈不備邪？」[31]也就是說，莊子主張的自然葬，遺體無需棺槨保護也不用火化，更不需要進入到將骨灰裝入可溶解的容器埋葬或拋灑的做法，而是將遺體直接放置於自然境域中，儘量杜絕任何的人為，隨順風吹日曬，也允許鳥獸與蟲蟻以遺體為食[32]。如此，的確合乎政府部門之主張：環保自然葬的自然狀態，取消納藏遺骸或骨灰的永久設施，避免破壞原本的環境景觀。但是這種做法，對於當今的社會大眾來說，因少有人能夠在活著時體驗過心齋、坐忘的修養功夫，更遑論死後能達到莊子的聖人境界，進而能接受這種回歸自然來體現生死一體了。

確實，現代環保自然葬若能以莊子的生死思想為核心來推動，一定可以有效落實愛護地球而保護環境的目標，但關鍵在於一般社會大眾必須先能接受莊子的生死觀，因此，即使未達聖人境界，也要在認知上能夠認同生死一體的信念。不過畢竟就死亡的議題來看，人們至今仍無法在活著的時候去

---

[31] 引自《莊子・雜篇・列禦寇》。
[32] 同註24。

驗證死後的境界，也因此，即使當今已是科技的時代，以儒家生死觀為核心並會通滲入佛教、道教觀念的傳統喪禮儀式來說，仍為普羅大眾治喪時的依據，或者有生前皈依特定宗教的信仰者，在安葬時也將依據各宗教制定的世界觀來為亡者的去路進行安排，也就是說，當今大部分的民眾對於死亡的認知，仍然維持著死後生命依舊存在的信念。所以，隨著社會的變遷，提倡個人自主有其必要性，推動殯葬自主確實有助於提升個人的生命品質，但是就死後生命繼續存在的課題，除了得考量地球的永續，也必須關照到個人生命永續的需求。

四、讓環保葬更合乎人性需求的建議

環保自然葬是人類智慧高度開展的文明象徵，顯現當今的人們已經跳脫原始社會時認為亡者會傷害生者，進而進行安撫的喪葬模式。也逐漸能脫離情感上的枷鎖，體會到在親人生前的敬愛照顧更勝於死後的厚葬孝享來得有用。但是也發現現代華人的社會，在世代變遷中，長輩們依舊護子心切，總是站在子女的立場來思考，但是身為子孫者因缺少傳統封建社會的環境，在報恩盡孝與個人權益的兩相權衡下，可能已趨向於選擇個人的自由與權益。在李慧仁的研究中即了解到，當今的長輩確實覺得若要求其子女，以傳統的喪禮模式為其送終與祭祀追思，對於在工商業社會中打拼的子孫們來說實在有點勉強，因此長輩們也儘量體諒與包容，所以，有些長者決定未來不發訃聞低調辦理告別儀式，甚至也決定採用環保自然葬法省去子孫掃墓奔波的辛勞。但在其研究中卻察覺到長者們的包容與體諒其實含藏著無奈，無奈當今的社會，因為不配合大環境的改變又如何？事實上，在長者們的內心深處，依舊盼望在人生最後的時刻有子孫能夠隨侍在側來送終，以及在每年特定的節日時，人世間仍有懷念追思者，將是多麼窩心與安慰的事啊！也因此，即使將邁向九泉也會含笑而歸，對於參與喪禮而體悟生死觀的代代生者們，同時將因為感受到死後生命的永續，進而更懂得將此生之生命活出意義

與價值[33]。

　　唯有在滿足群體中個人之普遍需求的前提下，社會的大眾的利益才有可能被維護。今日環保自然葬在於追求地球的永續存在，同樣的也必須先滿足人性的需求。依據本文上述的討論，可以掌握到不因死而傷生的環保自然葬無論在儒家的生死觀、道家如莊子的生死觀，甚至站在各種宗教的立場上來思維，基本上能都贊成環保愛地球的做法，但是今日國內在實施環保自然葬時，確實有些面向與層面可以再加強，以利在滿足人性的需求下而帶領人們超克死亡威脅中，讓環保自然葬成為當代人們最有文化及貢獻的作為。以下便提出相關的改善建議：

(一)兼顧浪漫與了悟生死需求進行宣導

　　對於一般民眾來說，對於環保自然葬法所關心的議題即是死後的去處，以及是否如殯葬業者所言的「挫骨揚灰、死無全屍」終究「不得好死」的情況。若要讓社會大眾安心優先選擇環保自然葬，以目前政府相關單位的文宣來看，皆以浪漫為訴求進行推廣，譬如：長眠花海、棲息良木或徜徉大海而永續生命無限等為引導話術，不過事實上，當今有些民眾是因一時的衝動，在沒有思慮清楚前便選擇了環保葬，所以，在安葬不久後也因不安與後悔，再到納骨塔選購塔位作為追思紀念的也屢見不鮮。

　　加上因我國環保自然葬自推行以來並沒有強制規範在開放環保葬前應做土質、水流等相關環境監測。甚至，公部門的網頁上還揭示自然葬後只要幾個月後就能自然地融於大地[34]。事實上，從以前的樹葬採用玉米罐的不溶解，到最近改用環保可溶紙袋承裝後，骨灰在地底結成硬塊，或者是植存區寸草不生，樹葬或花葬處的植物枯萎等現象，皆已造成民眾的不安，如此的情形一方面是浪漫幻想惹的禍，同時也是未針對環保葬區的先決條件進行要求。因為同樣是公墓內的樹葬區，有些地方是寸草不生，所以乾脆蓋上碎

33　李慧仁（2018）。〈當代長者對於子女送終孝道觀之探究——以南華大學樂齡大學學員為例〉，2018國際生命禮儀高峰論壇暨第十四屆現代生死學理論建構學術研討會，2018年6月2日~3日。

34　同註28。

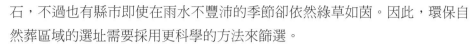

石，不過也有縣市即使在雨水不豐沛的季節卻依然綠草如茵。因此，環保自然葬區域的選址需要採用更科學的方法來篩選。

　　再者，若要更加落實回歸自然的理念，避免讓民眾因環保葬園區的季節變化所帶動的草木枯榮聯想到是因為先人不安而憂慮，釜底抽薪的辦法就是在相關的宣導或殯葬人員培訓課程中，加強社會大眾對於莊子生死態度之認識，讓人們即使在個人無法體悟了生悟死的境界下，仍然可以認同只要死後回歸自然，其實是在體現死亡也是生命中一部分的理念。如此一來，在現代講究個人自主，或者對於一些無宗教信仰者來說，甚至是依循儒家思想或其他佛道教、民間信仰或西方宗教者，對於環保自然葬也將因擁有正向的觀念進而能夠認同並選擇。

(二)消除對立並肯定尊重多元葬法需求

　　經過本文的分析得以發現環保自然葬雖是近幾年才被定義與推廣，但是回顧過去人類的葬法演變，反倒是「古之葬者，厚衣之以薪，葬之中野，不封不樹，喪期無數」[35]。才是真正落實莊子生死觀的環保自然葬。但是當代的人們相較於遠古時代時智慧已開，懂得正視情感上的需求，並能以實踐道德來求心安，因此若要完全回歸到上古時代的做法實有困難。所以，當代應當尊重人們個體的自主性，也該考量葬法對於安生慰死的影響。因此，現代的葬法可以更加開放與多元，在不傷害社會善良風俗與大眾權益的前提下，保留多元葬法的豐富空間，把環保自然葬列為只是其中之一的選項時，以退為進，民眾反而可以在充分的了解後，依據個人的生死觀選擇真正適合其信念的葬法，以利其超克死亡的威脅。

　　正視肯定環保葬只是多元葬法之一，不但有助於民眾在取得充分的資訊下，選擇足以超克死亡威脅的葬法。如此有助於亡者的平安，對於社會整體的和諧也有所幫助，同時也能讓殯葬業者在減少對環保葬敵意的情況下，能夠正向的引領治喪民眾思考環保葬的做法是否合適。世間的人事物與做法只要產生相互對立的關係時，便會引起偏向主觀與偏狹的視角，隨之而來的，

---

[35] 引自《周易・繫辭下》。

就是讓我們在進行選擇或規劃時，輕易的就陷入困境。

當今的政府積極推動自然葬對環境的保護確實有其助益，但是對於殯葬業者來說卻因擔心公權力介入現有葬之市場，難免會引起公墓與塔位業者的恐慌，擔心有朝一日，政府是否會全面禁止土葬與晉塔。其實環保自然葬的推動應當要將目標客戶設定於認同死後回歸自然環境中，不想被禁錮於墓穴或塔位的民眾。換句話說，環保葬只是因應時代變遷新增的葬法選項，相關單位無須為了推廣環保自然葬而刻意貶抑了其他葬法！

如同從先秦時代以來，各個朝代經常因主張不同而爭論，究竟應推崇厚葬或是薄葬好？針對這個問題，基本上要先認清每個人都是獨特的，當其生命畫下句點，喪禮模式究竟要莊嚴隆重？還是簡單樸素就好？應當是各取所需，實際上是無法強行規範與限制的。至於在當今殯葬產業商業化的年代，公部門盡全力宣導環保自然葬，終究還是無法全面性取代其他的葬法，反而是公部門可以以退為攻，在未來的業務執行上，選擇只要做好把關與監督的職責，規範出環保葬園區開放使用前必須完成何種評估，得選擇何種條件區域設置環保葬。只要社會中能夠尊重肯定現行各種葬法在於滿足不同生死觀之需求，想必殯葬業者也能卸下心防，而在市場供需的考量下，不再對環保葬持反對意見，進而積極創新投入環境改善、服務提升與合乎人性需求之優質環保葬法與空間，終究造就民眾、業者與國家社會三贏的機會。

(三)不設永久設施仍可以舉行追思祭祀

環保葬已經難以回歸到遠古時代的樣貌，也無法達成莊子理想中以天地為棺槨的模式，但是確實在今天土地資源有限與及地球暖化愈劇的情況下，環保自然葬已經成為不得不選擇的葬法。不過，目前的環保自然葬雖有助於保護地球，但是如果也能同時照顧到人們情感與靈性上的需求時，在推廣上將會達到更高的接受度。

所以，環保自然葬若要獲得更多民眾的肯定與選擇，當務之急，就要允許環保自然葬園區在不設永久設施，以及不破壞自然生態的前提下，允許民眾們可以依據他們的理念或信仰，在園區追思或祭祀他們的故人。然而，不設永久設施真的可行嗎？其實國外已經有許多可供參考的做法，只是國內公

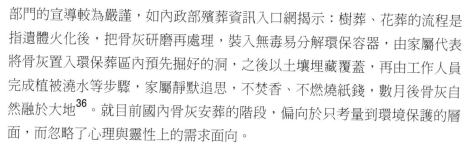

部門的宣導較為嚴謹，如內政部殯葬資訊入口網揭示：樹葬、花葬的流程是指遺體火化後，把骨灰研磨再處理，裝入無毒易分解環保容器，由家屬代表將骨灰置入環保葬區內預先掘好的洞，之後以土壤埋藏覆蓋，再由工作人員完成植被澆水等步驟，家屬靜默追思，不焚香、不燃燒紙錢，數月後骨灰自然融於大地[36]。就目前國內骨灰安葬的階段，偏向於只考量到環境保護的層面，而忽略了心理與靈性上的需求面向。

國外的做法，若以鄰近台灣的日本為例，推動樹木葬、海洋散骨（海葬）與宇宙葬也有多年，在追思與祭祀的儀式上仍不馬虎。日本在部分樹木葬園區，允許於特定範圍內標誌亡者的姓名與紀念文字，也經常可以見到在園區設有搭配現場景觀類似裝置藝術的香爐，或是盛滿水可以讓民眾獻花的水盆，或者就著當地原有的水塘也允許放置水燈。再者因應亡者的宗教信仰需求，骨灰安葬或特定節日時，由家屬或於園區特定的區域內共同禮請法師在樹下誦經舉行儀式者也屬常見，只要當儀式結束後，山水依舊，不要留下任何人為的破壞，想必也能撫慰生者與亡者之心，也更體現亡者已經回歸自然的大愛。

近來在台灣，也可見到民眾在環保園區禮請宗教人士帶領家屬完成宗教儀式後再進行骨灰安葬者，也得見在骨灰埋入土中後，家屬在土上覆以鮮花或擺設一些裝飾品保達心意的。可見，在於情感上以及靈性上人們的確有其需求，但是囿於國內環保葬園區的空間設計以及偏重於環境保護的理念，民眾們只能因陋就簡，或有違反園區規範時，也是偷偷的做，然而管理員雖能體諒同理而睜一隻眼閉一隻眼加以通融，等待過些時日再將鮮花或紀念物移除，但這樣的情形的背後，也顯露出有可能因此妨礙了環保自然葬的接受度。

再者每逢清明掃墓之際，當公墓與納骨塔出現扶老攜幼全家一同去探望過世親人的情景，以及公部門或業者盛大辦理普渡法會的盛況，對於選擇環保葬的亡者親人雖然可以望著大海或到園區憑弔，但是難免在心中還是會感受到惆悵而不安。因此，借鏡於傳統喪禮透過安葬時魂神分離的做法，現代的環保自然葬也能在骨灰安葬當日，依據亡者宗教信仰或信念將屬於物質的

---

[36] 同註28。

骨灰回歸大地，但也將屬於精神的部分可以返主安奉，或是在寺廟或納骨塔中供奉牌位，或者透過神父或修士的引導讓故人安息主懷並永遠活在親友心中，也能透過將亡者名字記錄至祖譜，或在家中及其他特定的場所有個可以擺放亡者遺物的區域得以讓後人追思或懷念亡者。再者在特定的節日如清明或春秋二祭時，若在環保葬園區所屬管理單位轄下所辦理的超渡法會或追思禮拜、彌撒聚會時，也能一併通知環保自然葬區的家屬，邀請其一起參與，同時也能為環保葬區的各姓歷代先遠考妣宗親集結暨立在一個牌位上，想必可以讓民眾們更加安心，也可改善環保葬者園區的故人將會被人們永遠遺忘的無奈印象。

(四)依時代變遷而順應的生命永續概念

過去傳統的社會透血緣與宗族概念永保住家族財產而延續家族的永續生存；也以父慈子孝在道德上的實踐將個人有限生命因轉化為祖先而獲精神生命永續，所以，喪禮成為生命傳承的媒介與關鍵，透過葬、祭的儀式確保亡者遺體物質性部分回歸大地，但精神的生命也能順利轉化到新的階段。

現代的社會引導民眾選用環保的葬法，不立碑、不建墳及不設永久設施於土地上，雖未能達到莊子生死一體的境界，但也是人類文明再向上提升的一個里程碑。不過為了兼顧環保與人性需求，協助人們體認個體生命有限但精神永續的儀式仍需要被建構與執行。雖然環保葬也可以引導人們體認死後回歸大地可以因此長眠於花、樹叢或海洋中，但是對於大多數依舊受到孝道觀念所影響的民眾來說，在環保葬的推動風潮中，除了擔心爾後不能依年節到墓地辦理祭祀盡孝的問題外，也讓當代未婚、單身或未生養子女者憂心死後「香火」無人祭祀的問題。不過就現代科技社會已非過去傳統禮俗所存在的時空背景，有關個人生命如何融入群體生命中永續存在，其實也能配合環保自然葬進行合乎時代進步的正變。

過去傳統的社會透過血緣關係以嫡長子的原則實踐生命永續，但現今的時空已經與農業時代大異其趣。過去經濟的發展主要來自於土地與耕種，男性有較大的優勢，相對的，當代的情況，男性、女性都能在各個領域中有所成就而光宗耀祖，並且目前的家庭型態與結構也和過往不同，所以，我們可

以順應時代的改變，將過去透過血緣關係為原則的家族生命傳承，把當中的「家族」採取合乎時代而更加廣義的解釋。

　　譬如若一個人從年輕白手起家建立起企業王國，在他過世時，為他治喪的可能就是他的員工，並且將由和他沒有血緣關係的專業經理接班人來擔任主喪者，往後只要這個企業體能夠永續經營，這位創辦人的精神生命就能永存。同樣的，一位宗教修行者為了宗教出家奉獻一生，雖然沒有世俗所生養的子孫，但是卻有一群被他的大愛精神所感召的信眾，或者認同其思想而跟隨他修行的弟子們，可以在其身後繼續傳承他的理念，如此也實踐了生命永續的境界。同樣的，一位老師或者是藝術家，甚或是一位工匠或者廚師，都有機會透過不同的形式而將其生命永續傳承。所以，環保自然葬園區可以加強魂魄分離的儀式，讓亡者精神生命依其宗教信仰或理念而長存，另外，環保自然葬園區也能透過類似日本民眾生前組成「墓之友」的團體，認養某一塊環保自然葬園區的地作為死後共聚的區域，如此在精神上也能從生前到死後都能互相扶持而實踐生命永續。同樣的，跳脫血緣關係或家族概念的做法，譬如東亞的地區華人依據省籍所成立的義山，或者目前國內設置的軍人公墓、警察公墓，或者未由宗教團體、非營利單位等所設置的園區等。未來若能更加開放讓一般民間團體或特定組織主動願意認養與管理專屬其同道者的自然葬園區，想必無論有無子女者或是因子孫宗教信仰不同者，仍然透過組織的協助，回歸到個人真正認同的死後境域，而且日後將有接續的團隊專員負責管理與辦理追思活動，如此確實有助於達到生死兩安的目標，也能落實殯葬自主的精神。

五、結論與反省

　　在當今科技發展、土地過度開發的狀況下，人們如果能在圓滿人生告別此世之際，採用環保的做法，對於人類整體生命的永續存在確實能有貢獻。但是，如果在社會群體中的個人無法感受到生命的意義與價值，甚至還體悟到人死後便化為灰飛煙滅，也無法體悟莊子所言的生死一如的聖人境界時，

人類也可能會因此而在死亡的焦慮中受盡折磨。如此即使美麗的地球依舊，但人心的無意義感仍威脅著人類整體生命的永續發展。

本文從傳統喪禮的葬、祭之禮發現過去傳統社會安頓生死的方法，在遺體安葬時的魂與魄的分離處理，以及透過將亡者後續晉升為祖先而得奉祀的方式建構死後生命的存在，再加上受到先秦孔孟儒家思想滲入到傳統葬祭禮義中，因此，人死後因道德責任圓滿而能晉升為祖德流芳，而子孫們也因先人的示範而能努力有所成就達成光宗耀祖，如此便建構了華人在道德領域中個人與家族生命永續的模式。原本當今政府與人民團體力推環保自然葬，是值得肯定的文化提升美事，惟實施至今，偏重於關照環境的層面，而忽略了人們在面對親人與自身死亡議題時，其實更需要情感上的悲傷任務與靈性上生從何來死往何處去的觀照。

然經過本文的探討，可以發現當代的環保自然葬，其實無須給予太多的著墨或突顯，反而將其視為多種葬法的選項之一，對於園區的配套，同樣的參照其他公墓或骨灰（骸）存放設施的標準，雖沒有設置永久設施，但允許以臨時及環保的方式，滿足民眾安葬、後續祭祀與追思的需求，同時也制定環保園區相關管理辦法，譬如園區設置前的土質分析、水流監測標準，再者規範先行者的資料建檔，以及地方政府辦理年節法會一視同仁的超渡等，想必在不久的時光，環保葬的使用人數也會自然成長。另外，若更進一步搭配當代廣義「家庭」的概念，提供環保自然葬區依不同屬性的認養、使用與管理，不僅有助於讓環保自然葬躍為主流，更能達到整體環境個與人生命永續的成效。

本研究受以生命永續為核心的傳統葬祭禮作為楔子，啟發對於當今環保自然葬的省思，這樣的視角確實有別於過往的學術研究範疇，有助於環保自然葬在政策擬定及實務執行規範時可以更加周延並合乎人性。然而限於篇幅，未能將生命永續的哲學命題進行深入的界定與探討，另外與環保自然葬最為相關的莊子生命永續觀念也只能簡單討論，至於環保自葬的硬體現況以及實際上骨灰拋灑、植存及安葬、後續追思祭祀其實也需要採取量化的調查統計等等，在於本文未能納含的內容，盼有志之學者、專家未來也能共同投入，以利於建構能達生死兩安及生命永續的新殯葬文化。

參考文獻

[魏]王弼注、[晉]韓康伯注、[唐]孔穎達疏、[清]阮元等校勘，《周易注疏》，台北市：藝文印書館，影印清嘉慶二十一年江西南昌府學刊十三經注疏本，2001年。

[漢]許慎撰、[清]段玉裁注，《新添古音說文解字注》，台北市：洪葉文化，1998年。

[宋]朱熹：《家禮》，上海：上海古籍出版社、合肥：安徽教育出版社聯合出版，2002年《朱子全書》第柒冊，頁921。

[清]孫希旦撰，《禮記集解》，台北市：文史哲出版社，1976年。

[清]張爾岐，《儀禮鄭注句讀》，台北市：學海書局，1976年。

李慧仁（2018）。〈當代長者對於子女送終孝道觀之探究──以南華大學樂齡大學學員為例〉。2018國際生命禮儀高峰論壇暨第十四屆現代生死學理論建構學術研討會，2018年6月2～3日。

李慧仁（2017）。《善終與送終 從儒家喪禮思想探究可行的進路》。台北市：翰盧圖書。

易俊杰（1996）。〈動物的葬禮〉。《科學之友》，第11期，頁52。

邱達能（2009）。〈環保自然葬的省思〉。《中華禮儀》，第21期，頁51-55。

歐陽哲生編（1998）。〈我對喪禮的改革〉。《胡適文集(2)》。北京：北京大學出版社。

唐士祥、陳雲卿、劉雅瑩、尉遲淦（2015）。〈《莊子》的生死觀及其殯葬應用〉。《輔英通識教育學刊》，第2期，頁41-59。

尉遲淦（2001）。〈往生者的殯葬自主權〉。《社區發展季刊》，第96期，頁128-131。

陶英惠（2015）。《蔡元培年譜（上）》。台北市：中央研究院近代史研究所。

傅佩榮（2013）。《予豈好辯哉：傅佩榮評朱注四書》。台北市：聯經出版社。

鈴木清一郎（1989）。《增訂台灣舊慣習俗研究》。台北市：眾文圖書。

謝冰瑩（2006）。《新譯四書讀本》。台北市：三民書局。

內政部，〈點滴身後事 輕鬆報你知〉，全國殯葬資訊入口網，2018年10月1日檢自：https://mort.moi.gov.tw/frontsite/nature/newsAction.do?method=viewContentDetail&iscancel=true&contentId=MzAwNA==

內政部，〈我國主要殯葬管理政策之演進〉，內政部全國殯葬資訊網，2015年3月25日，2018年10月8日，檢自：http://mort.moi.gov.tw/frontsite/cms/serviceAction.do?m

ethod=viewContentDetail&iscancel=true&contentId=MjcyMw==

內政部，〈自主規劃身後事 環保自然葬節約又環保〉，內政部全國殯葬資訊網，2018
年10月1日檢自：https://mort.moi.gov.tw/frontsite/nature/newsAction.do?method=vie
wContentDetail&iscancel=true&contentId=MzA1Nw==

內政部，〈環保自然葬介紹〉，內政部全國殯葬資訊網，2018年10月1日檢自：https://
mort.moi.gov.tw/frontsite/nature/newsAction.do?method=viewContentDetail&iscancel
=true&contentId=MjQ1OA==

台灣博碩士論文知識加值系統，2018年10月1日，檢自：https://ndltd.ncl.edu.tw/cgi-bin/
gs32/gsweb.cgi/ccd=k9xV4E/result#result

13

當代環保自然葬的
爭議與問題探討

王清華

萬安生命海外研訓發展處處長

仁德醫專生關科兼任講師

一、前言

五千年來中華文化，儒家重視的喪禮，「死喪之禮，禮之經緯，此是儒家精神所在」。而不是非「足以喪天下」，儒家喪禮是孝道的「厚葬久喪」。儒家在極力強調「喪禮」的根本精神，在於表現「生者追思亡者的哀戚之情」，具有「報本返始」的深意，這是一種美好的人文思想，為什麼會遭到現代的部分官員、部分學者、部分民人這麼嚴厲的批評？及改變五千年的中華文化傳承？改變成不知所云的殯葬儀程喪禮？深植探討，個知淺見。

今通行之，禮記有一百三十篇，戴德傳《記》八十五篇，稱《大戴禮》；戴聖傳《記》四十九篇，稱《小戴禮》。

當實際的喪葬儀節基礎，充分了解儒家的喪葬觀，先據《周禮》、《儀禮》與《小戴禮記》三大禮的相關篇章，記載禮制、禮儀、儀禮，儒家的喪葬觀與當時喪禮的具體儀節，探「厚葬久喪」的原委。

二、喪禮慎終追遠，問題性質之探討

孔子，論語為政，「生，事之以禮；死，葬之以禮，祭之以禮。」站在仁德教化的立場上，認為如果大家都能孝順父母，崇敬祖宗的話，社會風氣自然就趨於厚道嚴謹了，極力強調「喪禮」的根本精神。

曾子，「慎終追遠，民德歸厚矣」，特別強調後者，有人認為「厚葬久喪」是仁義之德和孝行的具體表現，表現「生者追思亡者的哀戚之情」。

墨子，「尚儉」與「節葬」對儒家喪禮制度，有著不同及強烈反感之看法。

(一)追遠殯葬喪禮之「演進」

《中國禮俗史》，舊石器時代晚期的山頂洞人已有一定的埋葬方式，新石器時代晚期，大汶口文化和馬家窯文化的馬廠類型，已開始用棺槨，來使之入土為安下葬；仰韶文化時期，墓葬中已出現少數隨葬品陪祭。

在父系制度，文化確立後，隨葬品的種類明顯增加，由裝飾品、日用品，擴大到生產工具和牲畜等，甚至開始以奴隸、護侍等人殉葬。

商代以後，興起祖先崇拜，更重視喪禮，再經過長時間的累積，逐漸形成一種社會習俗，只是未制度化為固定的形式而已。

西周初年，周公制禮作樂，以「禮」來維護宗法制度，其中喪葬禮儀，必是在傳統的社會遺俗上，因天子、諸侯、士大夫等不同身分，作了不同的規範，作為禮治之依據。

春秋末葉至戰國時代，墓葬出土的隨葬器物的組合規律，及其主要器物，並與《士喪禮》所載，隨葬器物的組合形式作比較，若專從感情願望，認定死者應該像生人，一樣有知有覺。

孔子，從仁德之性與孝思之情為出發點，視喪禮中「事死如視生」的儀式，為解決人類理智和情感矛盾的一種平衡。

(二)殯葬喪禮應保有，慎終行為「時序」

儒家對於喪禮，基本觀念與態度主要倫理秩序，認為天地之間，凡是有血氣有知覺的動物，都有憐惜同類的自然情感，連鳥獸都知道為失去同類而哀傷，何況是靈性和智性最高的人類，由物性推及人情，指出以人類情感作為產生禮節的自然根源，為喪禮儀制賦予豐富的理論性和倫理性。

《禮記・三年問》，禮起源於人類的自然情感，曰：凡生天地之間者，有血氣之屬，必有知，有知之屬，莫不知愛其類－今是大鳥、獸，小者至於燕雀；故有血氣之屬者，莫知於人，故人於其親也，至死不窮。

三年之喪，二十五月而畢，若駟之過隙，然《禮記》四十九篇，專論喪服喪禮者有：〈檀弓上〉、〈檀弓下〉、〈曾子問〉、〈喪服小〉、〈大傳〉、〈雜記上〉、〈雜記下〉、〈喪大記〉、〈奔喪〉、〈問喪〉、〈服問〉、〈閒傳〉、〈三年問〉、〈喪服四制〉等十四篇。

以「仁」為喪禮的本質；並以「三年之喪」為理想，通過週年喪期應該以多久最合理呢？

《禮記・三年問》中記載孔子的回答是「至親以期斷」，「期」是週年，也就是說最親近的人，如兄弟之間、孫為祖、夫為妻、父為眾子之類，

都以週年為合理的服喪期限：因為經過週年，「天地則已易矣，四時則已變矣」，天地的運行已經循環過一週；春、夏、秋、冬變換過一輪；天地間的草木，也都榮枯過一回而更生了；將人事比照這種自然現象，故以「週年」為一個段落作為為至親守喪期限的基本原則，因親疏關係不等，喪期長短不同。

然而，在「仁」的前提下，孔子堅決主張人子應為父母守「三年之喪」。其弟子宰我不以為然，認為守喪三年時間太長，影響到禮樂的生活與社會運作，認為新舊穀交替，時序輪迴一週，守喪「一年」已經夠了，於心能「安」了。

孔子認為小孩子出生必須在三年以後才能免除父母的懷抱，若無父母長年撫、掬、腹、育之愛，如何長大成人？

一旦父母死去，守喪一年就「安」於「食夫稻，衣夫錦」的正常生活，表示對父母的愛不足與其三年之愛相稱，顯然「愛之不足」，所以孔子責斥宰我「不仁」。

孔子對喪禮形式的討論往往帶有很大的彈性，唯有對「三年之喪」最為堅持，而且強調在「三年」的喪居期間要「斬衰苴杖；居倚廬，食粥，寢苫枕塊」，表現出極度哀痛之情。

《禮記・三年問》曰：三年之喪，何也？曰：稱情而立文，因以飾群，別親疏貴賤之節，而弗可損益也。

故曰：無易之道也。創巨者，其日久；痛甚者，其愈遲。三年者，稱情而立文，所以為至痛極也。

斬衰苴杖，居倚廬，食粥，寢苫枕塊，所以為至痛飾也。三年之喪，二十五月而畢，哀痛未盡，思慕未忘，然而服以是斷之者，豈不送死有已，復生有節也哉？如孔子：「喪禮，與其哀不足而禮有餘也，不若禮不足而哀有餘也」（《禮記・檀弓上》）；「禮，與其易也寧戚」（《論語・陽貨》）。

認為父母之喪，是何其巨大嚴重的傷痛，不可能在短時間之內痊癒，居喪三年，就是配合人子內心的傷痛而制定的禮節。孔子，在舊有的喪俗上強調慕親報恩，堅持「三年之喪，天下之通喪也」，人子不應以衣錦食稻而忘

其根本。

　　孟子也高呼「三年之喪，齋疏之服，飦粥之食，自天子達於庶人，三代共之」（《孟子·滕文公上》），以求盡心、安心的倫理性。

　　《士喪禮》記載，從「始死、楔齒、奠帷堂、使人赴君、君使人弔禭、沐浴飯含、陳小斂衣、饌小斂奠及設東方之盥、陳床笫、夷衾（夷當為屍）、及西方之盥、小斂遷屍、陳大斂衣奠及殯具、大斂、殯、大斂奠、成服」以至「朝夕哭奠、朔月奠及薦新，筮宅兆、視椁視器、蔔葬日」。

　　《既夕禮》記載，自「請期、啟殯、遷柩、朝祖、薦車馬設遷祖之奠，載柩飾柩、陳器與葬具、葬日陳大遣奠、將葬、讀賵讀遣、柩車發行」，以至窆棺藏器、葬事完畢，《士虞禮》是既葬以後的安魂禮。

　　這三篇所述，包含了周代社會士人，處理親人死後有關喪葬哀悼的一系列儀節，從對待死者必行的「成喪成葬」至喪家「由喪即吉」的過程，共有三十幾個禮節儀式。

　　這些繁複的儀式，大致可分為始死、二斂、停殯、出葬、葬後服喪五個階段，每一個儀式都帶有生者對死者的顧戀悲哀之情，也可以說是生者對死者的顧戀悲哀之情的一種「文飾」。

三、對「綠色殯葬」的認知

(一)「綠色殯葬」是什麼

　　也稱為「生態葬、自然葬、環保自然葬或循環再生葬」（green burial、ecological burial、eco-burial、natural burial），是當今世界先進國家政府相續推廣的殯葬觀念，它鼓勵人民以「自然、環保、節能、簡約和可持續」的方法，占用較少的「土地資源」，用革新、有創意和「低消費」的方式開創新世代的殯葬文化。

　　「廣義」的綠色殯葬，是指不刻意去抑制遺體的分解現象，甚至是有意地去把遺體加速分解，讓遺體能夠快速且直接地被大自然回收，它可以

是風葬、天葬、海葬、水葬、火葬、土葬、樹葬、沙葬、冷凍葬或水焚葬（resomation）等形式。

「狹義」的綠色殯葬，則是指先將遺體火化以後，再將遺骨、骨殖或骨灰埋入土中，其上栽種樹木、花壇、草坪加以紀念、追思和綠化環境，或是直接將骨灰灑向大自然的喪葬方式。

(二)綠色殯葬的「方式」

在20世紀，隨著城市和工業發展導致環境問題日益嚴重，加上土地資源缺乏，出現「死人與活人爭地」的現象，先進國家政府開始倡導殯葬業進行改革，引導社會移風易俗，鼓勵人民接受以節能、清潔（cleanliness）、環保和可持續發展的方式辦理喪事。

在此趨勢下，傳統的土葬方式已開始不合時宜，火葬、拾骨葬等方式則得到大力推崇。

近來興起的樹葬、海葬、花葬等生態葬形式，節約土地資源，慎終傳統的殯葬文化，強調的是保存遺體的完整性，去抑制遺體在死亡後所出現的各種變化，透過冰存、防腐或其他科學的技術，將遺體做短期或長期保存，防止遺體出現腐敗的現象，綠色殯葬並不去抑制遺體的分解現象。

◆納骨磚、納骨牆、納骨廊道

納骨磚、納骨牆和納骨廊道的概念是把骨殖（火化後的遺骨）研磨成粉狀，裝入小型的骨灰罐內，鑲嵌在紀念公園的雕塑、花壇、圍牆、廊道等庭園造景，與環境合為一體，雖是占用土地空間，但能保存骨灰，也有美化環境的功能。

◆植存、樹葬、花葬、草坪葬、森林葬（中國大陸統稱為「循環再生殯葬」）

「植存」的做法是將骨灰裝入容器，掘洞埋藏在森林或地下，其上種植樹木、花壇或草坪，地面上沒有多餘的殯葬設施，位置可以再做循環利用；但在過渡的情況下，不可以在邊上建設刻有死者姓名、生歿年份等內容的標記。

◆拋葬、灑葬、撒葬（中國大陸統稱為「生態殯葬」）

「拋葬」是將骨灰裝入容器，拋投入河流、湖泊或大海；「灑葬」或「撒葬」是不將骨灰裝入任何容器，直接拋灑在大海、山林、土壤、天空或大自然，骨灰灑出以後將不記姓名、不留痕跡，徹底不做保留。

◆海葬、礁葬

「海葬」是將骨灰撒入海洋中，其中一種常見的方法是採用拋葬的方式，將骨灰裝入容器內，拋投入大海；或者是採用灑葬的方式，讓骨灰徹底飄散在大海。還有一種稱為「礁葬」的新興方法，是將骨灰攪入在混凝土製成的人造礁球，投入在特定的地點讓它化成珊瑚礁。

(三)各國和地區綠色殯葬的「實施」

◆森林葬

英國卡萊爾公墓的林地墓區（The Woodland Burial），其後這種環保的自然葬法陸續傳到北美、歐陸、澳洲、東亞等地。

◆澳大利亞

根據澳洲公墓及火化協會（Australasian Cemeteries & Crematoria Association, ACCA）的說明，目前在南澳、西澳、塔斯馬尼亞、維多利亞和新南威爾斯自然葬的公墓。

◆加拿大

加拿大自然葬協會（Natural Burial Association, NBA）成立於2005年，其目的是要向民眾推廣自然葬，並協助業者建設自然葬墓區。

◆中華人民共和國

中國綠色殯葬服務主要集中在經濟發達的地區，這些地區的遺體火化比率較高，使得生態葬的推廣較容易得到迴響；此外，也與中國城市當下的環境汙染、人口稠密、土地短缺和物價高昂等現實問題密切相關。

儘管如此，生態葬的形式首先要將死者火化，違背中華傳統習俗中保留全屍的做法。

再者，沒有墓碑、不記姓名，不便子孫後代前往祭掃；加上儀式非常簡單，沒有傳統的隆喪厚葬，容易使死者親屬背上「不孝」的罪名。

因此，儘管近幾年來政府大力倡導，給予政策上的補貼，生態葬的比重仍然偏低。

而在仍保留土葬習俗的農村地區，提倡的生態葬形式是遺體不置入棺材直接下葬，或者是使用秸稈壓製的棺木；落葬以後不用修墳立碑，只在上面栽種樹木、花壇或草坪。這種方式打破中國傳統隆喪厚葬的觀念，比重仍然偏低。

◆ 歐洲諸國

在歐洲，骨灰不可隨意撒在野地、森林或花園，瑞士是歐盟諸國中對死亡和墓葬採取最寬鬆標準的國家，人們可以決定把骨灰灑在空中、湖泊、森林、冰川或大自然。

這種寬鬆的政策也吸引來自德國、奧地利等周邊國家的公民，將骨灰委託給瑞士的殯儀公司處理。德國法律禁止拋撒骨灰，也不准親屬將骨灰盒私自帶走，即使是安置在家中也一樣不合法；然而，近幾年愈來愈多人有「回歸大自然」的想法，所以很多人只能偷偷地進行，或是委託國外的殯儀公司來處理。

◆ 香港

香港特區政府於2007年開始推動綠色殯葬，由食物環境衛生署負責監理，設立哥連臣角、鑽石山、富山、葵湧、和合石、長洲、南丫島和坪洲等8處紀念花園，以及塔門以東、東龍洲以東和西博寮海峽以南3處指定水域，共11處地點為民眾提供免費撒灰服務。

◆ 日本

日本自然葬法的歷史悠久，散骨（日語：散骨）（將骨灰撒在河川、大

海或山林）在古時曾是主流的做法，淳和天皇（786-840年）的遺言就是要將骨灰撒在山中，淨土真宗開祖——親鸞（1173-1262年）最後的留言，則是希望死後將屍塊投入水中餵魚。

1948年（昭和23年），日本政府制定《墓地埋葬法》（日語：墓地、埋葬等に関する法律），禁止將遺體、遺骨或遺髮放在墓地以外的地區進行處理，違者可依刑法第190條「遺骨遺棄罪」辦理，所以「散骨」戰後就被全面禁止。

1991年10月，送葬自由倡導會（葬送の自由をすすめる會）在神奈川縣相模灘舉行「第一回自然葬」活動，引起社會大眾的反響，讓「自然葬」這個名詞首次出現在眾人的眼前。

法務省對自然葬的非公式見解是「作為送葬（日語：葬送）的一項過程，有限度地進行並不構成違法」；當時的厚生省則表明「埋葬法針對的是墓地和埋葬的問題，自然葬並不在法律的對象之內」。

◆中華民國

中華民國內政部於2002年公布的《殯葬管理條例》，對環保多元葬法予以倡導規範，授權地方政府因地制宜訂定「公墓外實施骨灰拋灑或植存之相關規定」，提倡「節葬」和「潔葬」的殯葬文化。

目前全國可實施骨灰樹葬、花葬、灑葬及公墓外植存之地點共有31處，可辦理海葬的縣市包括台北市、新北市、桃園市、高雄市、宜蘭縣、花蓮縣和台東縣。

「植葬」，2009年2月3日，台灣法鼓山創辦人聖嚴法師圓寂，指示「身後不發訃聞、不傳供、不築墓建塔、不立碑豎像、不撿堅固子，儀式以簡約為莊嚴，懇辭花及輓聯」；2月15日，他的骨灰由當任總統馬英九等人，分5處「植存」在金山環保生命園區。

因此，吸引不少民眾慕名而來，完成家屬「與聖嚴法師同葬」的心願。

海葬，火化後的骨灰，需經過再處理，使其成為小顆粒或細粉，用雙層環保袋包裹盛裝，並加入五彩石增添重量，當船行駛至外海，由家屬為亡者做最後祝福祈語後，將環保袋伴隨鮮花拋向海中，目送骨灰沉入海中。

◆ 英 國

英國自然葬墓園協會（Association of Natural Burial Grounds, ANBG）由自然死亡慈善中心於1994年成立，成立目的是幫助人們建設理想的墓地，適時給予會員指導和協助，並制訂自然葬業者的行為準則。

◆ 美 國

美國首個「綠色墓地」是於1998年在南卡羅來納州建立的拉姆齊溪保護區（Ramsey Creek Preserve）。

四、弘揚中華文化

(一)「慎終追遠，民德歸厚矣」之孝道

孝道已明白的指出，居上位者、位下階者，對於自己雙親的去世，辦理喪事時，一定要誠心謹慎，做到孝子應盡的禮制、節禮，並遵其「禮記、周禮、儀禮」中華五千年文化之三大之禮，行其所應有之行為，善終感恩之宏觀。

人在世間，對於自己的祖先，不管離我們年代有多久、有多遠，都要緬懷，祭祀追念時，要像先前一樣，恭敬誠心地辦理。能夠盡心辦好，對親喪之痛楚，對祭祀祖先之謝恩，就能感化身邊的人民，使澆薄的風俗，回復到淳厚的地步了，敬天地敬祖先。

「慎終」之一，是指父母去世在辦理喪事時，要合乎喪禮的儀節，要遵行禮節儀式。父母的喪事是大事，絕不可輕忽隨便。生前事奉父母盡心盡力，父母去世了，歸隱西方升天了，或安息主懷了，為人子女的思念親恩，自然感到無限悲傷。

為了恪盡孝道，應謹守慎終追遠禮制的規定，才能充分表達孝思、孝道，並安妥自己的心靈，絕不是僅僅替往者遺體裝飾點珠寶玉器，或陪葬高價之葬品，不是講究大的排場，充大寬巷的面子，才是叫盡孝。反思，這樣

反而會引起宵小掘墓挖墳，毀損先人的遺體，更加的不孝！

「慎終」之二，真誠的流露出對親人的無限思念。從在死亡的那一刻瞬間，到出殯告別的那一天，遺體火化後，安厝放置進厝納骨塔，或下廓入土安葬；此期間，聞其訊，知其事，來自天南地北的親人、姻親戚友，來送葬觀禮的人，親眼見到逝者的容貌，豎立照片的遺照，耳裡傳來的哀痛哭聲，深受感動。一身的功名、地位、財富，是榮耀，是追思，是傳承，是中華民族五千年民德歸厚的精神。

「反觀」之一，當人死亡後，施以所謂「環保自然葬」，以火化的方式，第一次將遺骸燒成骨灰，經過二次的骨灰細研磨之後，就不做永久的設施、不放進納骨塔，亦不立碑、不造墳、無喪葬外觀之標誌或設施；以各種不同方式，處理骨灰放置之方式，諸如海葬、樹葬、花葬、植葬等方式，以土地幅員、資源不足、破壞景觀、環境衛生等問題，部分宗教團體、地方政府，在推動環保自然葬，靜沉思，又如何教育子孫推動「慎終追遠，民德歸厚矣」呢？

「反觀」之二，現在有些喪家的孝子女、子孫，或是來弔唁的親友，在父母治喪期間，除了在那瞬間一鞠躬外，卻談笑風生，視其憂傷非己事，儼然如喜慶聚會一般，毫無哀戚之情，這種澆薄的人情，他的後代也跟著仿效，這樣的家族，很快就會離散分開的。

「反觀」之三，環保自然葬的省思，非屬殯葬設施，又無人為的設施使用，宗教團體、地方政府，在其使用劃設下，難道就不正視死者靈魂？不重視死亡禁忌？死亡後與鄰避情結的影響力？如何顧慮到喪家百日、對年、每年治喪相關之聯繫作為？如何與遺族追思的便利性？如何像安厝於納骨塔或安葬那些慎終的禮制、節禮。

「追遠」，這是祭祀先祖，我們為人子孫，只要活著一天，就應為去世的祖先上墳、掃墓。就如同每年四月五日清明節，政府訂為「民族掃墓節」，正是祭祖厚道的表現。

(二)「民德歸厚矣」，仁厚的德風

就如「仁」字的「二」之意旨，也是要人和人之間要一層層的加厚，

這樣才會有仁心！「慎終追遠」是居上位者、位下階者，為人父母者，領導者，對待自己的親人，要誠懇務實厚厚對待，如此上行下效，子孫就會跟著學習，肯以身作則，自然就能感化，長養出善良的風氣。

「民以德報德」，想想父母、祖先對我們的恩德深厚，為人子孫又怎能不設法加厚回報呢？當一個人重視親喪、祭祖時，他的心中就充滿著「厚以待人」的善意了。地球上存在五千多年，所依靠的不是武力或是金錢，正是中華文化中這個仁厚的德風。

五、傳承「殯葬禮俗」的善終

在對遺體逝者，喪禮流程，主要區分四個階段——臨終禮儀、初終禮儀、殮殯禮儀、葬後禮儀。

(一)「臨終禮儀」

台灣地區在臨終者彌留，子孫家人應守護在瀕死親人身邊，見最後一面與最終訣別，稱為「送終禮」或「臨終禮」；彌留時的臨終禮稱為「搬舖」或「徙舖」；傳統臨終禮儀有「拼廳」、「遮神」、「舖水床」；「壽終」是亡者得以死得其時，能老壽自然而死；「正寢」亡者得以死得其所，彌留之際，能從寢室遷移到祭祖的正廳或公廳，象徵能回歸祖先命脈。

(二)「初終禮儀」

台灣地區逝者嚥氣後，初終禮儀有燒轎、做譴爽、腳尾飯、辨服、弔九條、報喪、乞水、套衫、守舖、接板；家人們徹夜守護在遺體邊，稱為「守舖」，入殮後家人睡在棺材旁，稱為「守靈」；接板（迎棺）時要準備一袋米、一附桶箍、一隻新掃把等。將米和桶箍放在棺蓋上，稱為「磧棺」。此舉有壓棺煞之意。

(三)「殮殯禮儀」

台灣地區殮禮分小殮與大殮，小殮是指初終禮儀的襲衣儀式，其目的在於妥善地裝飾遺體，大殮是將遺體移入棺木內的儀式，稱為入殮或入木；入殮後的停柩，稱為「殯」，或稱「停殯」；親友到喪家祭奠，稱為「弔唁」；致送喪家幣帛什物等稱為「奠儀」；出殯前，將靈柩由廳堂中移到屋外靈堂舉行告別奠禮，稱為「請官」或「移柩」。

(四)「葬後禮儀」

台灣地區「葬後禮儀」有巡山、完墳、除靈、做百日、做對年、合爐、做新忌、撿金（骨）；將魂帛和香爐安放在正廳神主牌位的旁邊，稱清氣靈」。

六、對「環保自然葬」的省思、爭議與問題

(一)生態殯葬是建立在火化的基礎，帶來各種問題

生態殯葬是建立在火化的基礎，相對而言，將無法避免火化所帶來的各種問題。

(二)建設火化場將永久占用的土地問題

首先，建設火化場將永久占用大量的土地，直接影響可耕作土地的面積。

(三)火化場排放出大量的有害物質

其次，火化過程中會消耗大量的電能、柴油或瓦斯，並向大氣中排放出二氧化碳、一氧化碳、碳氫化合物、氮氧化合物、含硫化合物等大量有害物質，造成環境和空氣的汙染。

(四)火化場周邊環境累積大量的灰塵

再者，火化場周邊環境累積大量的灰塵，將對周遭的農業、林業和經濟社會發展帶來負面的影響。

(五)對親人消失了「慎終追遠」

五千年的文化習俗，對長輩最後「慎終追遠」的孝道，「殯葬禮俗」的善終，卻因為「環保自然葬」的觀念被扭曲了，被環境保護、土地利用之詞，傷害了慎終追遠。

樹葬、花葬、海葬、灑葬、植葬等葬法，沒有墓碑、沒有標誌逝者、沒有塔位、沒有祭祀的拜堂和放置的空間，親友、子孫想念親人時，不知去哪裡追思？每年民族掃墓節不知去哪裡祭拜？喪、婚兩大禮，沒有凝聚的喪事祭聚，後代家族的距離越來越遠，情誼也越來越淡薄了。

(六)「無科學性的實驗，無建立相關數據」

近年政府大力推動環保樹葬、植葬，但卻出現「骨灰結塊不化」情形。中興大學土壤環境科學系主任黃裕銘教授認為，目前樹（植）葬的葬區規劃，與骨灰埋藏方式，主管機關應該儘速進行，科學性的實驗，確實掌握「骨灰分解的環境與速度」。

民國92年開始推行樹（植）葬，迄今已有十五年的時間，原本預估兩年就會分解的骨灰，卻出現結塊不化情形。當時主管機關認為可以讓骨灰「化為春泥更護花」、「回歸自然」的期待落空，樹（植）葬區重複循環使用的規劃也被迫進行調整。

中興大學土壤環境科學系主任黃裕銘教授表示，遺體火化後的骨灰，主要成分是「磷酸鈣」，為一種「不溶於水」、「易沉澱的無機物」。若「整堆藏納」於土中，恐會凝結成「一團塊」，不容易被分解。

黃裕銘主任指出，骨灰在土壤中是可以被「溶磷菌」、「菌根菌」等微生物分解，並由植物的根吸收。只是，土壤中的「溶磷菌」或「菌根菌」的

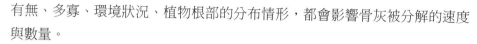

有無、多寡、環境狀況、植物根部的分布情形，都會影響骨灰被分解的速度與數量。

初步了解台灣各地樹（植）葬區的骨灰埋藏方式後，黃裕銘主任憂心忡忡表示，樹（植）葬區的規劃，包括土壤環境、骨灰埋藏方式、植被種類等等，都會影響骨灰被分解與否或是被分解的速度，這些都應該有專業性規劃，否則骨灰結塊不化問題仍會是難解的困擾。

黃裕銘主任指出，從植物根的吸收來論，樹（植）葬埋藏骨灰的深度，應該在地面下20～30公分為宜。而骨灰在埋藏時，最好能夠磨細，並拌入土壤、溶磷菌、有機物等，加速骨灰分解。

依照2003年施行的《殯葬管理條例》規定，將骨灰研磨後，裝入可分解的玉米罐後，埋入深約50～60公分深的洞穴內，然後再覆土、植草。目前台灣實施樹葬已有十五年，原本預期骨灰埋藏地下將在兩年後分解，但黃裕銘指出，各縣市政府若未事先評估各葬區的土壤土質，溼度太高或黏性過高的土質，都可能造成骨灰不易分解的原因。

黃裕銘主任建議，政府殯葬主管單位應儘速進行科學性的實驗，建立相關數據，規範出樹（植）葬的葬區設置與骨灰埋藏作業標準，達到「回歸自然」與「重複使用」的環保樹（植）葬理念。

(七)失去了「殯葬善終」

沒風水座向了？沒陰宅了？「合宜的殯葬，可供子孫懷念追思」，有實體的物件或儀式，是從中華民族的各地風俗習慣影響而來的，根植在人心的文化，區分為二：

其一，失去了傳統習俗中「入土為安」的觀念。

在漢人社會有許多要遵從的殯葬禮俗。就如同前述如徙舖、沐浴、安靈、入殮、捧飯、守靈、封釘、出殯、百日、對年需要進行。

其觀念背景，基於靈魂不滅與孝道的要求，因此傳統漢人的觀念不接受火化，現代的觀念可則選擇先火化，再以骨灰罐方式下葬，入土為安之做法。而且，漢人普遍認為土葬的埋葬穴位的風水，或者是時辰，都有可能影響後代子孫的運勢。

其二，失去了漢人社會的「殯葬禮俗」禁忌繁多。

殯葬禮俗源起原始宗教與靈魂觀念，經過儒家、道教和佛教等思想和儀式的擴充，更強化殯葬儀式的意義，舉例「摺蓮花」、「燒庫銀」、「燒靈厝」家屬會購買紙紮用品，自作表達善終，或金銀財寶在死者靈前焚燒，或供死者住宿、使用，代表對先人的孝心，也祈禱往生者在另一個地方也能有人間的美好享受，諸如此類的做法，家屬將會難以接受自然葬法。

其三，失去了殯葬禮俗的「孝道治療」功能。

殯葬禮俗具有深刻的生命象徵意涵，在處理死亡與死後的儀式中，具有安頓亡者與生者共同承擔，瀕死的歷程來接受死亡的考驗，每個儀節的背後，結合宗教信仰，及葬後之祭祀，都帶有精密構思的巧思，建立在長久生命體驗下，靈魂的普遍情感共識，「喪禮、婚禮」人生宗親、親朋好友二大禮。

其四，生前契約——殯葬禮俗的「自我善終」功能。

高齡化、少子化、不婚浪潮襲來，許多家族墳墓因斷嗣，或後代移民國外，成為無人拜祭。銀髮族不僅面對「老後的不安」，也得開始面對「死後的不安」——包括墓地塔位不足、無人送終等「身後事」。許多銀髮族擔心家人負擔不了身後事，「生前契約」這種終極的殯葬方式，正是解決之道。

參考文獻

《禮記譯注》（第3版）。中國商業出版社，2014年。

陳月秋（2010）。《修平人文社會學報》，第15期。

徐福全，〈儀禮士喪禮既夕禮儀節研究〉。

中國生態葬，http://www.wikiwand.com/zh-hk/%E7%94%9F%E6%80%81%E8%91%AC

中國殯葬改革，https://mp.weixin.qq.com/s/3VZ_GWRbZIFGlF-sq-pXow

台灣殯葬資訊網，http://www.funeralinformation.com.tw/Detail.php?LevelNo=454

14

綠色殯葬創新思維

黃玉鈴

福祿壽生命藝術園區經理

綠色殯葬創新思維──設施經營業者實例

創新(一)：環保自然葬法～樹葬、花葬

在地狹人稠的台灣，隨著時空環境的變遷，日益強調環保的時代趨勢之下，「環保自然葬」應運而生。簡單的說，就是讓往生者的骨灰在大地植存，回歸大自然懷抱，化為春泥。這種殯葬方式，不立碑，土地重複使用；具有為後代子孫節省殯葬費用以及節省土地資源的功能。

近年來，內政部積極推動環保自然葬，根據內政部資料：95年有200多件，98年突破1,000件，到了105年有6,774件。105年六都的環保葬統計，台北市2,857件、新北市1,122件、桃園343件、台中市846件、台南市290件、高雄市698件。苗栗、彰化、雲林、南投、宜蘭等縣市都在百位數以下。顯示選擇環保自然葬法的民眾逐年成長中，多數以都會區為最盛。然而，以105年全年度往生人口總計172,829，選擇環保自然葬比率不到4%，多數人仍遵循傳統安奉晉塔。以設施經營業者實際上接受到客戶的反應是：不立碑，不晉塔，不知道該去何處追思，祭祀親人？甚至有些家屬因此而懊悔當時選擇了自然葬法。且骨灰須經研磨，多數的民眾覺得要將先人骨骸研磨處理相當不忍。又如海葬（骨骸灑入大海），親屬再無可供憑弔追思的「物」，傍海為生的漁民是否抗爭？形成了環保自然葬法推行的困難。因次，就現行實務上，詢問者眾，但真正實行者寡。

創新(二)：符合傳統，與大地結合的花園葬法～美樂地花園

「墓園」向來帶予人們是禁忌、陰沉、雜亂及不舒服的感覺，然而，福祿壽生命藝術園區將墓園重新定義，讓綠色、陽光及空間有了重新的規劃與配置，讓墓園脫俗，轉型成為一座美麗的花園。

「美樂地花園」為戶外型開放空間，讓消費者在慎終追遠的同時，也能享受大環抱大自然的風貌。花園間，每一墓座均可禎立名牌，更符合傳統入土為安，禎立碑文的概念。

創新(三)：慎終追遠，追思祭祀的創新做法(Ⅰ)～追思廳

　　過去多數家族設有宗祠，就算沒有宗祠，在家中也會設有神主牌位。隨著時代變遷，都市化的發展，越來越多人選擇將神主牌位安奉於納骨塔所設置的牌位專區。源自邱達能教授的研究與現行實務上的祭祀情況，家屬在牌位專區眾多的神主牌位中祭祀其親人，感覺上似忽不只是祭祀自己的祖先，也同時祭拜了陌生人的家人。又如在塔位前面祭祀亦同，只能面對著塔位的面版，缺乏真實性與專屬感。

　　為此，福祿壽生命藝術園區推出「追思廳」的創新做法，提供專屬的獨立空間，讓親人的骨灰罈或神主牌位也可以進入這個空間，並借助現代科技的幫助，結合親人生前的影音或圖檔，讓祭祀不再是那麼抽象，也不再是只憑藉著記憶，而是更真實的呈現，讓我們跟已逝的親人融為一體產生共鳴，更符合緬懷先祖的意涵。

　　追思廳的創新做法，可彌補環保自然葬法無法憑弔追思的遺憾，也可以讓塔葬的追思祭祀不再只是面對著冰冷的納骨塔面板。專屬的獨立空間亦可以免除祭祀自己的先祖卻也同時祭拜他人的親人之窘境。

創新(四)：慎終追遠，追思祭祀的創新做法(Ⅱ)～世代傳承之族譜系統

　　傳統的神主牌位多為木質，加上台灣的熱帶潮溼氣候，容易造成字跡記錄模糊暈染，福祿壽生命藝術園區運用電子系統，將族譜完整建立保存，搭配上述追思廳的影音呈現，讓後世子孫加深對先祖的認識與記憶，更符合祭祀先祖，世代傳承的意義。

15

告別狂想曲

何冠妤
自由風視覺傳達有限公司總經理
仁德醫護管理專科學校生命關懷事業科兼任講師

用藝術文學融入台灣的殯葬文化
用創意思維提升生死學觀點價值

　　生、死就如太陽日出、日落般，清晨曙光讓人望之驚嘆、心之雀躍，夕陽餘暉讓人留戀不捨、心有戚戚。清晨曙光和夕陽餘暉皆讓人內心悸動，那麼生、死是否也是如此呢？

　　小生命的誕生如日出般得到眾人的祝福、歡呼，那麼在生命的最終，是不是也該為那美麗的餘暉留下讚嘆、紀念。

　　我們可曾想過～在生命的最後是否還可以盡情地揮灑、綻放屬於自己美麗的餘暉，為豐碩的餘暉留下紀念、讓世人永遠懷念、讚詠傳承。

　　告別—狂想是從我開啟禮儀大門就一直在做的事，總是做出讓殯葬界的精英驚嘆，身為廣告藝術界的我們，無心插柳柳成蔭，讓我們團隊在殯葬界狂想到現在十七年了，從創台灣第一本的《個性化告別式會場規劃範例與設計》一書，注定我要在殯葬業繼續狂想，繼續做創意。但這是我喜歡的。

　　「告別」～會讓我們想到什麼呢？告別同學、告別親人、朋友、工作、單身、昨天、今天、前一秒、告別傷痛、包含生前告別，告別所有不好的回憶，重新開始。其實我們可以透過告別，重新檢視自己的生活，是不是在哪裡不小心跌了一跤，是不是在哪裡有不小心劃破傷痕，有些痛，一烙就是一輩子，也許我們可以趁著舉辦告別，將它剷去！告別過後，又是全新的人生！又有了全新的勇氣，自在地繼續走下去。

　　您認同生前告別嗎？您會替自己舉辦一場「生前告別」嗎？

　　隨著時間的遞進，許多人已不再秉持著過往的傳統思維，能大膽談「死亡」。儘管現在已有相當多人了解「生前告別」，但也不是每個人都擁有勇氣去面對，我想是因為我們都還沒有經歷過「死亡」，但卻真實地知道它的存在，一旦觸碰了即無法重生，就像玻璃被打碎了不可能毫髮無傷地拼湊完整。我們總是習慣性避談「死亡」，也有許多人害怕「死亡」，拚命想躲避著這顆早已向你瞄準的球，但我想，死亡並不可怕，可怕的是我們不知如何

去面對。

從這幾年生前契約的市場規模，看得出國人對這方面的需求，台灣人也漸漸能接受生前規劃自己告別式的觀念。甚至到近幾年「生前告別式」一詞，在一些新聞與電影中出現，如曹又方——要好好的活著，也要好好的死，是台灣第一位舉辦生前告別式，將身後的儀式，改在生前舉行。還有電影《非誠勿擾2》中，李香山的告別式好友、女兒的致詞，是我們想到生前告別式時的第一印象，這也是生前告別式與傳統喪禮最大的不同。

過去，當事人臨終前，不見得有機會聽見親友表達讚美與感謝的話。反而常聽見親友在當事人過世後，才發現有許多來不及表達的懊悔與不捨，而此時當事人卻已經無法聽到，而造成遺憾。

「告別狂想曲」一直是我想與大家一起來探討的話題，希望透過更多人的省思，好好的思考「身厚大書」：

1.何謂告別尊嚴？

2.在生命最終，您最想留給親人、子女的是什麼？

3.人生如果只剩下一杯咖啡的時間，您最想做的是什麼？

一杯咖啡的時間，說長不長，說短不短，長得讓你釐清心中的嚮往，了解自己所缺乏及欲追求的，短得讓你來不及和身旁的人事物道別，來不及完成所追求的夢。我想我會好好地和家人獨處，分享並感謝這一生發生的每一件小事，為社會做的所有努力，儘管只有0.001%；我要和過去的自己完整地和好，把放不下的、在意的、懊悔的、憤怒的通通丟棄，拋開所有的不愉快，準備在下一趟的旅程中，快樂的繼續走，而不是依然拖著沉重的身子，緩緩向前；勇敢和自己告別，說一聲：辛苦了！搭上航向遠方的船，歡喜地迎接下一趟旅程的到來。

告別狂想曲，打破我們對死亡的禁忌，將死亡直接搬上檯面，讓每個人都清楚～現在就是適合談論死亡的時機，讓當事人有機會聽見最真的表白，讓親友能夠及時表達內心的話語。

名人李敖，當時因為罹患腦瘤，被醫生告知最多僅剩三年的時間可以活著。在這最後的時間裡，他決定除了把《李敖大全集》加編41～85本的目標

之外，還想舉辦一齣告別節目《再見李敖》，這一生當中，他說他罵過許多人也傷過許多人，樹立仇敵無數，結交朋友不多，接下來想和家人、朋友、仇人再見一面做個告別，這將是人生中最後一次會面，及此之後，再無相見。

阿瘦總裁羅水木——生前告別，轉念重生。77歲那年，羅總裁健檢發現肺部有0.7公分的陰影，開刀住院的那段日子，昏迷多日，在這之間他反覆看見許多身無一物的男女出現在眼前，清醒後仍令他記憶深刻。因此，他暗自許下心願，倘若自己能活到80歲，要舉辦一場「生前告別式」，並歸依基督。最後，他真的辦了「生前喜樂告別感恩禮拜」的受洗儀式，重生後的他，不僅將事業完全放手，還捐錢幫宜蘭冬山鄉興建圖書館，越活越快樂的他表示，唯一的祕訣就是要「想得開」，從年輕時就深信錢是身外之物，儘管多年前被倒會數百萬，但他依舊能夠睡到自然醒，以寬容的態度包容朋友的背信，也因為這樣的樂觀態度，讓人生擁有更多不一樣的光彩。

葉金川——不要過著一成不變的生活。一生要做的事的清單一直在變動，包括每年必備的全程馬拉松、鐵人三項、獨木舟等，嚮往許多冒險又刺激的考驗，喜愛挑戰自我，或許有的人認為這叫自找麻煩，但我就特愛這樣的小日子。

生活不會一帆風順，但你可以從平凡中創造屬於你的不平凡，好好享受人生。

生前告別狂想跟傳統告別有什麼差異化呢？

傳統告別式面對著冰冷的屍體，不受回應的軀殼，遺留些許遺憾。生前告別狂想PARRTY是承載著活生生的個體，能夠親自擁抱彼此的心靈，真摯感受著彼此的溫度與感受，並回饋感恩快樂的心情。

因為親友給予的回饋，完成了當事人這輩子最美的注解，協助當事人面對死亡時，能重新回顧、整理自己一生的貢獻與影響，快樂、知足、平靜的面對生命最後一刻。

用自己的方式向生命揮別

十七年前在偶然的機會裡，我投入一項游走在「深情與絕情之間」的工

作中～「個性化告別式會場設計與規劃」。就因為如此，讓我開啟了生命中另一段領悟生命之旅。每回，當看見每一個人在面對人生的悲歡離合與生離死別時，許多人往往會不知所措，因而徒留些許遺憾，人們總是「猶疑」在傳統與現代觀念的交界點上！我們發現這是大部分人共同的弱點。

長久以來，我們一直在探討研究，要如何規劃這人生最後的畢業典禮？如何使過程更圓滿，讓親人感到安慰，而往生者也有尊嚴的走完人生最後一程。

在這幾年實際參與期間，我發現我不知不覺的背負著很多人的「遺囑」，每一個希望用自己的方式向生命揮別的「遺囑」。在與每一個人談論間，有人希望我能幫她辦一場音樂告別會———一場感性且溫馨的告別音樂會，也有人希望以雞尾酒會的方式辦理（必須盛裝出席），更有人希望實現出書的夢想（已開始收集資料給我），還有人想辦一場世紀回顧展，將自己生命裡最美麗也最驕傲的身影存留在每一個人心目中，記憶最深刻的一位是希望告別式儀式在懸崖上舉行，讓風傳遞愛的消息、以樹蔭為棚、落葉成毯、以海浪聲配樂、請海鷗當天使、彩雲為過客、拈花為香、天地同證，當浪花湧起落下的那一刻，將祝福灑向滄茫大海，留名萬芳與大海長相為伴，一場與大自然謀合的告別式就此圓滿、喜樂。

在每個人獨特的方式裡，我找到答案。死亡並不可怕，可怕的是不知如何去面對，當我們準備好一切時，後人就不會因此而爭吵，尊嚴得以實現，人的價值可以不滅，讓生命最後終程，呈現最豐富且精采的時刻，當思考死亡，就是思考自己如何存在。

或許有人選擇逃避這樣的話題。你呢？是否你也想好用什麼方式和生命揮別，而我也將前進～探索心哲學，繼續思念憶百年～。

本文摘自何冠好（2007），《個性化告別式會場規劃範例與設計》，台北市：五南圖書。

16

中觀學的生死詮釋：
以《般若經》中的「如
幻思想」為中心之考察

徐廷華

華梵大學東方人文思想研究所博士生

摘　要

在佛教典籍中，般若被描述為一種奇異的能力和智慧，這種超常的智慧來自異乎尋常的修持實踐，是透過系統、複雜、持續的禪定實修和提升了的全新個體對現象世界背後的無相無狀的本體存在的把握和體證。大乘佛學的如幻觀奠基於阿含經教，承接自《般若經》「空」的思想系統。以空的概念詮釋萬有虛幻不實，稱其為「假名」[1]。按印順導師對印度佛教空、有二系發展之分期[2]：

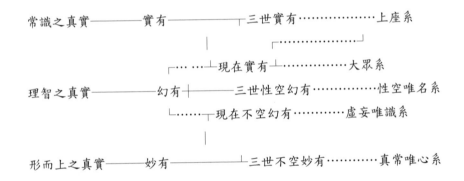

從探究部派佛學理論的發展可以得知，原本隱含於印度宗教哲學中的幻觀在初期並不發達（印度宗教哲學中的幻觀因涉及古印度六派哲學，不在此探討），此一階段的人文發展重心以一切有部一枝獨秀，「三世實有」成為顯學。「無」的哲學成為隱性概念，卻是一個重要基礎，瑜伽行派到唯識學派成立都與此淵源甚深，《般若經》中在蘊界處中以「假名」論出，打下空觀的基礎，待大乘佛教起，則「空」的哲學大盛，莫不依「中觀」、「唯識」二大軸線發展，形成大乘佛學之幻觀。

有關如幻的語言概念及形成之哲學系統，涵涉範圍包括古印度吠陀思

1　《大般若波羅蜜多經（第1卷～第200卷）》卷85〈26學般若品〉：「菩薩摩訶薩知一切法但假名已，應學般若波羅蜜多。」（CBETA, T05, no. 220, p. 475, a14-16）。

2　印順（1988）。《印度之佛教》，頁305。台北市：正聞出版社。

想、奧義書哲學、吠檀多學派及原始佛教哲學。印度摩耶[3]思想的探討在諸多著述中多有著墨，本文擬進一步試圖從大乘般若經中，遍選與如幻有關之法義，從義理及如幻思想在大乘般若經中，闡釋如幻思想的重要與在經中之普遍性，並對此現象加以說明。大乘佛法的精華以「法空」為主，此乃針對小乘的「法有」思想而提出的，亦是古來學者們所共識者。大乘佛法雖有所謂「有宗」如唯識、真常（如來藏）者，然而此所謂「有宗」無非以異門而闡述「法空」思想。首先闡揚、特別努力闡揚「法空」思想的，則非諸多「般若」經莫屬。而將《般若經》加以消化、整理，而成為龐大體系的，則是被各宗派共推為「共祖」的龍樹菩薩。本篇論文是希望透過閱讀並歸納各家對於《般若經》中如幻思想的相關詮釋，來說明「法空」的思想是如何興起，乃至其真實的意義為何？當然在分析般若思想對夢幻的說明之前，我們必須澄清，在大乘三系諸多經典中，也都有提到夢幻的思想，但其中所說夢幻是站在諸法生滅無常的立場來看它的夢幻性，例如《普曜經》中說：

> 「天下有眼未必色故也，觀色無常；痛癢想行識亦復無常。無常苦空非身之義，非我非彼，未有好道如樂色者。明士達之，色如聚沫，痛癢如泡，思想如芭蕉，行亦如夢，識喻如幻，三界如化，一切無常不可久保。」[4]

而這種無常性的夢幻並不是這裡所要討論的，在此先予以說明。

關鍵詞：幻、摩耶、般若經、中觀、空、生死

一、般若中觀系理論對如幻的詮釋

從般若中觀系統對幻、夢的詮釋來看，在經典中，對幻、夢、水中月等十喻的引用極多，所切入的角度也包含了不同的面向，在此略舉數則般若經典為例證：

---

[3] 摩耶，梵名Mahamaya，巴利名同，又作摩訶摩耶、摩訶摩邪，意譯大幻化、大術、妙。
[4] 《普曜經》卷8〈26佛至摩竭國品〉（CBETA, T03, no. 186, p. 533, a8-13）。

「所說如幻、如夢、如響、如光、如影、如化、如水中泡、如鏡中像、如熱時炎、如水中月，常以此法用悟一切」[5]

「世尊！我於如幻、如夢、如像、如響、如光影、如空華、如陽焰、如尋香城、如變化事、五取蘊等，不得不見若集若散，云何可言此是如幻等五取蘊等？」[6]

「復次，善現！譬如幻事、夢境、響像、陽焰、光影，若尋香城、變化事等但是假名，如是名假不生不滅，唯有想等想，施設言說謂為幻事乃至變化事等。如是一切但有假名，此諸假名不在內不在外不在兩間，不可得故。如是，善現！若菩薩摩訶薩、若般若波羅蜜多、若此二名皆是假法，如是假法不生不滅，唯有想等想，施設言說謂為菩薩摩訶薩、謂為般若波羅蜜多及此二名。如是三種但有假名，此諸假名不在內不在外不在兩間，不可得故。如是！善現！諸菩薩摩訶薩修行般若波羅蜜多時，於一切法名假、法假及教授假，應正修學。」[7]

再舉龍樹菩薩的中觀思想來說明。龍樹菩薩在《中論》的第一首偈頌，就開宗明義的以「不生亦不滅，不常亦不斷，不一亦不異，不來亦不出」的「八不」來說明中道思想。然後從觀察「四門不生」——不自生、不他生、不共生、不無因生的立場下，觀破諸法因成假、相待假、相續假，來斥除眾生對法的執有真實性。又在〈四諦品〉中，用「眾因緣生法，我說即是空，亦為是假名，亦是中道義」建立三諦的思想，提出緣起中道義的觀念。

我們可以看到，在中論二十七品中，龍樹菩薩大部分都是從四門不生破三假的歷法而觀的立場，來觀破諸法。可是在三相品、業品、顛倒品這三品的頌文中，卻引用了幻、夢、鏡中像等譬喻來說明當前生命境界的不實在性：

5　《放光般若經》卷1〈1放光品〉（CBETA, T08, no. 221, p. 1, a19-21）。

6　《大般若波羅蜜多經001-200卷》卷37〈9無住品〉（CBETA, T05, no. 220, p. 204, b19-22）。

7　《大般若波羅蜜多經001-200卷》卷11〈7教誡教授品〉（CBETA, T05, no. 220, p. 58, a26-b9）。

「如幻亦如夢　如乾闥婆城　所說生住滅　其相亦如是」[8]

「如世尊神通　所作變化人　如是變化人　復變作化人

如初變化人　是名為作者　變化人所作　是則名為業

諸煩惱及業　作者及果報　皆如幻與夢　如炎亦如嚮」[9]

「色聲香味觸　及法體六種　皆空如炎夢　如乾闥婆城

如是六種中　何有淨不淨　猶如幻化人　亦如鏡中像」[10]

　　這說明了，在破三假的觀察下，龍樹菩薩觀破了眾生對法的執著之後所呈現的，正是這種如夢如幻的生命境界；而且它可以透過幻、夢等譬喻，在我們的生命境界之中陳述。也就是說，中觀所說的夢幻是從諸法造作的虛假（不實），即從法的不生而假現（名）的立場來說明夢幻的層次。也可以延伸為，中觀裡所說的「業」等如夢幻，這夢幻背後的本質，是所謂中道空性而假觀的幻境，至此就呼應了不生不滅的緣起中道思想。

二、如幻於般若經的意涵之一：空

(一)《般若經》與《中論》以「幻」等來譬喻一切法空

　　「空」是佛教最重要的一個觀念。大、小乘對它的看法，不盡相同。大乘的空論，確有其特色；它的特色也應可表示大乘思想的特色。《般若經》的空義規定於無自性；它和現象世界的關係，是不偏向捨離，相當重視世間法。這是與小乘不同之處。關於不偏向捨離一點，其明顯表示，在於《心經》的名句「色即是空，空即是色」。這色空相即，實顯示《般若經》要本著現象世界是無自性因而是空這一基本認識，與不離現象世界的基本態度，來顯示現象與空之間的互相限制、相即不離的關係。這不偏向捨離一點，

8　《中論》卷2〈7觀三相品〉（CBETA, T30, no. 1564, p. 12, a23-24）。

9　《中論》卷3〈17觀業品〉（CBETA, T30, no. 1564, p. 23, b27-c3）。

10　《中論》卷4〈23觀顛倒品〉（CBETA, T30, no. 1564, p. 31, b16-19）。

也極其顯明地表示於《小品般若經》中，所謂「不壞假名而說實義」，稍後我們會就這部分做個補充。在《般若經》中，「空」與「幻」經常並用或通用，達到了「幻」即是「空」，「空」即是「幻」的程度，許多般若類經中均可看到這種情況，這之中有些可能與翻譯選詞有關（漢譯《般若經》中有些可能將「空」譯成「幻」），有些則原本就是兩詞（「空」與「幻」並用）。如：

佛言：「我故自問，若隨所報之。於須菩提意云何，幻與色有異無？幻與痛痒思想生死識有異無？」須菩提報佛言：「爾天中天！幻與色無異也，色是幻，幻是色，幻與痛痒思想生死識等無異。」[11]

「須菩提！於汝意云何，阿耨多羅三藐三菩提與幻有異不？」「不也，世尊！何以故？色不異幻、幻不異色，色即是幻、幻即是色。世尊！受想行識不異幻、幻不異受想行識，識即是幻、幻即是識。世尊！眼不異幻、幻不異眼，眼即是幻、幻即是眼。眼觸因緣生受乃至意觸因緣生受，亦如是。世尊！四念處不異幻、幻不異四念處，四念處即是幻、幻即是四念處。乃至阿耨多羅三藐三菩提不異幻、幻不異阿耨多羅三藐三菩提，阿耨多羅三藐三菩提即是幻、幻即是阿耨多羅三藐三菩提。」[12]

在這兩段中的「幻」一詞可以用「空」一詞替換，意義無變化。儘管在《般若經》中「幻」與「空」兩詞常通用，但應說般若理論中的「空」的實際（主要）含意與一般人們說的「幻」還是有一定差距的。般若理論中的「空」的主要意義不是指絕對的「虛無」，與方廣部等的「趣空」有差別。般若中觀的「空」包含著「假有」的意義，而一般人們所謂的「幻」則有偏於「空無」的方面。「幻」還表明了從主觀認識方面論「空」的意義。這也是用「幻」與「空」的差別。「佛法」是面對生死流轉的現實，經修持而達涅槃理想的實現。「大乘佛法」還是面對這一現實，要解脫生死而又長在生死中度脫眾生，達到究竟涅槃。般若本為「佛法」達成解脫的根本法門，但

---

[11] 《道行般若經》卷1〈1道行品〉（CBETA, T08, no. 224, p. 427, a17-21）。

[12] 《摩訶般若波羅蜜經》卷4〈11幻學品〉（CBETA, T08, no. 223, p. 239, c5-16）。

要解脫而不捨生死，不著生死而不急求證入涅槃，大乘的般若波羅蜜多，就與「佛法」有點不同了。如《般若經》所說的「一切法空」，就充分表示了這一特色。《阿含經》與部派佛教（上座系），對於「空」的意義，諸行空是：「常空，恆空，不變易法空，我我所空」，空是無我、無我所的意思。涅槃空是：「一切諸行空寂，不可得，愛盡，離欲，（滅），涅槃」。依此佛教的早期定義，空在《般若經》中的意義（位階），也就可以明白。以下引述幾段經文做說明：

　　甚深相者，即是空義，即是無相，無作無起，無生無滅，無所有，無染寂滅，遠離涅槃義。「世尊！但是空義，乃至涅槃義，非一切法義耶？」「須菩提！一切法，亦是甚深義。何以故？須菩提！色甚深，受、想、行、識甚深。云何色甚深，如如甚深？云何受、想、行、識甚深，如如甚深？須菩提！無色，是色甚深；無受、想、行、識，是識甚深。」須菩提言：「希有，世尊！以微妙方便，障色示涅槃，障受、想、行、識示涅槃。」……我不說一切法空耶？」「世尊說耳。」「須菩提！若空即是無盡，若空即是無量。是故此法義中無有差別。須菩提！如來所說無盡無量，空無相，無作無起，無生無滅，無所有，無染涅槃，但以名字方便故說。」須菩提言：「希有，世尊！諸法實相不可得說，而今說之。世尊！如我解佛所說義，一切法皆不可說。」「如是，如是！須菩提！一切法皆不可說。須菩提！一切法空相，不可得說。」[13]

　　「深奧處者，空是其義，無相、無作、無起、無生、（無滅）、無染、寂滅、離、如、法性（[界]）、實際、涅槃。須菩提！如是等法，是為深奧義。……希有世尊！微妙方便力故，令阿惟越致菩薩摩訶薩，離色（等一切法）處涅槃」。「我不常說一切法空耶？須菩提言：世尊！佛說一切法空。世尊！諸法空即是不可盡、無有數、無量、無邊。……佛以方便力故分別說，所謂不可盡、無數、無量、無邊、無著、空、無相、無作、無起、無生、無滅、無染、涅槃，佛種種因緣以方便力說。……一切法不可說，一切

---

[13] 《大智度論》卷74〈57燈炷品〉（CBETA, T08, no. 227, p. 566, a7-c25）。

法不可說相即是空,是空不可說」[14]

「甚深義處,謂空、無相、無願、無作、無生、無滅、寂靜、涅槃、真如、法界、法性、實際,如是等名甚深義處。善現當知!如是所說甚深義處種種增語,皆顯涅槃為甚深義。」[15]

「如來甚奇微妙方便,為不退轉地菩薩摩訶薩遮遣諸色顯示涅槃」[16]

「佛告善現:「我先豈不說一切法皆自性空?」善現對曰:「佛雖常說一切法皆自性空,而我亦已了,而諸有情不知、見、覺,故我今者復作是問。世尊!一切法自性空即是無盡,亦是無數,亦是無量,亦是無邊。世尊!一切法自性空中,盡不可得、數不可得、量不可得,邊不可得,由此因緣無盡無數無量無邊,若義若文俱無差別。」佛告善現:「如是!如是!如汝所說。無盡無數無量無邊,若義若文俱無差別,皆共顯了諸法空故。善現!一切法空皆不可說,如來方便說為無盡,或說無數,或說無量,或說無邊,或說為空,或說無相,或說無願,或說無作,或說無生,或說無滅,或說離染,或說寂滅,或說涅槃,或說真如,或說實際,如是等義皆是如來方便演說。」爾時,善現復白佛言:「世尊!甚奇方便善巧諸法實相不可宣說,而為有情方便顯示。世尊!如我解佛所說義者,一切法性皆不可說。」佛告善現:「如是!如是!一切法性皆不可說。何以故?一切法性皆畢竟空,無能宣說畢竟空者。」」[17]

上列幾則經文,包括鳩摩羅什譯的《小品般若波羅蜜經》及羅什所譯的《摩訶般若波羅蜜經》;另有玄奘所譯《大般若經》的〈第二分〉。經文的意義,大致相同,經的上文,說阿惟越致(avaivartika)——不退轉菩

---

[14] 《摩訶般若波羅蜜經》卷17〈57深奧品〉(CBETA, T08, no. 223, p. 344, a7-p. 345, c13)。

[15] 《大般若波羅蜜多經401-600卷》卷449〈55甚深義品〉(CBETA, T07, no. 220, p. 269, a5-9)。

[16] 《大般若波羅蜜多經401-600卷》卷450〈55 甚深義品〉(CBETA, T07, no. 220, p. 269, c8-10)。

[17] 《大般若波羅蜜多經401-600卷》卷450〈55甚深義品〉(CBETA, T07, no. 220, p. 271, c7-27)。

薩，然後說甚深義，空、無相等。這種種名字，都是涅槃（nirvāṇa）的異名，這是以甚深涅槃為主題的。所以說：為不退菩薩，遮遣（或譯「障」、「離」、「除」）色等一切法而顯示涅槃。這樣，空與無相等相同，都是涅槃的異名之一；這種種異名，可分為三類：一、無生、無滅、無染、寂滅、離、涅槃：《阿含經》以來，就是表示涅槃（果）的。二、空、無相、無願，是三解脫門。「出世空性」與「無相界」，《阿含經》已用來表示涅槃。三解脫是行門，依此而得（解脫）涅槃，也就依此來表示涅槃。三、真如、法界、法性、實際：實際是大乘特有的；真如等在《阿含經》中，是表示緣起與四諦理的。到「中本般若」，真如等作為般若體悟的甚深義。這三類——果，行，理境，所有的種種名字，都是表示甚深涅槃的。接著說：如菩薩思惟修習，不離甚深般若，得無量無數功德。什麼是無量、無數？是超越數量的空義。所以說：「我不常說一切法空耶」，法空相，如來說為空、無相、寂滅、涅槃、真如、實際等。一切法性是不可說的，「一切法不可說相即是空，是空不可說」。空性也是不可說的，說為涅槃、真如等，都不過是如來的方便假說而已。這段文中，空與涅槃，都是其中的一名，而歸於一切法空，這是以一切法空性（sarvadharma-śūnyatā）為主題的。

除了上引經說外，另引述一段經文：

「菩薩得無生法忍，入第八地，入不動地。……住不動地，一切心意識不現在前，乃至佛心、菩提心、涅槃心尚不現前，何況當生諸世間心！佛子！是菩薩隨順是地，以本願力故；又諸佛為現其身，……皆作是言：善哉！善哉！善男子！……一切法性，一切法相，有佛無佛常住不異，一切如來不以得此法故說名為佛，聲聞、辟支佛亦得此寂滅無分別法。……若諸佛不與菩薩起智慧門者，是菩薩畢竟取於涅槃」[18]

八地菩薩就是不退轉地菩薩。八地得無生法忍，悟入寂滅無分別法，這是二乘也能得到的。如菩薩的本願力不足，沒有諸佛的勸發，那是要證入涅槃，退落而與二乘一樣的。經佛的勸發，菩薩這才從般若起方便，起如幻三

---

[18] 《大方廣佛華嚴經》卷26〈22十地品〉（CBETA, T09, no. 278, p. 564, b15-16）。

昧，作利益眾生的大業，莊嚴功德圓滿而成佛。《小品般若波羅蜜經》說：

「菩薩行般若波羅蜜，應觀色空，應觀受、想、行、識（等一切法）空。應以不散（亂）心觀法，無所見亦無所證。……菩薩具足觀空，本已生心（即「本願」）但觀空而不證空：我當學空，今是學時，非是證時，不深攝心繫於緣中。……菩薩緣一切眾生，繫心慈三昧，……過聲聞、辟支佛地，住空三昧而不盡漏。須菩提！爾時菩薩行空（無相、無願）解脫門，而不證無相，亦不墮有相」[19]

《般若經》的法空性。是依佛說的甚深涅槃而說的。當然，《般若經》理論的提出由於主要是針對部派佛教中的說一切有部的實有論，因而實際較側重破「有見」。《般若經》中的「幻」說，雖與方廣部的「幻」說有區別，但亦有某些相似處，如《金剛經》中被人們稱為精要的偈頌說：

「一切有為法，如夢、幻、泡、影，如露亦如電，應作如是觀。」[20]

如夢、幻、泡、影、露、電等雖為假相，但都是轉瞬即逝。它們呈現出來時固然是假相，但呈現的時間很短，消失後又如何呢？因為沒有關於轉化的表述。因而，《般若經》中有關「幻」的描述（譬喻）與其對「空」的嚴格成熟的定義仍有一定的差別。即般若的「空」既否定有部等的實有論（有見），亦不同於方廣部的絕對的「空無」或「虛無」（無見或空見），是我們應該要注意到《般若經》中這種「空幻」理論的兩面性。此外《般若經》中的「空」偏重於外部事物的性質或特性，而「幻」則包含有主觀認識（對外部事物的主觀認識）的性質。

《般若經》中的「空」與「幻」儘管有著上述的一些差別，但二者的相同方面還是主要的，即無論是「空」或「幻」，其中多少貫穿著一點「中道」精神。《般若經》中談「空」時，一般是指假有之「空」，並不是絕對的「空無」或「虛無」；說「幻」時也是講到有虛假現象的存在，而非指從

---

[19] 《小品般若波羅蜜經》卷7〈18伽提婆品〉（CBETA, T08, no. 227, p. 568, c20）。

[20] 《金剛般若波羅蜜經》卷1（CBETA, T08, no. 235, p. 752, b28-29）。

來不出現的事物之「幻」。換言之，《般若經》中無論在談「空」時，還是在說「幻」時，都暗含著對某種形式上的「有」的肯定。

(二)幻化等譬喻之意義

◆《中論》對幻化喻之解說

《般若經》與龍樹，是這樣解說的，「如世尊神通，所作變化人；如是變化人，復變作化人……皆如幻與夢，如炎亦如響。」[21]這個世界是幻化的，只不過是心的迷妄而已。因此，雖說變化人，但其生起是只從如幻的存在而生起了如幻的存在而已，從變化人再起變化人的譬喻，只是為了說明，能幻化者與所幻化事。幻化等譬喻，是譬喻眾緣所生法的；一切法是緣起的，所以一切如幻化即一切皆空。

◆《大智度論》對幻化等譬喻之解說

「空」既是無自性的，也是假名有的，因此一切的法如幻化等，不僅僅是譬喻空的，也同樣譬喻世俗有。例如：

1. 是十喻，為解空法故。……諸法相雖空，亦有分別可見、不可見。譬如幻化象、馬及種種諸物，雖知無實，然色可見、聲可聞，與六情相對，不相錯亂。諸法亦如是，雖空而可見、可聞，不相錯亂。[22]
2. 諸法雖空而有分別，有難解空，有易解空。今以（幻化等）易解空，喻（根、境、識等）難解空。……有人知十喻（是）誑惑耳目法，不知諸法空故，以此（十喻）喻諸法。若有人於十譬喻中，心著不解，種種難論，以此為有；是十譬喻不為其用，應更為說餘法門。[23]

就如同印順導師所說：「幻化等譬喻，表示一切法是無自性空的，然在世俗諦中，可見、可聞，是不會錯亂的。世俗法中，因果、善惡、邪正，是

---

[21] 同註6。

[22] 《大智度論》卷6〈1序品〉（CBETA, T25, no. 1509, p. 101, c10-22）。

[23] 《大智度論》卷6〈1序品〉（CBETA, T25, no. 1509, p. 105, c1-10）。

歷然不亂的，不壞世間法相。在世間所知中，知道有些是空無有實的，如幻化等；但有些卻不容易知道是空的，所以說易解空——十喻，比喻難解的虛偽不實。譬喻，應該理解說譬喻者的意趣所在！所以對那些以為沒有幻事而有幻者，沒有夢境而有夢心；有的以為夢境也是有的，不過錯亂而已。不能理會說譬喻者的用心，專在語文上辨析問難，譬喻也就無用了！」[24]

(三)一切法「如幻如化」與「不如幻如化」

◆為新發意菩薩說：涅槃「不如幻如化」

一切法皆如幻如化，那麼也有不如幻如化的嗎？若依照經文，是有相關的說法，不過是「不了義」的。例如：

「佛告須菩提：『若有法生滅相者，皆是變化。』須菩提言：『世尊！何等法非變化？』佛言：『若法無生無滅，是非變化。』須菩提言：『何等是不生不滅非變化？』佛言：『不誑相涅槃，是法非變化。』」[25]

「世尊！如佛自說諸法平等，非聲聞作、非辟支佛作、非諸菩薩摩訶薩作、非諸佛作；有佛無佛，諸法性常空。性空即是涅槃，云何言涅槃一法非如化？」佛告須菩提：「如是，如是！諸法平等，非聲聞所作乃至性空即是涅槃。若新發意菩薩聞是一切法畢竟性空，乃至涅槃亦皆如化，心則驚怖。為是新發意菩薩故，分別生滅者如化，不生不滅者不如化。」[26]

這是為新發意菩薩所說的不了義教。

◆般若法門的究竟說：一切法如幻如化，涅槃亦如幻如化

《小品般若經》說一切法如幻如夢：「我說涅槃亦如幻如夢。……設復有法過於涅槃，我亦說如幻如夢。」[27]一切法性空，一切法如幻，是般若法

---

24 印順（1985）。《空之探究》，頁263。台北市：正聞出版社。

25 《摩訶般若波羅蜜經》卷26〈87如化品〉（CBETA, T08, no. 223, p. 416, a2-6）。

26 《摩訶般若波羅蜜經》卷26〈87如化品〉（CBETA, T08, no. 223, p. 416, a6-14）。

27 《小品般若波羅蜜經》卷1〈2釋提桓因品〉（CBETA, T08, no. 227, p. 540, c14-15）。

門的究竟說。《般若經》中提過十種存在的平等性，用十種平等性而談一切存在之如實性（真實相），由於體會這「真實相」，而能夠進入究竟境界之涅槃。

(四)說「有為自性異無為自性」與「不離有為而有無為」之意趣

◆為新學者說：「有為自性異無為自性」

大乘法中，如對一切有為（生滅）法，說無為自性，無為自性與有為法異，那也是為新發意菩薩所作的不了義說。如《摩訶般若波羅蜜經》卷10〈法稱品〉說：

「復次，世尊！有二種法相：有為諸法相、無為諸法相。云何有為諸法相？所謂內空中智慧乃至無法有法空中智慧，四念處中智慧乃至八聖道分中智慧，佛十力、四無所畏、四無礙智、十八不共法中智慧，善法中不善法中、有漏法中無漏法中、世間法中出世間法中智慧，是名有為諸法法相。云何名無為諸法法相？若法無生無滅、無住無異、無垢無淨、無增無減諸法自性。云何名諸法自性？諸法無所有性是諸法自性。是名無為諸法相。」[28]

以上經文，分別有為法相與無為法相，無為法性就是諸法自性。有為法外別立的諸法自性，不生不滅，不垢不淨，不增不減，與《入中論》[29]所確立的勝義自性相當。

◆般若、中觀的究竟說：「不離有為而有無為」

《大智度論》卷59解說為：

---

[28] 《摩訶般若波羅蜜經》卷10〈37法稱品〉（CBETA, T08, no. 223, p. 292, b17-27）。

[29] 又譯作入中觀論。為具緣派中觀宗之大成者月稱所著。其內容敘述具緣派中觀宗之教義大綱，解釋並闡明龍樹所著之中觀論。本頌三二九頌，中有自註。內容結構乃據十地經而來；前十品為十波羅蜜之解說，其後再加二品，則成十二品。其中第六品闡述具緣派中觀宗之學說甚詳，講解慧度、抉擇二諦，盛破唯識，為本論之中心。

　　「有為善法是行處，無為法是依止處；餘無記、不善法，以捨離故不說。此是新發意菩薩所學。」[30]

　　佛為引導眾生，依二諦說法，說生死與涅槃，有為與無為，緣起與空性。其實，有為即是無為，生死即為涅槃，緣起即是空性。《中論》所說，此無自性的如幻緣起，即是空性，即是假名，為般若法門的究竟說。

三、《般若經》所呈現的生死（解脫道）義理

(一)勝義諦中畢竟空

　　我們可以這樣說諸法如流水燈焰，剎那變化不住，只是根境識和合依因托緣暫時呈現的幻相，才剛生起即已消逝不見，沒有一個「固定不變的住相」可以被我們掌握住來討論它。一法如此，其餘一切的一一法也是如此，每一法的生、滅，有、無，常、斷，一、異，去、來……是不可討論的，無從討論起，不知從何談起，它們是「不可思議的」——因為無法思議，它們是不可說的，唯能默覺。我們如果對它們很當真，很認真地去討論它們，給它們各種名言概念，這就是戲論。如果我們對這件事深切地體會，就不會對它們產生戲論，當這種觀察、思惟、感受能推衍遍及於一切法，諸如身體、健康、快樂、痛苦、愛情、財富、幸福、妻兒、天堂、地獄、道德、善惡、生存、死亡……等一切色、受、想、行、識的內容，我們就較容易了解什麼是「諸法畢竟空」、「戲論滅盡」的境界。這也是為什麼龍樹菩薩在《中論》開宗明義就說：「不生亦不滅，不常亦不斷，不一亦不異，不來亦不出，能說是因緣，善滅諸戲論，我稽首禮佛，諸說中第一。」[31]生滅常斷一異去來的概念是我們自己安立給現象的，現象的本身本來是不生不滅的，因此經典會說「一切本不生（不滅）」，一切法是「無生（無滅）」，以

---

[30]　《大智度論》卷59〈37校量舍利品〉（CBETA, T25, no. 1509, p. 480, c10-13）。

[31]　《中論》卷1〈1觀因緣品〉（CBETA, T30, no. 1564, p. 1, b17）。

「無」來表示「畢竟空」。《心經》上說：「是諸法空相，不生不滅，不垢不淨，不增不減，是故空中無色，無受想行識，無眼耳鼻舌身意，無色聲香味觸法，無……無苦集滅道，無智亦無得，以無所得故。」[32]就是在描述「畢竟空」的境界。經上所說：「『無眼耳鼻舌身意、無色受想行識，無苦集滅道，無無明亦無無明盡……』統統都是在描述不可說──『零』的心境（經驗）。人們因為不守『本分』──零，從而無端、衝動的生起一念，於是才有種種戲論。」唯證乃能相應，只能夠默照。一切言語、概念還沒出現的時候，人只是活在明覺的世界而已！這種明覺的世界，經典上給它的名稱，叫做「真如」。但是，因為眾生不守本分，不能安住在真如之中，才製造出種種的概念，而一切於焉產生。無論名詞是「畢竟空」、「戲論滅盡」、「一切本不生」、「零」、「真如」，它們所表達的意涵都是相同的，都是要告訴我們，一切的現象都是依因托緣而生的──緣生，緣生即幻生，幻生即無生。由於這種意涵不易領會，故經典上常用「如夢如幻」來形容，使人們易於了解。用夢幻來譬喻世間，是因為夢幻為人人皆有的經驗，較易於了解；《中論》〈觀三相品〉說：「如一切諸法，生相不可得，以無生相故，即亦無滅相。」[33]即是說一切法無生無滅。同品又說：「如幻亦如夢，如乾闥婆城，所說生住滅，其相亦如是。」[34]〈觀業品〉也提到：「諸煩惱及業，作者及果報，皆如幻如夢，如燄亦如響。」[35]這也是以易解空──「如夢如幻」來形容難解空──「無生」、「勝義畢竟空」。不論以「無生」或「夢」、「幻」那一種方式來說明，目的都是為了讓我們體會所有的一切現象都只是根境識和合暫時呈現的幻相，我們若不知它們只是幻相，會產生「實在感」──自性見戲論，對它們很在意，很當真而產生顛倒夢想和憂悲苦惱──也就是「無明」與「渴愛」。而此種無明與渴愛會形成一種慣性，使我們繼續輪迴。當一個人對緣起、緣生法有正見，或說能現觀

---

[32] 《般若波羅蜜多心經》卷1（CBETA, T08, no. 251, p. 848, c14-15）。

[33] 《中論》卷2〈7觀三相品〉（CBETA, T30, no. 1564, p. 11, c17-18）。

[34] 《中論》卷2〈7觀三相品〉（CBETA, T30, no. 1564, p. 12, a23-24）。

[35] 《中論》卷3〈17觀業品〉（CBETA, T30, no. 1564, p. 23, c2-3）。

一切法如夢幻時，他就不會被一切世間之緣生緣滅的幻相所欺騙，即使面對重病、死亡時亦然，「心無罣礙，無有恐怖，遠離顛倒夢想」。在《雜阿含經》也可見到：

> 「……多聞聖弟子於此因緣法、緣生法正知善見，不求前際，言：『我過去世若有、若無？我過去世何等類？我過去世何如？』不求後際：『我於當來世為有、為無？云何類？何如？』內不猶豫：『此是何等？云何有此為前？誰終當云何之？此眾生從何來？於此沒當何之？』若沙門、婆羅門起凡俗見所繫，謂說我見所繫、說眾生見所繫、說壽命見所繫、忌諱吉慶見所繫，爾時悉斷、悉知，斷其根本，如截多羅樹頭，於未來世，成不生法。是名多聞聖弟子於因緣法、緣生法如實正知，善見、善覺、善修、善入。」[36]

以上的經文就是在說明，對緣起有洞見的聖者，對於緣生緣滅的生命之流，是不會有戲論，邪見的。

(二)世俗諦中假名有

前面是談「勝義諦中畢竟空」，接下來我們談「世俗諦中假名有」。如果對於一切法無自性的理趣通達，一方面會體會戲論滅盡的畢竟空，另一方面同時對於「世俗假名有」也很容易掌握。剛才提到，由於諸法是根境識和合暫時呈現的幻相，在勝義諦中，一個正觀緣起的人深知諸法無法可論，因為要討論它，必須它是真實的，才能成為被討論之對象。但它是和合的假相，要論議它，也只是隨順一般世俗的說法。「假名」梵語是prajñapti，義譯為「假」、「假名」、「施設」、「假施設」，有約定俗成的含義。「世俗假名有」是說一切法只因我們的思想、名言概念而存在，只因我們的方便施設而才有生、滅，一、異，常、斷，來、去的意義。「施設」有因約定俗成而有的正確施設與因自性見顛倒而有的錯誤施設，前者稱之為「方便」，後者稱之為「戲論」。《般若經》及中觀皆認為一切法，包括色、受、想、行、識及眼、耳……意等蘊、處、界一一法，一切但有假名——「假施

---

[36] 《雜阿含經》卷12（CBETA, T02, no. 99, p. 84, b26-c9）。

設」，沒有實性。以前面所述「根境識和合」之原理來看，凡是能被我們認識的，不論它是五蘊和合體，還是此和合體之組成成分，譬如色、受、想、行、識等一一法，皆不離根境識之和合，因此必然是無實性的，唯有假名。所謂的假施設有其層次性，《摩訶般若波羅蜜經》說：

> 「菩薩摩訶薩行般若波羅蜜，名假施設、受假施設、法假施設，如是應當學」[37]

《大智度論》（〈卷四〉大正二五・三五八中）內有解說此三種施設之意義：色、受、想、行、識等法，是「法假施設」；五蘊和合而成的眾生，如同根、莖、枝、葉，和合名為樹，是「受假施設」；用來稱說法與受假施設兩法相的名字，則為「名字假施設」[38]。《大智度論》說：

> 「行者先壞名字波羅聶提，到受波羅聶提；次破受波羅聶提，到法波羅聶提；破法波羅聶提，到諸法實相中。諸法實相，即是諸法及名字空般若波羅蜜。」[39]

這就是以遍觀諸法如夢如幻的空觀次第深入諸法畢竟空，但有假名的證悟。總而言之，「世俗諦中假名有」之領悟會隨著「勝義諦中畢竟空」之領悟而平行發展的，畢竟它們是現象──諸法實相，一體之兩面。此二者可以「一切法無自性」來統合，而「諸法是根境識和合而呈現的」這一般若中觀的根本理趣是體會「一切法無自性」的一種契入方便。

---

[37]《摩訶般若波羅蜜經》卷2〈7三假品〉（CBETA, T08, no. 223, p. 231, a19-21）。

[38] 譬如說，我們看見一隻老虎，不知道它只是一種「受假施設」──一種「假」的法「相」，因而產生實在感，再因之引發恐怖。接著我們安立名言概念給這個假相，稱之為「老虎」，這就是「名字假施設」。我們甚至會對名字假施設都會生起實在感，聽到「老虎」之名就引起恐懼也說不定。「名假」的實在感易破除，但法與受假施設──「相假」的實在感的破除就不是那麼容易了。

[39]《大智度論》卷41〈7三假品〉（CBETA, T25, no. 1509, p. 358, c5-8）。

四、結語

在西方哲學思考上，人的「異化」（alienation）是人文一大問題，如何返歸自然，不免要解決本體上的問體，事實上這一問題卻懸而未決，總是在心物一元、二元之間擺盪，既不知有梵，又第一因只能假設，不可探得。人變成宇宙間之遊子，離自然越遠就愈增鄉愁，事實上，因為思想的侷限性[40]，所有的設想都是「入海算沙，徒自困」[41]而已，證明哲學探討的有限性，不如信仰之落實。中印人文系統之發達，在幻觀上已臻成熟之境，故以摩耶論而求解脫，乃生死實踐之學也。人類思想的本身，其自性見及邊見之執著，已成為理性思維之根本缺陷，但是同時又是人類在認識過程中所必須具備之條件。換句話說，在人類的理性思維當中，幾乎已經成為了不可缺之先天形式（apriori），其根深柢固程度，已非偶然[42]。空幻並不代表消極的虛無主義，雖然有此風險。也就是說，除非你不了解空義或摩耶戲論；知道本來無一事，才會走向虛無。佛法中「幻」這個字，廣泛的被各宗派所用來說明真實空性與當前生命境界的關係。是因為「幻」與當前生命境界具有幾個相同的特質：首先是它在生命境界中是存有的；其次是在存有的當下它卻是虛假不真實的；最後它同時具備實有與虛假不實的可變異性。所以，站在龍樹的立場，「幻」是一種非常容易讓我們理解空性的一個譬喻：第一，在生命境界的非實有，可以表現空的部分；第二，其非不有性可以表現假觀的部分；第三，從既非實有又非不有的特質，可以代表中道的立場。空性就在我們現前當下，就在「幻」這麼一個虛幻，若有若無的譬喻中展現出來。此外這種「中道」的思想告訴我們，雖然一切的事物都是「空」的，但是我們

---

[40] 見黃俊威（1995）。《無我與輪迴》，頁286。中壢市：圓光出版社。

[41] 《永嘉證道歌》卷1：「分別名相不知休。入海算沙徒自困。」（CBETA, T48, no. 2014, p. 396, c6）；《楞伽阿跋多羅寶經》卷1：「至於像法末法之後。去聖既遠。人始溺於文字。有入海算沙之困。而於一真之體。乃漫不省解。」（CBETA, T16, no. 670, p. 479, a14-16）。

[42] 同註40。

不可以因此掉入悲觀，相反的，我們更應該積極的入世。生命實相，不是任憑想像，更不是幻滅後的精神虛脫，只是真誠的面對，人生最大悲劇，莫過無明而不自知，陷於輪迴永不得出。

參考文獻

一、專書

黃俊威（1995）。《無我與輪迴》。中壢：圓光出版社。

康樂、簡惠美譯（1996）。Max Weber著。《印度教與佛教》。台北市：遠流出版社。

高觀盧譯（2001）。木村泰賢、高楠順次郎著。《印度哲學宗教史》。台北市：商務出版印書館。

林太、馬小鶴譯（1998）。中村元著。《東方民族的思維方法》。台北市：淑馨出版社。

孫晶（2002）。《印度吠檀多不二論哲學》。北京市：東方出版社。

孫晶（2015）。《印度六派哲學》。北京市：中國社會科學出版社。

印順（1988）。《印度之佛教》。台北市：正聞出版社。

印順（2010）。《空之探究》。台北市：正聞出版社。

二、藏經（CBETA電子佛典集成2018）

《雜阿含經》大正新脩大藏經第02冊No.0099，阿含部

《大般若波羅蜜多經》大正新脩大藏經第07冊No.0220h，般若部

《金剛般若波羅蜜經》大正新脩大藏經第08冊No.0235，般若部

《般若波羅蜜多心經》大正新脩大藏經第08冊No.0251，般若部

《摩訶般若波羅蜜經》大正新脩大藏經第08冊No.0223，般若部

《大乘理趣六波羅蜜多經》大正新脩大藏經第08冊No.0261，般若部

《入楞伽經》大正新脩大藏經第16冊N0.0671，經集部

《中論》大正新脩大藏經第30冊No.1564，中觀部

《大乘二十頌論》大正新脩大藏經第30冊No.1576，中觀部

《般若燈論釋》大正新脩大藏經第30冊No. 1566.中觀部

《大般涅槃經》大正新脩大藏經第12冊No. 0375，涅槃部

《六度集經》大正新脩大藏經第03冊No. 0152，本緣部

《佛本行集經》大正新脩大藏經第03冊N0.0190，本緣部

《龍樹菩薩傳》大正新脩大藏經第50冊No. 2047a，史傳部

《摩訶止觀》大正新脩大藏經第46冊No. 1911，諸宗部

三、學術論文

黃俊威（1997），〈佛教的「極微論」與「反極微論」之諍〉——以說一切有部的「法體恆存論」與中觀學派的「無自性」觀念為中心，第一次儒佛會通學術研討會論文集，華梵大學哲學系發行，頁15-27。

17

孔子的喪葬看法

詹坤金

苗栗縣卓蘭鎮前鎮長
華梵大學東方人文思想研究所碩士生

摘　要

　　本文目的在於了解孔子對於生死的看法。為了達成這個目的，本文從「未知生，焉知死」的不同解釋出發，希望藉此能夠釐清孔子對於生死到底是談論還是不談論？經過孔子是否談論生死的探討，本文發現孔子對於生死是談論的，之前對於不談論的理解是一種不完整的理解，以至於造成今日的誤解。為了了解孔子對生死是怎麼看的，本文進一步探討孔子的觀點，發現孔子對於生死有兩種看法：一種是自然的生死，表示死亡是一切的結束；一種是道德的生死，表示死亡是一種生命的完成。對孔子而言，自然的生死無法突顯人的價值。如果要突顯人的價值，那麼就必須進入道德的生死。可是，這樣的道德生死不能只是人世間的生死。如果只是人世間的生死，那麼在死亡來臨時一切就會化為烏有。這時，道德的價值就會從肯定變成否定。所以，為了避免結果，我們在解釋孔子對生死的看法時就必須從人世間進入永恆的境域，也就是天的層次。否則，在沒有道德天的保證下，生死是生命的完成終究只是一種主觀的想像，而不會是客觀的真實。

關鍵詞：孔子、生死、成仁、道德、天

一、前言

　　過去，我們都認為孔子基本上是不談論生死的。如果有人認為孔子是談論生死的，那麼這樣的認為一定是有問題的。可是，自從有了生死學的討論以後[1]，我們對於孔子有關生死的看法似乎又有了新的想法。對某些學者而言，他們認為孔子並不是不談論生死的。實際上，他是談論生死的。既然如此，那麼我們自然就會產生一個疑問：到底孔子是談論生死還是不談論生

---

[1]　傅偉勳著（2002）。《死亡的尊嚴與生命的尊嚴——從臨終醫學到現代生死學》，頁100-101。台北市：正中書局股份有限公司。

死？

　　本來，孔子有沒有談論生死的問題似乎和我們無關。在無關的情況下，我們似乎也不用太過在意。就算要在意，也是讓那些關心這個問題的人去在意。因為，孔子是否談論生死的答案會影響他們對孔子的看法。如果孔子是談論生死的，那麼主張不談論生死的人就是錯誤的。如果孔子是不談論生死的，那麼主張孔子談論生死的人就是錯誤的。所以，對於這個問題的解答是會影響不同主張的人的對錯問題。這就是為什麼在意的人會那麼在意的理由所在。

　　可是，我們並不是專門研究孔子思想的人，對於這個問題也沒有那麼在意，那麼為什麼我們還要選擇這個問題來討論？這是因為我們現在所處的文化環境是受到孔子思想影響的結果。如果不是受到孔子思想的影響，那麼我們今天所處的文化環境可能就會不一樣。現在，在這樣的文化環境中，我們對於生死問題的解答通常會受到這個文化環境的影響。因此，為了了解我們對於生死問題為什麼會有這樣的看法，其實是需要追溯到孔子的看法[2]。

　　如果孔子是不談論生死的，那麼我們就能了解今天為什麼一般人對於生死問題會採取不談論的態度？也就是說，孔子對於今天的人在面對生死問題的態度形成上是需要負責的。可是，如果孔子並非不談論生死，而是我們了解錯誤的結果，那麼要孔子背這個黑鍋，這樣也就背得不太公平。所以，我們雖然不太在意孔子是談論生死還是不談論生死，卻不能不去關注這個問題。因為，它和我們現代人生死態度的形成是有密切關聯的。

　　基於上述的理由，我們認為有關孔子對於生死是談論還是不談論的問題是有討論的必要。如果討論的結果孔子是不談論生死的，那麼我們就能了解今天一般人不談論生死的文化根源在哪裡。如果討論的結果孔子是談論生死的，那麼我們就會知道過去的文化認知是有問題的，除了還孔子一個清白以外，還可以進一步追問問題到底出在哪裡，為什麼過去會出現這樣的誤解？

2　林慧婉撰（2000）。〈論孔子的生死觀〉。《博愛雜誌》，第138期，頁35。高雄市：博愛雜誌編輯委員會。

二、孔子是否談論生死

那麼，孔子到底有沒有談論生死？如果從《論語‧先進》的記載來看，孔子似乎是不談論生死的[3]。在這一段記載中，季路問了孔子兩個問題，第一個是如何事奉鬼神的問題，第二個是死亡究竟是怎麼一回事的問題。對於這兩個問題，孔子對第一個問題的回答是「未能事人，焉能事鬼？」，對第二個問題的回答是「未知生，焉知死？」在這兩個回答當中，我們先不管孔子對於第一個問題的回答，把注意力放在第二個問題的回答，就是這一個回答讓有的學者對於孔子有關生死問題的態度給了一個否定的答案，認為孔子是不談論生死的[4]。

表面看來，經由上述文獻的引證應該就能證明孔子對於生死確實是抱持著否定的態度。問題是，孔子對於生死是否真的抱持著否定的態度，其實是很難從一段引文就加以確認的。之所以如此，是因為論語本身的敘述特質。由於《論語》是記載孔子與學生對話結果的紀錄，所以一般來講缺乏相關的對話脈絡。在沒有對話脈絡的協助下，我們有時會很難確認該段對話的真實意義。在這種情況下，我們如果要憑藉單一的對話記載就決定孔子對某個問題的看法，那麼這種決定就要非常小心，隨時要有允許其他解釋存在的心理準備。

例如上述有關「未知生，焉知死」的解釋可能就會出現這樣的問題。初步來看，這段話似乎很明白，意思是說「不知道生，怎麼知道死」。但是，只要再深入了解，就會發現這段話的解釋可以有兩種：第一種就是「生的了解都來不及了，怎麼還有時間去了解死」，表示對於死的了解是不急迫的，先了解了生再說；第二種就是「只有在了解了生以後，才有能力去了解死」，表示死的了解是建立在生的了解上，所以先了解生以後才有能力了解死。

---

3 楊朝明（2017）。《細讀論語：吟味與詮解》，頁358-359。台北市：寂天文化。

4 例如陸達誠先生就採取這樣的看法，請參見林慧婉先生於〈孔子的生死觀〉一文頁35的引用。

　　那麼，對於上述的理解到底哪一種才正確？對於這個問題，我們需要有更多的文獻資料才能給予可能的合理判斷。不過，一般的判斷是傾向於第一種，認為孔子對於死的問題是採取避談的策略。對孔子而言，當務之急是生的問題。等到生的問題處理完了再來處理死的問題，到時還為時未晚。那麼，這樣的理解根據的文獻是什麼？對此，我們就可以回到《論語・先進》這一段對話的第一個問題，就是事鬼的問題。對於這個問題，孔子給的答案是「未能事人，焉能事鬼」，表示對人的事奉要優先於對鬼的事奉。既然如此，這就表示孔子最優先關心的是人的問題，也就是生的問題。至於鬼的問題，也就是死的問題，等到後面死亡來臨時再說也還來得及。

　　但是，這樣的解釋有沒有問題？如果只從上述兩段文獻來看，答案似乎沒有什麼問題。因為，根據這兩段文獻所說我們似乎沒有別的解釋。可是，如果我們不停留在這兩段文獻的解釋，而擴大到整部《論語》，答案似乎就不見得是這樣。根據《論語》本身的記載，在有關死的問題的討論上，死這個字總共出現38次之多[5]，表示對於死的理解不見得要在了解生之後才能予以了解。如果對於死的了解一定要在生的了解以後，那麼在孔子還沒有完全了解生之前就不該有這麼多的討論。由此可知，孔子對於死的問題不是不談論，而是在什麼情況下談論。

　　為了理解這樣的情況，我們在下面舉一個例子說明。例如在《論語・衛靈公》中就有這樣的記載，「志士仁人，無求生以害仁，有殺身以成仁」[6]。根據這樣的記載，表示人在面對生死的時候要懂得怎麼樣做抉擇？在此，孔子認為志士仁人與一般人不一樣，一般人會選擇「求生以害仁」，但志士仁人則會選擇「殺身以成仁」。從這種選擇當中，我們就可以發現孔子對於死亡顯然有一些認識。如果孔子對死亡完全沒有認識，那麼他就不會出現這樣的說法，要我們在面對死亡的時候為了成全仁的要求而選擇犧牲生命。

　　不僅如此，在上述的論述中我們還看到孔子把仁當成人一生所追求的目

---

[5]　沈清松主編（1999）。《末世與希望》，頁36。台北市：五南圖書公司。
[6]　同註3，頁499。

標。為了達成這個目標，就算是犧牲生命也在所不惜。在此，這樣的犧牲就不再只是犧牲而是一種完成。唯有如此，這樣的犧牲才有價值。這也就是論語里仁篇所說的，「朝聞道，夕死可矣」[7]，表示這樣的犧牲是生命的一種完成。根據這樣的完成，表示人一生所追求的和死亡所要完成的是同一個東西[8]。既然如此，難怪孔子會把生的了解當成是了解死的前提！

三、孔子是怎麼了解生死的

經過上述的探討，我們知道孔子對於生死是談論的而不是不談論的。既然是談論的，那麼孔子是怎麼談論的？對於這個問題的回答，我們不能只停留在上述的理解。因為，孔子之所以會有這樣的理解一定有他論述的依據。如果我們對於這樣的依據沒有完整的認識，那麼在認識不完整的情況下，就很難確實了解孔子為什麼會這樣說的理由，以至於誤以為「死亡是生命的一種完成」這樣的見解只是一種靈光乍現的結果，而不是他歷經種種生命體會的結果。

現在，我們如果要對「死亡是生命的一種完成」這樣的見解進行一種比較完整的陳述，那麼應該要怎麼陳述比較好？對於這個問題的解答，我們需要分從幾個方面來談：(1)先探討孔子是否清楚一般人對於生死的認知；(2)再探討孔子對於這樣的認知接不接受；(3)再探討孔子滿不滿意於這樣的生死認知；(4)最後再探討孔子如果不滿意於這樣的生死認知，那麼他如何形構他自己的生死認知。

首先，孔子是否清楚一般人對於生死的認知？對於這個問題，我們需要回到《論語》的文獻中，看有沒有類似的依據？依此，我們在《論語·顏淵》的一段記載中看到了這樣的文獻，就是「自古皆有死，民無信不立」[9]。那麼，為什麼孔子會有這樣的說法？這是因為他在回答子貢問為政之

---

[7]　同註3，頁118。

[8]　同註2，頁41。

[9]　同註3，頁392-393。

道的問題時順便帶出來的。當時，他的最初答案是「足食，足兵，民信之矣」。後來，子貢又問如果在不得已要去掉時它們三者的優先順序為何？孔子的答覆是，先去兵，不得已再去食。最後保留信，是因為「自古皆有死，民無信不立」，表示對人民的信用是無可替代的，正如人生在世終難免一死。由此可知，孔子對於死亡的認識正如一般人那樣，都知道死亡是人生的必然結局。既然如此，那麼人就沒有逃避的必要。即使要逃避，這樣的逃避作為終究也是枉然。

其次，在確認孔子清楚一般人對於死亡的認知之後，我們接著要問的是孔子對於這樣的生命結局接受不接受？對孔子而言，作為人類的普遍命運人是沒有不接受的理由[10]。那麼，我們是從何根據下這樣的判斷？在《論語·雍也》的記載中，我們發現了這樣的文獻依據。根據雍也篇的記載，孔子在探視冉伯牛的病情時，他發出了這樣的慨歎，「亡之！命矣夫！斯人也，而有斯疾也！斯人也，而有斯疾也」[11]，表示罹患這樣的重症是冉伯牛的命。既然是命，那就沒有改變的可能。面對這樣的處境，人只有接受的份。

對於這樣的看法，我們在《論語·顏淵》的記載中也可以得到間接的證實。在此，我們認為是間接的證實，理由在於這樣看法的提出不是直接出自孔子，而是來自於他的弟子子夏。根據〈顏淵〉的記載，司馬牛很憂慮他沒有兄弟，這時子夏就勸告他，「商聞之矣：死生有命，富貴在天。君子敬而無失，與人恭而有禮。四海之內，皆兄弟也。君子何患乎無兄弟也」[12]，表示只要修德就會有兄弟，自然就不用擔心沒有兄弟的問題。不過，在此我們注意的焦點不在有沒有兄弟、如何有兄弟的問題上，而在「死生有命，富貴在天」的說法上，除了表示死生有命不是我們自己能決定的以外，還表示這樣的命是不得不接受的。既然是不得不接受的，那麼人們除了服從就不能有其他的選擇。

再次，如果死亡是我們必須接受的事實，那麼孔子對於這樣的事實抱

持什麼樣的態度？是完全的接受而沒有其他的轉化，還是在接受之餘採取其他轉化的做法？對於這一點，我們需要進一步的討論。對孔子而言，死亡是一個必然的事實。面對這樣的事實，我們除了接受就不能有其他的選擇。但是，這不表示我們在接受之餘就不能有其他的轉化？為了更清楚這一點，我們需要借助動物的對比。對動物而言，死亡就是一個必須接受的事實。除此之外，就別無所有。可是，人不一樣。在此，除了事實的接受之外，人還可以有意義的抉擇。對孔子而言，就是這樣的意義抉擇讓他無法停留在事實的層面。換句話說，也就是他不滿意於這樣的事實結局，希望開出另外一種精神生命的可能性[13]。

關於這一點，我們也可以在論語的文獻中找到相關的依據，例如子罕篇的記載就是一個例子。根據這個記載，孔子當時受困於匡，生命受到了威脅。在這個生死交關的時刻，他不是屈服於可能死亡的現實。相反地，他開始有了另外一種使命的想法，認為「文王既沒，文不在茲乎？天之將喪斯文也，後死者，不得與於斯文也。天之未喪斯文也，匡人其如予何」[14]，表示他的生死不只是和一般人一樣只是一種生物性的生死，他還有另外一層精神性的使命，就是這樣的使命讓他的生死具有另外一種精神的意義。當上天不想滅絕這樣的精神存在時，這樣的精神生命就不會處於消失的狀態。所以，在這種情況下，人的生死不只是受制於生物性的生死，還可以是超越生物性的精神性的生死。

最後，在確認孔子不受限於生物性的生死之後，我們還要問孔子所追求的生死是哪一種精神性的生死？關於這一個問題，我們一樣可以在論語的記載中找到相關的文獻依據。正如上述引用的衛靈公篇的記載所說那樣，孔子認為「志士仁人，無求生以害仁，有殺身以成仁」，表示志士仁人所追求的生死不是生物性的生死，而是成仁的生死。就生物性的生死而言，這種生死是由命運所決定的，人只能被動地接受。可是，成仁的生死就不一樣，它不是人被動接受的，而是人主動創造的。因此，它必須透過自覺才有可能存

---

13 同註2，頁38。

14 同註3，頁284-285。

在。如果把人的自覺拿掉，那麼這樣的生死就不可能出現。所以，在《論語‧述而》中，孔子才會說：「仁遠乎哉？我欲仁，斯仁至矣」[15]，表示仁要不要出現由我自己決定，而不是受制於其他的存在。

那麼，這種成仁的生死是一種什麼型態的生死？在此，為了回答這個問題，我們需要回到孔子所處的周文背景。因為，如果不回到這個背景，那麼我們就無法精確判斷成仁的生死是哪一種型態的生死。就周文而言，它的存在不是一般的政治制度，而是與社會制度合一的政治制度。這種制度有個特質，就是讓生存在這個制度中的人都可以得到安頓。那麼，為什麼它會有這樣的作用？這是因為它是來自於人的自然情感，也就是家族的情感。在這種親情的作用下，人的生命自然可以得到安頓。現在，周文雖然出現了疲弊的問題，但是孔子的志向就是恢復周文，同時化解周文所產生的疲弊的問題[16]。因此，在找答案的過程中，自然從親情的方向向內深挖，深入到人性本身的道德層面，藉由道德的公性化解親情的私性[17]。由此可知，孔子所謂的成仁的生死就是道德型態的生死[18]。

四、道德的生死如何可能

從上述的探討可知，孔子所謂的超越自然的生死就是道德的生死。可是，這樣的生死到底要在什麼樣的情況下才可以成立？對於這個問題，我們需要進一步的解答。如果對於這個問題缺乏合理的解答，那麼我們就會懷疑這種超越自然的道德生死是否真的可能？

那麼，我們為什麼會下這樣的判斷？在此，理由其實非常清楚，關鍵就在於人死後存不存在？如果人死後不存在，那麼無論我們生前做了多少事，

---

[15] 同註3，頁245。

[16] 牟宗三（1983）。《中國哲學十九講——中國哲學之簡述及其所涵蘊之問題》，頁60-62。台北市：台灣學生書局。

[17] 勞思光（1968）。《中國哲學史第一卷》，頁48-50。香港：香港中文大學崇基書院。

[18] 同註2，頁39。

花了多少力氣，成就了多少事，結果只要死亡代表一切生命的永恆結束，那麼上述所做的事，所花的力氣，所成就的事就都化為烏有。對我們而言，這樣的結果代表我們做的是白工，一切都是浪費。既然如此，那麼我們何必浪費時間做這些事。

基於這樣的考量，如果孔子為了成全仁的要求而犧牲生命，在犧牲之後又是一無所有，那麼這種成全真的是一種成全嗎？還是說這種成全只是主觀的自以為是，其實根本就沒有成全什麼，只是對自己的犧牲找到一些自我安慰的想法。由此可知，這個問題的考量是很重要的。如果孔子所成就的是一種道德的生死，那麼這種生死只是一種主觀的安慰、自我欺騙的生死，還是真有可能，所成就的是一種客觀真實的生死？對我們而言，有關這個問題的解答是很重要的。

那麼，孔子所成就的道德生死是一種主觀的生死還是客觀的生死？對於這個問題的回答，讓我們進入孔子有關死後生命存在與否的探討。表面看來，孔子似乎是一個經驗主義者。對他而言，他關心的是生的部分而不是死的部分。在生的部分，他認為優先順序是很重要的。例如在上述〈顏淵〉回答子貢有關為政之道的詢問時，他就認為信的重要性高於食，而食的重要性又高於兵。總結來說，就是信最重要，食次之，兵更次之。

同樣地，在問題的關懷上，他認為人的事情要優先於鬼神的事情。所以，所以在〈先進〉回答季路有關鬼神問題的詢問時，他才會說「未能事人，焉能事鬼」。在論語雍也篇回答樊遲有關明智的詢問時，他才會說「務民之義，敬鬼神而遠之，可謂知矣」[19]，表示在治理人民的時候要做的事情是看人民的需要，而不是凡事問鬼神。如果凡事問鬼神，那麼這種做法就不夠明智。因為，這些事情都和人民的需求有關，和鬼神無關。既然和鬼神無關，所以我們沒有必要去請教鬼神，只要對鬼神心存敬意就夠了。由此可知，孔子認為對事情要分清楚它的歸屬，這樣在處理上才不會有問題。

就是上述這樣的重生的態度，讓人們認為孔子是不重死的。無形當中，就把孔子的看法侷限在經驗當中，好像孔子對於死後的存在是抱持否定的態

---

[19] 同註3，頁198-199。

度。為了強化這樣的說法，我們還必須從論語的文獻中找到更多支撐的證據。例如〈述而〉的記載就一個例子。根據這一篇的記載，孔子是不談論怪力亂神的[20]。如果從表面字義來看，那就表示孔子對於超出經驗的事情是採取不談論的態度。既然採取不談論的態度，對於與死後有關的事情自然也就不予以談論。因為，死後存在與否也和超越經驗的事情有關。

不僅如此，如果我們採取孔子家語的相關記載，那麼對於這個問題的答案就會顯得更加清楚。例如在〈致思〉中就相關記載。根據這一篇的記載，孔子在回答子貢有關人死後有知無知的問題時，他說：「吾欲言死之有知，將恐孝子順孫妨生以送死；吾欲言死之無知，將恐不孝之子，棄其親而不葬。賜不欲知死者有知與無知，非今之急，後自知之」[21]，表示死後存在與否的問題不是當務之急，不需要急著給答案。如果真的需要答案，那麼在死了以後自然就會知道。

從表面來看，孔子對於死後有知無知的問題似乎沒有給予一個答案。但實際上，我們可以看出來，他給予的答案仍然是遵循經驗的法則，也就是死了以後自然知道。不過，由於現在問題的子貢是想要在生前就知道，所以死後再知道其實是沒有意義的。這麼說來，孔子對於這個問題是否就沒有答案？其實，也不盡然如此。事實上，我們還是可以在上述的回答中找到蛛絲馬跡。

例如從整個回答的前半部來看，孔子在某種意義上還是表達了他的看法。在他的假設性回答中，他認為為什麼說死者有知或無知都不好？這是因為如果說死者有知，那麼就要擔心會不會造成「孝子順孫妨生以送死」？如果說死者無知，那麼就要擔心會不會造成「不孝之子，棄其親而不葬」？為了避免這樣的困擾，所以他只好選擇不給任何答案。既然如此，這就表示上述的回答需求只是人的主觀需求而不是客觀需求。也就是說，回答這樣的問題是沒有意義的。

如果上述所說屬實，那麼孔子對於死後存在的問題似乎是抱持否定的

20　同註3，頁235-236。

21　羊春秋注譯，周鳳五校閱（1998）。《新譯孔子家語》，頁122。台北市：三民書局。

態度。但是，這是否就是事情的真相？對於這個問題，我們需要進行更深入的反省。因為，如果根據上述所引的文獻，無論是論語當中的還是孔子家語的，這些文獻告訴我們的是孔子是一個務實的不可知論者。對於經驗以內的事情，他可以根據經驗的提供給與經驗的答案。但是對於經驗以外的事情，他就只好在沒有經驗的情況下不給予任何的答案。

問題是，如果我們對於孔子的理解就把這樣的答案當成定論，那麼對於《論語》中的某些文獻記載就會變得難以理解。如果我們不希望《論語》變成一個不合邏輯的記載，那麼就必須設法從相關記載中設法解套，讓這樣的記載變成可以合理的理解。否則，在面對這些衝突的解釋時，一旦不能提供合理的解釋，那麼《論語》就會因著我們的不一致解釋，造成孔子本身也變成衝突矛盾的思想家。對於這種解釋上的亂象，作為一個盡責的解釋者我們是應該盡量避免的。

那麼，對於孔子的理解是否必須侷限於經驗主義的範圍？對於這個問題，需要我們做更深入的反省。例如上述〈子罕〉有關孔子受困於匡的記載，「文王既沒，文不在茲乎？天之將喪斯文也，後死者，不得與於斯文也。天之未喪斯文也，匡人其如予何」。如果孔子只是一個經驗主義者，那麼我們就很難合理解釋孔子的信心所在。也就是說，這只是孔子自己的主觀信心，沒有任何客觀的依據。

同樣地，有關〈衛靈公〉的記載，「志士仁人，無求生以害仁，有殺身以成仁」。如果孔子只是一個經驗主義者，那麼對於這樣的記載我們就很難提出一個合理的解釋，說明「殺身以成仁」為什麼是有意義的。因為，在死後價值還沒有確定或根本就沒有死後價值的情況下，這樣的作為不是太冒險就是太不值得。因此，孔子實在沒有必要提出這樣的說法，好像這樣做生命才會出現真的價值。

綜合上述的說法，我們認為孔子就算是一個務實的思想家，也不見得就一定要是個經驗主義者。實際上，這樣的經驗主義論斷是對孔子思想的一個曲解，他會讓我們沒有辦法對孔子所提出的有關超越自然的價值給予肯定。相反地，它還會讓我們無法合理解釋超自然價值的存在。

例如我們在鄭曉江先生的說法上就看到類似的曲解。根據他所著的《中

國死亡智慧》，他說：「孔子認為：『君子疾沒世而名不稱焉。』『君子』若死時聲名不顯，無人紀念，那是非常令人擔心的事。所謂『名稱』，即是使個人的事迹受到到後代人傳頌，故而能超越死亡達到『不朽』……因此，人們若想趨於『不朽』，關鍵不在於生時聚了多少財富，掌握了多大的權力，生命的年限多長，而在於有無博大的胸襟，拯救濟民的行為，以及崇高的道德品質，唯有此才可架起通往『不朽』的橋樑」[22]，表示死後的『不朽』只是一種後人紀念的不朽，而不是死後真的存在，圓滿自己的生命。」

現在，我們進一步追問這樣的存在是什麼？對孔子而言，這樣的存在並不是只侷限於人世的道德。相反地，它是超越人世的道德，也就是具有永恆意義的道德。那麼，我們這樣理解的依據是什麼？在《論語·述而》中，我們就可以看到相關的記載。在這一篇當中，孔子遭遇宋國司馬桓魋想要殺他的困境，這時他就對弟子說：「天生德於予，桓魋其如予何」[23]，表示他的德是來自於天，要對他如何也是天的事而非人的事。由此可知，孔子認為他的德來自於天。既然是來自於天，那麼自然就不可能侷限於人世，而可以成為超越人世的永恆道德[24]。

不過，我們在此還是有一點需要補充說明的，那就是孔子所體會的天不是外在於人與人無關的天，也不是外在於人而超越於人的天，而是內在於人而超越於人的天。關於這一點，除了上述〈述而〉「天生德於予，桓魋其如予何」的文獻的根據外，我們還可以在同篇中的「仁遠乎哉？我欲仁，斯仁至矣」的文獻中見到，表示這樣的天不僅超越於人同時也內在於人。只是對於這種既超越又內在的天的體會，是需要由人自身的道德自覺來實踐與完成的[25]。

22　鄭曉江（1984）。《中國死亡智慧》，頁31。台北市：東大圖書。

23　同註3，頁237-238。

24　同註5，頁53-54。

25　同註2，頁41。

五、結語

經過上述曲折的探討，我們現在對於孔子有關生死的看法可以做一個簡單的結論。對我們而言，孔子本人對於生死是怎麼看的其實都不重要。因為，這已經是過去的事情。不過，站在了解自己所處文化根柢的角度來看，孔子對於生死是怎麼看的的看法就變得重要起來。因為，如果我們不了解孔子對生死是怎麼看的，那麼就會很難理解為什麼今天我們對於生死會採取逃避的態度？因此，基於了解我們對於生死態度的形成，實在有必要探討孔子對於生死的看法。

在探討的過程中，我們發現對於孔子有關生死的看法其實不只有一種解釋而已，它還有其他的解釋。依此，讓我們開始回來思考孔子對於生死的看法究竟是不談論生死還是談論生死？面對這個問題，我們發現無論是主張談論生死或不談論生死，主要關鍵在於對「未知生，焉知死」這一句話的理解。如果我們在理解這一句話時把重點放在時間的序列上，那麼想要了解死就必須在了解生之後。也就是說，生歸生的了解，死歸死的了解，只是了解的先後順序不同，一定要等到順序到了才能予以了解。可是，我們如果把理解的重點放在內在的關聯上，那麼意思就變成只要了解了生以後死自然就了解了。也就是說，生的了解不只是對生的了解，還是對死的了解，只要我們透徹了解了生，那麼死自然也就被了解了。簡單說，也就是生死一體的意思。

那麼，孔子的看法是哪一種？如果我們只根據某一些文獻，那麼答案自然就會接近第一種，認為第一種是正確的理解。可是，只要我們把參考的文獻擴大，也就是說不要只侷限於某些文獻，而要從整體來看，那麼在理解上就會開始不同，出現接近第二種的看法。由此可知，要採取哪一種看法其實根據的是自己所找的文獻，而未必就是孔子自己就是這樣看法。在此，這也表示在孔子不能復生的情況下，我們也只能根據自己的理解設法來合理地接近孔子的看法。

那麼，如果我們採取第一種看法，那麼孔子就會變成一個經驗主義的

孔子。在此立場上，他對生死的判斷就會侷限在經驗的層面上。如此一來，他就不會承認死後生命繼續存在的可能性。對他而言，生命的一切成就都是活著時候的成就。一旦死亡來臨，就算是道德的成就也會同時化為烏有。因此，道德如果要支撐生命的價值，那麼這樣的支撐也只能透過後人的紀念來達成，而不可能由當事人本身來達成。因為，此時的當事人已經化為烏有。

可是，如果我們採取第二種看法，那麼為之生為之死的道德就會變得有意義。因為，道德不再只是人世的道德，而是具有永恆意義的道德。在這種情況下，我們也才能合理地解釋「志士仁人，無求生以害仁，有殺身以成仁」的說法。否則，在無法合理解釋的情況下，孔子不是變成一個自相矛盾的思想家，就是變成一個只能主觀自我安慰的騙子。無論是哪一種，我們認為對孔子的理解都未必是公平的。所以，基於公平合理對待孔子的思想，我們採取第二種看法，認為孔子是主張死後有生命的存在，人的殺身成仁是有客觀意義的。

參考文獻

羊春秋注譯，周鳳五校閱（1998）。《新譯孔子家語》。台北市：三民書局。

牟宗三著（1983）。《中國哲學十九講──中國哲學之簡述及其所涵蘊之問題》。台北市：台灣學生書局。

沈清松主編（1999）。《末世與希望》。台北市：五南圖書。

勞思光著（1968）。《中國哲學史第一卷》。香港：香港中文大學崇基書院。

傅偉勳著（2002）。《死亡的尊嚴與生命的尊嚴──從臨終醫學到現代生死學》。台北市：正中書局股份有限公司。

楊朝明作（2017）。《細讀論語：吟味與詮解》。台北市：寂天文化事業股份有限公司。

鄭曉江著（1984）。《中國死亡智慧》。台北市：東大圖書股份有限公司。

林慧婉撰（2000）。〈論孔子的生死觀〉。《博愛雜誌》，第138期。高雄市：博愛雜誌編輯委員會。

18

從墨子觀點看殯葬改革

涂進財

仁德醫專生命關懷事業科兼任講師
華梵大學東方人文思想研究所博士生

摘　要

　　子曰：「殷因於夏禮，所損益可知也；周因於殷禮，所損益可知也；其或繼周者，雖百世可知也。」《論語·為政》。在「周文疲弊」、「禮壞樂崩」的戰國時代，孔子要恢復周禮，基於弘揚孝道，也就重視喪葬禮儀，對近祖「慎終」，對遠祖「追遠」。儒家認為合於禮制之喪葬祭祀，乃孝之展現，可使民德歸厚矣。荀子亦言曰：「喪禮者，以生者飾死者也，大象其生以送其死也。故事死如生，事亡如存，終始一也。」

　　從《周禮》、《儀禮》和《禮記》等典籍中，得見當時之喪葬禮制已臻完善，在居喪、喪禮、喪服、棺槨、隨葬品等方面，已有所規定。其所表現者即屬「厚葬」、「久喪」，厚葬之風在當時貴族中大行其道。孔子主張恢復周禮，客觀上為厚葬提供了合理的依據，無可避免的為世人誤解其主張「厚葬」，實則未也，如《論語·八佾》有云：「林放問禮之本。子曰：『大哉問！禮，與其奢也，寧儉；喪，與其易也，寧戚。』」

　　先秦時期，統治階級厚葬之風盛行，「此存乎王公大人有喪者，曰棺槨必重，葬埋必厚，衣衾必多，文繡必繁，丘隴必巨。」此非但危及經濟，更會影響國家安危，故墨子提出「節葬短喪」，墨子雖亦主張孝，但有別於儒家，其語云：「厚葬久喪實不可以富貧眾寡，定危理亂乎，此非仁非義，非孝子之事也。」墨子認為，若父貧當使之富，國之人力稀則當使眾，社會亂則當予治，方為孝也。而時為政者所行之厚葬久喪，則「國家必貧，人民必寡，刑政必亂。」意即厚葬令家貧民寡，社會動亂，誠非孝也。墨子基於「兼相愛」與「交相利」之思想，提出「薄葬短喪」，以正天子、諸侯及王公大人過度強調「厚葬久喪」之惡習。「上行下效，淫俗將成」，庶民在「孝」的趨使下，也殆盡家財施以厚葬「示孝」，致「以死害生」。

　　時至今日，「厚葬久喪」雖不若古代，惟講究排場，告別式場成為炫富、表現其社會地位之平台，或也成為政客們表現其「親民愛民」之最佳時機，出殯時以數十輛超跑或電子花車等送行，也有不惜侵占國土，破壞自然生態建造大墓園，以求庇蔭子孫者，此一歪風實不可長。墨子「磨頂放踵」

宣揚「節葬短喪」，雖未為統治者或貴族所接受，而卻可為台灣殯葬改革之思想指導，本文即是從墨子對喪葬的觀點探討台灣殯葬改革。

關鍵詞：墨子、周文疲弊、節葬、棺三寸、自然葬

一、前言

自從清末民初，在西方船堅砲利的威脅下，中國處於門戶洞開的險境。為了化解這樣的險境，讓中國得以重新富強，當時的知識份子想盡辦法設法找出如何起死回生的方法。最初，從技術層面著手，例如「師夷長技以制夷」，結果證明失敗。後來，透過戊戌變法設法改變政治體制，結果也是失敗。最後，從文化改造著手，透過五四運動設法改變文化體質。

可是，要怎麼做才能徹底改造文化體質？對當時的知識份子而言，這是一個很傷腦筋的問題。最後，他們找到的改造對象就是殯葬的作為。那麼，為什麼他們會把殯葬的作為當成改造的對象？從今天的角度來看，理由其實很清楚，就是殯葬的作為是文化當中最保守、最頑固的部分。如果這個部分可以改造成功，那麼中國文化當中就沒有不能改造的部分。這麼一來，文化改造的大業就可以順利開展。

於是，他們開始進行殯葬的改革。那麼，他們要怎麼改革？首先，他們要破除的就是違反科學的迷信成分。其次，他們要破除的就是違反民主的不平等成分。對他們而言，只要能夠破除這兩種成分，那麼殯葬就可以往科學與民主的方向走，自然也就可以完成傳統殯葬的現代化。

就違反科學的迷信成分，我們試舉一例說明。像做七的作為，表面看起來好像可以彰顯家屬的孝心，其實不然。因為，我們怎麼知道亡者生前有罪？如果沒有罪，那我們又要做七幫他超度，認為他有罪，這要的作為不就表示我們是不孝的嗎？如果亡者真的有罪，那麼就算做七，也沒有辦法幫他超度，畢竟各人造業各人擔。所以，做七的作為不是不孝的表示就是無效的表示。更何況，人死後就不存在了。從經驗的角度來看，這樣的作為就是一

種迷信的作為，是需要被破除的。

　　就違反民主的不平等成分，我們試舉一例說明。像守喪的作為，表面看起來這些規定似乎可以彰顯生者與亡者的關係。但是，只要我們仔細深入了解的結果，就會發現這樣的規定太過僵化，只注重關係的等級，完全沒有注意實質情感的內涵。這麼一來，有悲傷情緒的家屬不見得可以盡情悲傷，而沒有悲傷情緒的家屬卻又不得不符合規定的要求，造成虛偽不實的結果。對喪親的個人而言，這樣的關係規定是違反民主的平等要求。

　　表面看來，這樣的改革只是清末民初的事情。實際上，情況並非如此。自從民初以來，這樣的改革就一直進行著。就算政府從大陸撤退來台，仍然沒有終止這樣的改革。現在，這樣的改革已經進行了百年之久，也到了該做一總結的時候。問題是，在進行這樣總結的時候，我們不能只是做一些現象的描述，而需要做一些理論的反思與價值的判斷。關於這一點，讓我們回想起傳統的過去，在儒墨相爭的年代，墨子早就有了殯葬改革的想法。那麼，從最早改革者的角度來看，這樣改革到底有沒有滿足改革的要求？

二、墨子的觀點

　　對墨子而言，他的觀點並非憑空想像出來的，而是有它時代的背景。如果不是這樣的背景，那麼他可能就不見得會提出這樣的觀點。那麼，這個特定的時代背景是什麼？簡單來說，就是春秋末期戰國初期的背景。在這個背景中，社會處於混亂的狀態。表面看來，這是一個屬於周文的年代。但是，周文在此不但不能形成秩序，反而成為混亂的來源。所以，針對這樣的背景，墨子提出他對於周文的反省，希望藉著這樣的反省，能夠撥亂反正讓社會重新步上正軌。

　　不過，面對這樣的周文疲弊問題，墨子並不是第一個想要解決問題的人。在他之前，儒家的孔子就曾經提出解決的方法。對孔子而言，周文疲弊的關鍵不在周文本身，而在使用周文的人。如果使用周文的人沒有問題，那麼周文就不會出現疲弊的問題。現在，由於使用周文的人用周文用得不恰

當，所以才會出現周文疲弊的問題。因此，要解決周文疲弊的問題，就必須針對使用者的問題作處理。於是，他就針對人情之私的問題作處理，認為人情之私是周文疲弊最大的原因。只要我們可以化解人情之私的問題，那麼有關周文疲弊的問題自然可以迎刃而解。

　　表面看來，孔子似乎已經針對問題做處理了。所以，我們不見得要有別的想法。可是，墨子的想法不一樣。對他而言，人情之私的確是周文疲弊的關鍵。藉由人情之私問題的解決來解決周文疲弊的問題，也確實是一個不錯的方向，可是只有這樣夠不夠？畢竟人情之私是根深柢固的，不見得有那麼好解決。就算這一階段解決了，下一階段難免還是會出來的。所以，如果我們真正解決問題，還需要做更徹底的反省。

　　那麼，他要怎麼反省？對他而言，周文之所以會疲弊，人情之私固然是一個很重要的因素，但是更重要的是，如果周文本身就沒有這樣的可能性，那麼人情之私自然就做不了怪。如今人情之私之所以能夠作用，就是因為有周文的緣故。如果我們可以取消周文的存在，那麼人情之私就會失去依附的載體，自然也就不再能夠產生作用。

　　基於這樣的思考，他發現周文之所以會出現疲弊，就是因為其中包含了禮樂的人文作用。受到這種作用的影響，人心不能停留在它原先純樸的境地，而會想要做進一步的發展。在這種情況下，人心處於虛浮不實的狀態，周文自然不得不出現疲弊的問題。所以，如果我們希望解決問題，那麼就必須把這種虛浮不實的因素拿掉，也就是把禮樂人文的作用拿掉，這樣做的結果，社會的秩序自然就可以重新建立。

　　那麼，在拿掉禮樂的人文作用以後，社會還剩下什麼？表面看來，社會如果拿掉禮樂的人文作用以後，在沒有禮樂所建立的人文秩序的規範下，那麼社會所剩下的就可能只有混亂。實際上，情況並非如此。因為，在禮樂的人文秩序以外，社會還有自然的秩序。只要回到自然秩序本身，社會一樣不會陷入混亂的狀態。就這樣，墨子找到了一種新的可能性。

　　對他而言，這樣的自然秩序要比人文秩序更原始。一個人只要回到這樣的秩序，那麼他要求的就是基本本能欲望的滿足。例如在非樂上，他就說：「民三患，飢者不得食，寒者不得衣，勞者不得息。三者，民之巨患也。」

一旦滿足了這樣的基本本能欲望，他就不會要求更多的欲望，也不會要求更多的滿足。在人人都只滿足基本本能欲望的情況下，社會的秩序就不會遭受破壞，自然也就可以維持在一個穩定的狀態。這麼一來，周文疲弊的問題自然就可以迎刃而解。

在找到這樣的功利主義的立論點以後，墨子設法解決周文疲弊的問題。首先，他對於禮樂的存在進行批判，認為禮樂的存在是有問題的。因為，禮樂對人的生存是不能帶來正面效益的。既然不能帶來正面的效益，那就是無用的存在。對社會而言，這種無用的存在是沒有意義和價值的。

正如非樂所說那樣，「子墨子言曰，仁之事者，必務求天下之利，除天下之害，將以為法乎天下，利乎人即為，不利乎人即止。……是故子墨子之所以非樂者，非以大鐘鳴鼓琴瑟笙竽之聲，以為不樂也；非以刻鏤（華）文章之色，以為不美也。非以犓豢煎炙之味，以為不甘也，非以高台厚榭邃也之居，以為不安也。雖身知其安也，口知其甘也，目知其美也，耳知其樂也，然上考之，不中聖王之事，下度之，不中萬民之利。是故子墨子曰，為樂非也。」

其次，他更進一步指出禮樂的人文作用會導致人們只想凸顯自己而不知道要愛別人，以至於造成社會混亂的現象[1]。所以，在兼愛上，他就說：「當（嘗）察亂何字起，起不相愛。臣子之不孝君父，所謂亂也。子自愛，不愛父，故虧父而自利；弟自愛，不愛兄，故虧兄而自利；臣自愛，不愛君，故虧君而自利。此所謂亂也」，表示社會亂象來自於人的不相愛。

那麼，要怎麼做才能解決不相愛所帶來的亂象？對他而言，要做到這一點就是要能設身處地為別人設想。一個人只要能夠為他人設身處地的設想，那麼就不會不愛別人。如此一來，自然就會相愛了。所以，對他而言，兼相愛、交相利是解決不相愛的最佳方法。正如他在兼相愛中所說的：「若使天下兼相愛，愛人若愛其身，猶有不孝者乎？視父兄與君若其身，惡施不孝？猶有不慈者乎？視弟子與臣若其身，惡施不慈，故不孝不慈亡有，猶有盜賊

1　正如勞思光所說，「墨子以為一切亂在於人與人間互相衝突侵害，而衝突侵害又由於不能互愛之故。於是謂一切『亂』起於不相愛。」（《中國哲學史第一卷》，香港：香港中文大學崇基書院，1968年1月，頁214）

乎？（故）視人之室若其室，誰竊？視人身若其身，誰賊？故盜賊亡有。」

至此，他似乎用兼相愛與交相利的方法解決了不相愛的問題，使社會從失序的亂回歸秩序的治。可是，在這裡我們還是會想問一個問題，就是憑什麼人就一定要相愛？就人的本性來看，我們觀察到的自愛現象遠多於相愛現象。既然如此，是否表示墨子的方法是有問題的？對於這個問題，他就不從社會層面來化解，而轉從宗教層面來化解。

對他而言，人要自愛還是相愛不是人說了算。如果是人說了算，那麼在人的不同說法的情況下，我們只能說每一個人都有他的道理，根本就找不到一個確切的答案。所以，如果我們不想陷入十人十義的各說各話的困境，那麼就必須跳脫社會的層面，從更高的層面來回答問題。對他而言，這個層面就是宗教的層面。

那麼，他怎麼知道宗教層面可以幫他解決問題？關於這一點，他除了受到傳統的經驗的啟發外，還受到他自己觀察的結果。對他而言，天的一切作為不是像孔子所說那樣無聲無息，而是不斷對我們傳達意義，告訴我們應當如何做人處世？就像天志中所說那樣，「且吾所以知天之愛民之後者有矣。曰，以磨（曆）為日月星辰以昭道之；制為四時春夏秋冬以紀綱之；雷降雪霜雨露以長遂五穀麻絲，使民得而財利之」，表示天是希望自己的作為是對人有利的能夠。既然如此，那麼我們就應該效法天，設法有利於他人，也就是上述的兼相愛與交相利。

如果有人不這樣做，那麼天又會如何？如果天只是一個自然的天，那麼對於這樣的不配合天自然就不能怎麼樣。可是，墨子的天不太一樣，祂不是自然的天，而是有意志的天。因此，對於那一些不配合的人，天就會給予懲罰。至於那一些配合的人，天就會給予獎賞。正如天志上所說的，「順天意者，兼相愛，交相利，必得賞，反天意者，別相惡，交相賊，必得罰。」

這麼說來，墨子所提供的其實就是訴諸於權威主義的解答。也就是說，如果有人不願意配合兼相愛與交相利的做法，那麼天就會用懲罰的方法讓他們不得不配合。對於那一些願意主動配合的人，天就會用獎賞作為手段來獎勵他們。可是，如果只是這樣，那麼我們就會質疑墨子解答的合理性。因為，在經驗當中，我們實在很難證明什麼樣的例子是天給予的懲罰？什麼樣

的例子是天給予的獎賞？

那麼，墨子要怎麼回答這種合理性的質疑？表面看來，賞罰似乎是唯一的答案。但是，再深入了解，就會發現墨子不是單純的權威主義。也就是說，不是單純用賞罰來要求人們的配合。實際上，他還是希望用理性來說服大家。為了達到這樣的目的，他從義的角度下手，表示義是來自於天，天本身就是義，所以我們配合天的要求就是一種義的行為。由此，他為兼相愛與交相利的作為找到天的合理依據。

正如天志中所說那樣，「子墨子曰，今天下之君子之欲為仁義者，則不可不察義之所從初。……然則義從何出？子墨子曰，義不從愚且賤者出，必從貴且知者出……然則，孰為貴？孰為知？曰，天為貴，天知而已矣。然則，義果自天出矣」，表示義是來自於天。既然義是來自於天，那麼人除了奉行之外就不能再有其他的選擇，否則就會陷於不義的危機當中。

經由上述探討，我們發現墨子的功利主義不只是一種社會的功利主義，它還有它的形上依據，而它的形上依據和儒家的道德天不一樣，它是宗教的天。這一種宗教的天，它不只會賞善罰惡，還會要求我們去做應該做的事情，也就是正義合理的事情。也就是說，墨子的功利主義就是一種帶著理性意味以宗教權威作為依據的功利主義。

三、墨子對喪葬的看法

在確認墨子的觀點是功利主義的觀點以後，我們進一步探討墨子對喪葬的看法。那麼，為什麼要探討墨子的喪葬思想？這是因為喪葬思想不只是和喪葬的問題有關，也和社會的治亂問題有關。如果社會的喪葬思想是正確的，那麼這樣的喪葬思想就會讓社會處於治的狀態。相反地，如果社會的喪葬思想是不正確的，那這樣的喪葬思想就會讓社會處於亂的狀態。所以，有關喪葬思想的選擇是會對社會帶來治亂的效果。

如果我們希望社會處於治的狀態，那麼這時選擇的喪葬思想就不能是儒家的思想。因為，儒家的思想主張的就是厚葬久喪的喪葬思想。對社會而

言，這樣的思想不但對社會無用，還會對社會帶來亂的效果。所以，為了避免這種思想對社會帶來負面的效應，墨子認為必須加以批判。在此，他採取兩種策略：第一種就是否定儒家這種喪葬思想是來自於聖王的說法，讓儒家的主張失去歷史的依據；第二種就是提出一些功利的標準，讓儒家的這種思想是否符合？如果不合，這就表示儒家的主張沒有現實的依據。經由這兩種策略的批判，他認為就可以完全否定儒家的主張。在否定儒家的主張以後，他認為就可以提出他認為是正確的主張。

首先，他提出儒家對於喪葬思想的主張是來自於聖王的說法的質疑，認為這樣的說法只是可能解釋的說法的一種。在這一種說法以外，其實還有另外一種完全相反的說法。既然如此，那麼我們就不能只從某一種說法就論斷這是聖王的主張，而要另外尋找論斷的新標準。透過這種新標準的判斷，我們才能知道到底哪一種解釋才符合聖王的說法？

正如他在節葬下所說的，「今逮至昔者，三代聖王既歿，天下失義，後世之君子，或以厚葬久喪，以為仁也、義也、孝子之事也。或以厚葬久喪，以為非仁義、非孝子之事也。曰：二子者，言則相非，行則相反。皆曰，吾上祖述堯、舜、禹、湯、文、武之道者也。而言既相非，行即相反，于此乎後世之君子，皆疑惑乎二子者言也。若苟疑惑乎之二子者言，然則姑嘗傳而為政乎國家萬民而觀之，計厚葬久喪，奚當此三利者。我意若使法其言，用其謀，厚葬久喪，實可以富貧、眾寡、定危治亂乎？此仁也，義也，孝子之事也。為人謀者，不可不勸也。仁者將（求）興之天下，誰賈而使民譽之，終勿廢也。意亦使法其言，用其謀，厚葬久喪實不可富貧眾寡、定危理亂乎？此非仁、非義、非孝子之事也。為人謀者，不可不沮也。仁者將求除之天下，相費而使人非之，終身勿為。」

此外，他更進一步指出古代聖王的實際作為來證明後葬久喪不是聖王的主張。關於這樣的敘述，可在節葬中見到，「昔者堯北教乎八狄，道死，葬蛩山之陰，衣衾三領，穀木之棺，葛以緘之，既窆而後哭，滿埳無封。已葬，而牛馬乘之。舜西教乎七戎，道死，葬南己之市，衣衾三領，穀木之棺，葛以緘之，已葬，而市人乘之。禹東教乎九夷，道死，葬會稽之山，衣衾三領，桐棺三寸，葛以緘之，絞之不合，通之不埳，土地之深，下毋及

泉，上毋通臭。既葬，收餘壤其上，壟若參耕之畝，則止矣。若以此若三聖王者觀之，則厚葬久喪果非聖王之道。故三王者，皆貴為天子，富有天下，豈憂財用之不足哉？以為如此葬埋之法」，表示古代聖王他們不是沒有能力，但是都採取節葬的做法。由此可知，厚葬久喪不是古代聖王的主張。

其次，為了判斷厚葬久喪到底是對的還是錯的，他提出了三個判斷的標準，就是富貧、眾寡與定危治亂。基本上，這三個標準都是功利的標準。如果在通過這三個標準時都可以呈現出正面的效益，那麼這樣的主張對於社會的治亂就是正面的，當然也就是對的。相反地，如果在通過這三個標準時沒有辦法表現出正面的效益，那麼這樣的主張對於社會的治亂就是負面的，當然也就是錯的。以下，我們分別探討。

在此，第一個要探討的就是富貧的標準。如果一個主張可以讓貧者變富，那麼這個主張就是對的主張。如果一個主張不能讓貧者變富，那麼這個主張就是錯的主張。那麼，厚葬久喪是否可以讓貧者變富呢？如果可以，那麼這個主張就是對的，否則就是錯的。那麼，這個主張到底是對的還是錯的？

依據墨子在節葬下所說，「然則姑嘗稽之，今雖毋法執厚葬久喪者言，以為事乎國家。此存乎王公大人有喪者，曰：棺槨必重，葬埋必厚，衣衾必多，文繡必繁，丘隴必巨；存乎匹夫、賤人死者，殆竭家室；（存）乎諸侯死者，虛車府，然後金玉珠璣比乎身，綸組節約，車、馬藏乎壙，又必多為屋幕。鼎、鼓、几梴、壺濫、戈、劍、羽旄、齒、革，寢而埋之。滿意若送從。曰：天子殺殉，眾者數百，寡者數十。將軍、大夫殺殉，眾者數十，寡者數人。處喪之法，將奈何哉？曰：哭泣不秩聲翁，縗絰垂涕，處倚廬，寢苫、枕塊，又相率強不食而為飢，薄衣而為寒，使面目陷陬，顏色黧黑，耳目不聰明，手足不勁強，不可用也。又曰：上士之操喪也，必扶而能起，杖而能行，以此共三年。若法若言，行若道：使王公大人行此，則必不能蚤（早）朝；使大夫行此，則必不能治五官六府，辟草木，實倉廩；使農夫行此，則必不能蚤出夜入，耕稼樹藝；使百工行此，則必不能修舟車為器皿矣；使婦人行此，則必不能夙興夜寐，紡績織紝。細計厚葬，為多埋賦之財者也；計久喪，為久禁從事者也。財以成者，扶而埋之；後得生者，而久禁

之；以此求富，此譬猶禁耕而求穫也，富之說無可得焉」，表示這樣的主張是不可能讓貧者富的，所以是錯誤的。

接著，第二個要探討的就是眾寡的標準。如果一個主張可以讓寡變成眾，那麼這個主張就是對的主張。如果一個主張不能讓寡變成眾，那麼這個主張就是錯的主張。那麼，厚葬久喪是否可以讓寡者變眾呢？如果可以，那麼這個主張就是對的，否則就是錯的。那麼，這個主張究竟是對的還是錯的？

依據墨子在節葬下所說的，「今唯無以厚葬、久喪者為政：君死，喪之三年；父母死，喪之三年。妻與後子死者，五皆喪之三年，然後伯父、叔父、兄弟、孽子其，族人五月，姑、姊、甥、舅皆有月數，則毀瘠必有制矣。使面目陷陬，顏色黧黑，耳目不聰明，手足不勁強，不可用也。又曰：上士之操喪也，必扶而能起，杖而能行，以此共三年。若法若言，行若道，苟其饑約又若此矣，是故百姓冬不忍寒，下不忍暑，作疾病死者，不可勝計也。此其為敗男女之交多矣。以此求眾，譬猶使人負劍，而求其壽也。眾之說無可得焉」，表示這樣的主張是不可能讓寡者眾的，所以是錯誤的。

再來，第三個要探討的就是定危治亂的標準。如果一個主張可以定危治亂，那麼這個主張就是對的主張。如果一個主張不能定危治亂，那麼這個主張就是錯的主張。那麼，厚葬久喪是否可以定危治亂呢？如果可以，那麼這個主張就是對的，否則就是錯的。那麼，這個主張究竟是對的還是錯的？

依據墨子在節葬下所說的，「今唯無以厚葬久喪者為政，國家必貧，人民必寡，刑政必亂。若法若言，行若道：使為上者行此，則不能聽治；使為下者行此，則不能從事。上不聽治，刑政必亂；下不從事，衣食之財必不足。若苟不足，為人弟者，求其兄而不得，不悌弟必將怨其兄矣；為人子者，求其親而不得，不孝子必是怨其親矣；為人臣者，求之君而不得，不忠臣必且亂其上矣。是以僻淫邪行之民，出則無衣也，入則無食也，內續奚吾，病危淫暴，而不可勝禁也。是故盜賊眾而治寡者，以此求治，譬猶使人三環而勿負已也。治之說無可得焉」，表示這樣的主張是不可能定危治亂的，所以是錯誤的。

在經過上述對於厚葬久喪的批判以後，墨子自己提出了什麼樣的喪葬主

張？就我們所知，相對於儒家的厚葬久喪，他提出了薄葬短喪的節葬看法。對他而言，人死是要處理的。只是在處理時，不是像儒家所倡導那樣要厚葬久喪，而是只要滿足人的基本需求即可。例如在棺木的厚薄上，他認為只要三吋就夠了；在墓穴的深淺上，他認為只要不要讓氣味外洩即可；在墳墓的大小上，只要能夠滿足遺體的要求就可以了；在情緒的哀傷上，只要在處理喪葬時表達就夠了；在祭祀上，只要在生產之餘再做就好了。在此，最重要的是，不要以死妨生[2]。

關於這樣的看法，我們可以在節葬下可以見到，「棺三寸，足以朽骨；衣三領，足以朽肉；掘地之深，下無菹漏，氣無發洩於上，壟足以期其所，則止矣。哭往哭來，反從事乎衣食之財，佴乎祭祀，以致孝於親。故曰子墨子之法，不失死生之利者，此也。」

四、台灣殯葬改革的作為

在了解墨子對於喪葬的看法以後，我們進一步探討台灣殯葬改革的相關作為。最初，政府從大陸撤退來台，由於政局尚未穩定，所以並沒有多餘的心力涉及殯葬改革的事務。但是，隨著經濟的發展，人們逐漸重視生活的品質，對於環境的要求也越來越高。在這種情況下，環境對生存的影響也越來越受到重視。到了1976年，在這種重視環境心理的影響下，政府開始注意到濫葬與亂葬的問題，認為這樣的問題是會影響到環境的品質。於是，開始思考解決的方法。就這樣，提出了公墓公園化的政策，認為經由這樣政策的提出就可以改善環境的景觀[3]。

可是，只有政策的提出還不夠。因為，政府雖然具有主導的作用，卻沒有實質的強制力。如果要有實質的強制力，那麼就必須進到法律的層次。於是，到了1983年，政府就進一步落實公墓公園化的政策，讓這樣的政策成為

2　楊曉勇、徐吉軍編著（2008）。《中國殯葬史》，頁58-59。北京市：中國社會出版社。

3　邱達能（2017）。《綠色殯葬暨其他論文集》，頁82。新北市：揚智文化。

法律。由此，就出現了《墳墓設置管理條例》。在這個條例中，它規範了設置公墓的要件，同時建立了管理的制度，讓公墓的設置與管理有跡可循。藉由這樣的管理，解決過去濫葬與亂葬的問題[4]。

此時，政府雖然也逐漸看到殯的亂象，但是在心有餘而力不足的情況下，還是只能以葬為主進行改革。不過，到了1989年，受到都市發展的影響，土地利用越來越殷切。如果沒有適時改革，讓都市的土地從殯葬使用中解放出來，那麼都市的發展就會受到土地不足的限制，而沒有辦法獲得充分的發展。於是，為了讓死人不和活人爭地，也為了讓都市發展有充分的土地可以利用，政府在葬法上提出了火化晉塔的政策，用來取代過去的土葬政策[5]。

到了1991年，政府關注的焦點除了葬的部分以外，也開始注意殯的問題。過去，在沒有人注意的情況下，殯的部分出現越來越多的亂象。為了導正這些亂象，政府進一步提出國民禮儀範例，認為藉由國民禮儀範例的簡化規定就可以有效地導正當時社會上所出現的種種殯葬亂象。可是，徒法不足以自行，必須有執行的配套措施配合才可以。否則，在沒有執行配套的情況下，要讓國民禮儀範例產生很大的效果是不可能的。所以，政府就進一步增設公設司儀的制度，希望藉著執行者的培養，來改變殯葬執行的亂象[6]。

到了2002年，政府發現如果要改革殯葬，不能只改革葬的部分，也不能只改革殯的部分，而必須把殯和葬都放在改革的框架裡，這樣的改革才是全面性的改革。也唯有如此，這樣的改革才有成功的可能。如果沒有，只是頭痛醫頭、腳痛醫腳，在沒有全面化的情況下，這樣的改革早晚是要失敗的。於是，在這樣的思考下，出現了《殯葬管理條例》的制定[7]。

在《殯葬管理條例》當中，它不僅規範了葬的部分，也規範了殯的部分，還規範了殯葬業者執業的部分以及殯葬行為的部分。在這樣的規定中，它不是沒有原則的規範，而是有原則的規範。經由這樣的規範，一切的殯葬作為都必須符合這樣的規範，否則就會受到行政或罰鍰的處罰。

4　同註3。

5　同註3，頁82-83。

6　同註3，頁83。

7　同註3，頁84。

　　那麼，這樣的原則是什麼？就我們所知，這樣的原則除了過去的簡化原則以外就是時代的環保原則。之所以用這兩個原則作為原則，是因為簡化原則是現代化的要求。如果我們沒有配合這個原則，那麼整個殯葬就沒有辦法進入現代化的階段。同樣地，環保原則是時代的要求。如果我們沒有辦法滿足這樣的要求，那麼整個殯葬就很難符合時代的要求。所以，為了現代化的需要、為了時代價值的滿足，整個殯葬不得不以此二者為原則。

　　表面看來，這兩個原則似乎彼此無關。但是，仔細深入了解，就會發現它們彼此之間還是有關係的。那麼，這個關係是什麼？簡單來說，就是土地利用的問題。本來，土葬的年代為什麼可以允許土葬，主要在於土地利用沒有問題。但是，到了火化晉塔的年代，土地利用就開始有問題，所以才會出現用火化塔葬取代土葬的做法。到了環保自然葬的年代，土地利用更是問題，需要用環保自然葬來取代火化塔葬，這樣土地利用才不會有問題。由此可見，無論是簡化的原則還是環保的原則，土地利用是它們的最大公約數，成為它們共同關注的焦點。

　　在這兩個原則的指導下，台灣的殯葬改革在葬的方面越來越往簡單化的方向走，認為要簡化，所以葬的時候不要占有一分一毫的地；認為要環保，所以不要對環境造成影響，最好什麼都不留。最終要走的方向就是死後什麼都不留，來也空空、去也空空。同樣地，在殯的部分也是如此。為了簡化的需求，喪事越辦越簡單，認為有辦就好；為了符合環保的要求，喪事過程不要製造太多汙染，不要浪費有用的資源。也就是說，殯葬改革的結果就是不要讓殯葬成為我們生存的負擔。

五、墨子觀點下的台灣殯葬改革

　　在了解台灣的殯葬改革作為以後，我們最後要看在墨子的觀點下台灣的殯葬改革作為是否合適的問題。照理來講，墨子是古代的人，台灣的殯葬改革是現代的事。那麼，這兩者之間又有什麼樣的關聯？為什麼我們要從古代人的觀點來看現代的殯葬改革的事？這是因為墨子雖然是古代的人，但是對

於尋求適合人們的殯葬的事卻是亙古如一。無論時代怎麼改變，我們都需要找到符合人們需求的殯葬作為。

在古代，墨子面對他的時代，受到儒家厚葬久喪的影響，他需要找到適合人們需求的殯葬作為。如果沒有找到這樣的作為，那麼就會影響到這個時代的人的生存，使得這個社會無法處於治的狀態。所以，他透過功利主義的觀點重新提出一種薄葬短喪的思想，希望能夠化解厚葬久喪對社會所造成的危機。

到了現代，從清末民初開始，在西方船堅砲利的影響下，中國也開始了現代的殯葬改革。只是這樣的改革不是基於社會本身的自然需求，而是為了因應國家救亡圖存的人為需求。不過，不管背後的原因是什麼，這樣的作為目的還是在於讓整個社會可以適應時代的要求，讓在這個社會中的人都可以過著安定的生活。

那麼，在墨子的觀點下，台灣殯葬改革的作為有沒有成功？如果從簡化的角度來講，台灣的殯葬改革作為其實是符合墨子的節葬要求。因為，整個簡化的過程目的也在於解決死人與活人衝突的問題，希望不要以死害生。就這一點而言，今天台灣的殯葬改革是完全滿足墨子的要求。

不過，從簡化的徹底性來講，這樣的作為是完全背離墨子的想法。因為，對墨子而言，節葬的目的不在於取消殯葬的作為，而在於避免影響活人的生產。只要這樣的作為不影響活人的生產，那麼這樣的作為就會被保留下來。可是，今天台灣殯葬改革的作為卻不是這樣，它在意的是簡單不簡單。只要簡單就好，就算這樣的簡單會導致取消，它一點也不在意。相反地，墨子的看法不一樣。簡單並不是最終的原則，最終的原則是人們生活的需要。如果人們的生活需要殯葬，那麼殯葬就要存在。如果人們的生活不需要殯葬，那麼殯葬就不需要存在。所以，決定人們要不要殯葬的，不是簡化原則本身，而是生活所需。既然如此，我們在殯葬改革上就不能專注於簡化原則與環保原則，而要回歸生活本身，由生活來決定這樣的殯葬改革要改革到什麼程度才對。

六、結語

　　現在，到了討論的最後，我們需要對整個討論進行一個簡單的結束。首先，我們之所以選擇墨子的觀點來看台灣的殯葬改革，是因為墨子是中國人當中最早對於殯葬提出改革呼籲的人。在他的觀點下，儒家的厚葬久喪事會影響人們的生存，也會影響社會的安定，所以他提出功利主義的改革作為。

　　到了後來，在清末民初的階段，中國面對西方的挑戰，再次開啟改革的作為，認為改革就是要在簡化的原則下加以現代化。在這種現代化的潮流下，殯葬越來越簡單，人們也越來越不重視殯葬的存在。後來，環保的要求下，在葬的部分甚至出現不需要葬地的作為。如此一來，人不只來人間空空，離開時也去也空空。

　　問題是，這樣的結局是不是人們所要的。如果簡化的作用在於幫人們解決複雜化對於社會的負面影響，那麼過度簡化的結果也會對人們帶來負面影響。對人們而言，這些簡化的作為只是為了幫忙解決問題而不是製造問題。既然如此，那麼在墨子的建議下我們應該回到生活本身的需求看生活需要什麼樣的殯葬，再根據這樣的需求來決定我們的殯葬要簡化到什麼程度，而不是由簡化的原則來決定我們的殯葬要怎麼呈現。

參考文獻

[宋]朱熹，《四書章句集註》，新北市：鵝湖月刊社，1984年。

[清]孫詒讓，《墨子閒詁》，台北市：臺灣商務印書館，1988年。

王慧芬主編，尉遲淦等著（2017）。《2017年殯葬改革與創新論壇暨學術研討會論文集》。新北市：揚智文化。

邱達能（2017）。《綠色殯葬暨其他論文集》。新北市：揚智文化。

邱達能（2017）。《綠色殯葬》。新北市：揚智文化。

尉遲淦（2017）。《生命倫理》。台北市：華都文化事業有限公司。

尉遲淦（2017）。《殯葬生死觀》。新北市：揚智文化。

馮友蘭（2015）。《中國哲學史》。台北市：臺灣商務印書館。

楊曉勇、徐吉軍編著（2008）。《中國殯葬史》。北京市：中國社會出版社。

19

成套服務商業模式成功經營策略研究——以殯葬禮儀服務業經營為例

黃勇融

中華民國遺體美容修復協會理事長

楊雅玲

中華國際管理顧問有限公司總經理

摘　要

　　殯葬禮儀服務業是人類生命過程結束時，不可或缺的傳統產業，人類面臨死亡有恐懼、害怕、禁忌及非經常購買經驗因子，使殯葬禮儀服務流程、產品或服務間，有因地、因時、因事不易切割規則，在高齡化社會，殯葬禮儀服務業的商機逐漸龐大。成套服務商業模式主要是提供成套完整優質之服務以滿足顧客，使顧客對所提供之價值主張有高度之滿意度。本研究以成套服務商業模式，結合學者及殯葬禮儀服務業者之經營經驗，經模糊德菲法（FDM）、模糊層級分析法（FAHP）與相似性整合法（SAM）歸納出三項主準則及十二項次準則之權重分配。結果顯示，「外部因素」為關鍵之主準則，前三項次準則占總權重75.6%，代表其策略意涵應著重具有顧客信賴關係與符合相關法規與政策要求及具有客製化能力。本研究之結果，期望作為殯葬禮儀服務業者之經營策略參考依據。

關鍵詞：成套服務、經營策略、殯葬禮儀服務

一、前言

(一)研究背景與動機

　　生、老、病、死是人生中必經過程，殯葬禮儀服務業是人類生命過程結束時，不可或缺的傳統產業，死亡後承攬相關後續事宜，主要區分為：殮、殯、葬三個主要活動（王世峯，2011），在高齡化社會，殯葬禮儀服務業的商機逐漸龐大，殯葬禮儀服務業者藉由活動提供，使顧客獲得價值滿足。

　　本研究以殯葬禮儀服務業為研究對象，探討在高齡化社會，殯葬禮儀服務業如何以其成功的經營策略在競爭市場中穩定成長，讓顧客取得專業優質的殯葬禮儀服務。

　　本研究藉由整合殯葬禮儀服務業領域之優質業者成功的經營管理經驗，

進而探討成套服務商業模式之成功經營策略，以上的研究動機是本研究值得探討的誘因。

(二)研究目的

人類面臨死亡有恐懼、害怕、禁忌及非經常購買經驗因子（黃毓茹，2014），因此，殯葬禮儀服務業商品，具專業性、時效性及單一使用性特質（曹聖宏，2004），殯葬禮儀服務流程、產品或服務間，有因地、因時、因事不易切割規則，及無法重複購買使用特性與禁忌（黃芝勤，2015），顧客在多重影響購買因素下，該如何創新商業模式，提供優質殯葬禮儀服務，讓顧客取得專業優質的殯葬禮儀服務，並研究其成功經營策略，是值得探討的議題。

本研究以「成套服務商業模式成功經營策略研究」為題，經由文獻及專家學者之意見，以模糊德菲法（FDM）篩選出適合的策略準則，再以模糊層級分析法（FAHP）與相似性整合法（SAM），找出殯葬禮儀服務業的成套服務商業模式成功經營策略準則及其權重，最後結論得到優勢經營策略。本研究目的希望將所得之結果，提供給殯葬禮儀服務業者作為成功經營之參考依據。

(三)研究架構與流程

本研究結合多位殯葬禮儀服務業者與擁有多年殯葬禮儀服務經驗專家及學者之寶貴意見，並回顧國內外專家學者對於殯葬禮儀的觀點及成功經營的研究文獻，以模糊德菲法（FDM）結合專家意見後，建構初步準則與架構，藉由發放專家問卷來取得專家們對於主準則與次準則的重要性程度，經由嚴謹的計算得出數據，最後將三大主準則裡的十五項次準則依數據結果縮減為十二項，接著進入下一階段的模糊層級分析法（FAHP）。

此階段的模糊層級分析法（FAHP），由第一階段專家問卷的調查結果建立架構後，再轉而由更具資深經驗的殯葬禮儀服務業者協助填答，由業者分別在主準則與次準則項目中，依重要性程度填答各項準則間的兩兩評比，

收集問卷後進行問卷結果統整，再將業者們的意見整合，進而計算出模糊語意數值來獲取結果，最後列出適合成套服務商業模式成功經營策略的最佳準則。

二、文獻回顧

(一)殯葬禮儀服務業介紹

生、老、病、死是人生中必經過程，殯葬禮儀服務業是人類生命過程結束時，不可缺少之傳統產業（黃勇融，2018）。殯葬禮儀服務業是指人死後，依《殯葬管理條例》（全國法規資料庫，2017）之規定，承攬處理相關後續事宜為主產業（經濟部，2017），殯葬禮儀服務業以殮、殯、葬三個主要功能活動為主，企業藉由活動提供，使顧客獲得價值滿足（王世峯，2011）。

(二)成套商業模式之介紹

成套服務商業模式（**表19-1**）指企業以技術或人為規則，將產品組合成套後，提供給顧客一次購買，滿足所有需求之商業模式，主要優點在顧客便於購買及使用，其次可避免同業單項優質產品帶來之威脅（鍾憲瑞，2012）。

(三)成套服務商業模式成功經營策略研究經營關鍵

研究彙集殯葬禮儀服務業業者及相關學者、專家之寶貴意見及豐富經驗，訂定顧客價值及企業經營策略，為顧客解決因死亡所產生的需求問題，彙整出成功經營策略之三大準則及十五項次準則如下：

◆**(A)外部因素**

A1.目標顧客多元化：使用者是死者本身，具不同性別、國籍、宗教、

表19-1　殯葬禮儀服務業成套商業模式關係表

關鍵夥伴KP	關鍵活動KA	價值主張VP	顧客關係CR	目標顧客CS
• 專業人力勞務團隊：禮儀師、神職人員、司儀、樂隊等 • 專業殯葬物料百貨：棺木、壽衣、骨灰罐等 • 專業花卉設計團隊：會場布置等	• 殮的服務：死後至入殮期間活動 • 殯的服務：入殮至發引期間活動 • 葬的服務：發引至安置期間活動	• 提供成套服務解決死後殮、殯、葬問題之價值 • 提供成套服務獲得便利性及價格優惠之價值 通路CH • 客戶推薦 • 網路行銷 • 售後服務	• 專人專案服務	• 具殯葬禮儀服務需求之往生者親友
	關鍵資源KR			
	• 專業知識：宗教禮俗、禮儀風俗、法令規範等 • 專業技術：活動規劃、客製化、管理制度評鑑及專業能力證照等			
成本結構C$			收益流R$	
• 人力成本 • 物料成本 • 管銷成本			•喪葬費用收入 •更添費用（成套商品以外）收入	

種族等多元化無差別特色因素（曹聖宏，2004）。

A2.具品牌形象及知名度：建立出自己品牌形象，可加強消費者聯想，與其他競爭對手作出區隔（鄭旭夆，2018）。

A3.具有客製化能力：依使用者性別、殯葬儀式種類、經濟因素三方面，在設計、製作及運送過程中，提供客製化組合成套能力（余全福，2011）。

A4.具有顧客信賴關係：殯葬禮儀服務過程，是一連串顧客信賴關係確保之過程，顧客對企業有不信賴感或需求無法被滿足，將中止或取消交易（陳柏憲，2010）。

A5.符合相關法規與政策要求：設置、管理及運作依《殯葬管理條例》規範，符合相關政府法令規範，始具合法經營之基本能力（蔡國龍，2014）。

◆(B)內部因素

B1.管理制度嚴謹與完善：以完善組織架構、部門功能明確定位及說明，對組織內外部資源，有嚴謹管理及規範（曹聖宏，2004），降低產品或服務不良率或客訴率。

B2.經營理念與策略具競爭優勢：組織成員進行活動參考依據之經營理念及策略（蔡宜樺，2014），將異於同業之競爭優勢置入。

B3.具有高服務品質與專業技術：將顧客未發現需求或期望，透過提高品質標準及改良技術水平呈現來獲得價值滿足（傅聖儒，2000）。

B4.上下游合作及外包配套管理：上下游廠商及外包部分合作夥伴納入企業管理範圍或附屬在組織架構內，以完善查核辦法及配套質量管理機制，對整體品質有監督作用（許輔江，2014）。

B5.市場開發與售後服務管理：對客戶回饋訊息進行分析，做更具競爭力之調整及改善（許涵雯，2016），使企業取得創新方向及差異化策略參考。

◆(C)成套服務經營特色因素

C1.提供成套服務以提升顧客價值：殯葬禮儀服務業商品，具解決問題之主要價值主張，在有效之成套服務，可一次滿足顧客所有需求，提升顧客便利性及價格優勢價值（黃紫娟，2017）。

C2.具有價格優勢：以特有核心競爭結合成本優勢，進行價格調整，取得最佳競爭樣態，取得市場占有率及提升顧客購買意願（戴薇珊，2013）。

C3.具有創新與差異化能力：經新創意或新發想之實現創新能力，提供優於市場上同級品之差異化能耐或提升附加價值（葉若翰，2013）。

C4.通過評鑑與優質企業形象：接受縣市政府進行實際運作驗證評估

（內政部，2012），鑑定管理機制、合法性，由評鑑過程與結果改善，持續提升企業價值、能力及優質形象（何姍靜，2008）。

C5.具有專業證照：企業有專業證照，保障從業人員基本供應能力符合標準，提升顧客對企業專業度及信任感。

(四)成套服務商業模式成功經營策略之第一階段衡量準則

本研究透過文獻回顧、文獻內容探討及資料蒐集，建立成套服務商業模式成功經營策略之初步衡量準則與構面文獻，分別有三項主準則與十五項次準則，整理如**表19-2**。

三、研究方法

以模糊德菲法（FDM）專家集體決策分析，並設計出專家問卷，藉此收集專家意見來進行篩選，進而取得更準確可靠之評估項目與架構。以模糊層

表19-2　成套服務商業模式成功經營策略準則整理表

主準則	次準則
(A)外部因素	A1.目標顧客多元化 A2.具品牌形象及知名度 A3.具有客製化能力 A4.具有顧客信賴關係 A5.符合相關法規與政策要求
(B)內部因素	B1.管理制度嚴謹與完善 B2.經營理念與策略具競爭優勢 B3.具有高服務品質與專業技術 B4.上下游合作及外包配套管理 B5.市場開發與售後服務管理
(C)成套服務經營特色因素	C1.提供成套服務以提升顧客價值 C2.具有價格優勢 C3.具有創新與差異化能力 C4.通過評鑑與優質企業形象 C5.具有專業證照

級分析法（FAHP）與相似性整合法（SAM），經由計算模糊語意值後，得出各項準則權重並建立經營策略之準則評估模型。

(一)模糊德菲法（FDM）

模糊德菲法（Fuzzy Delphi Method, FDM），是由德菲法結合模糊集合（Fuzzy Set）理論所延伸發展出之方法，兩者不同之處為引進模糊數，此模糊理論專為處理專家群體共識間之模糊性問題，此舉可降低問卷複查次數、減少時間與成本，進而提升效率性。本研究問卷以10尺度作為解釋尺度並依據模糊語意變數（Buckley, J. J., 1985）計算集體決策模糊值（Klir & Yuan, 1995），以此求得群體決策共識，再經由評估與篩選，並以專家認定之關鍵準則策略建構成套服務商業模式成功經營策略之層級架構。

(二)模糊層級分析法（FAHP）

模糊層級分析法（Fuzzy Analytic Hierarchy Process, FAHP）是層級分析法（AHP）與模糊理論結合之方法，Grann最早將其結合運用，並提出要素間的兩兩比較需以三角模糊數來表示其重要程度，進而計算各決策模糊權重（李得盛、黃柏堯，2008）。此外，FAHP將隸屬函數（Membership Function）取代傳統AHP明確值（Crisp Value），且運用相似性整合法（SAM），將專家群體的評估準則策略之權重進行整合，讓群體決策透過FAHP與模糊運算，以模糊數來表示評比值，再由模糊向量法、特徵值與特徵矩陣來運算各層級準則間之模糊相對權重，並將各權重值與各準則比較值整合並完成一致性指標與檢驗後，則可得出各準則之量化權重（陳振東，1994）。由所得之準則權重及排序，可得最終成套服務商業模式成功經營策略之經營策略管理意涵。

四、研究分析與結果

本研究整合多位專家之實務經驗及學者意見，以模糊德菲法（FDM）、

模糊層級分析法（FAHP）及相似性整合法（SAM），研究成套服務商業模式，以殯葬禮儀服務業為例之成功經營策略。期望本研究之成果能作為殯葬禮儀服務業經營管理之策略依據。

(一)模糊德菲法專家問卷

本研究以模糊德菲法專家問卷發放方式，共發放16份，回收有效問卷16份。以性質方面有：殯葬禮儀服務業者共13位、殯葬禮儀學者專家共3位；以工作職務方面有：負責人共11位、禮儀師及助理共2位、教師共3位；以服務年資方面有：10～15年共6位、16～20年共4位、21～25年共2位、26～30年共3位、30年以上共1位。

(二)模糊德菲法專家問卷信度分析

本次專家問卷之三大主要準則與十五項次要準則之問卷信度，結果如**表19-3**及**表19-4**所示，16位專家業者們所完成之專家問卷，其信度分析結果之Cronbach's Alpha值為0.917，大於0.7，結果顯示此次專家問卷為可靠且信度高。

(三)模糊德菲法專家意見整合分析

本研究整合各專家業者之實務經驗，利用模糊理論解模糊化計算，得出

表19-3　觀察值處理摘要

		個數	%
觀察值	有效	16	100.0
	排除(a)	0	0
總計		16	100.0

表19-4　信度統計量

Cronbach's Alpha值	以標準化項目為準的 Cronbach's Alpha值	項目的個數
0.917	0.939	18

16位專家豐富經營經驗之整體整合共識結果，主要準則與次要準則之整合模糊值，結果如**表19-5**所示。16位專家業者之豐富經營經驗，均反映與整合於解模糊化後得出之模糊值。經專家建議，在三大主要準則中之次要準則裡，將排序最低者予以刪除，篩選出前四項次準則，再藉由整合更資深經營專家之經驗，進行更進一步之準則權重分析。

(四)模糊德菲法之篩選結果

次準則裡予以刪除的項目有：(A)外部因素中的「A2.具品牌形象及知名度」、(B)內部因素中的「B5.市場開發與售後服務管理」以及(C)成套服務經營特色因素中的「C5.具有專業證照」，結果如**表19-6**，其餘共計三項主準則與十二項次準則之關鍵經營策略項目將運用模糊層級分析法進行下一步分析。

表19-5 模糊德菲法之解模糊值

主準則	次準則	解模糊值	刪除項目
(A)外部因素	A1.目標顧客多元化	7.71	
	A2.具品牌形象及知名度	~~7.60~~	刪除
	A3.具有客製化能力	8.21	
	A4.具有顧客信賴關係	8.96	
	A5.符合相關法規與政策要求	8.17	
(B)內部因素	B1.管理制度嚴謹與完善	8.25	
	B2.經營理念與策略具競爭優勢	8.58	
	B3.具有高服務品質與專業技術	8.54	
	B4.上下游合作及外包配套管理	8.92	
	B5.市場開發與售後服務管理	~~8.15~~	刪除
(C)成套服務經營特色因素	C1.提供成套服務以提升顧客價值	7.88	
	C2.具有價格優勢	7.56	
	C3.具有創新與差異化能力	7.83	
	C4.通過評鑑與優質企業形象	7.48	
	C5.具有專業證照	~~7.42~~	刪除
平均值			8.13
標準差			0.51

表19-6　主要準則及次要準則之篩選結果

主準則		次準則
(A)外部因素	a1	目標顧客多元化
	a2	具有客製化能力
	a3	具有顧客信賴關係
	a4	符合相關法規與政策要求
(B)內部因素	b1	管理制度嚴謹與完善
	b2	經營理念與策略具競爭優勢
	b3	具有高服務品質與專業技術
	b4	上下游合作及外包配套管理
(C)成套服務經營特色因素	c1	提供成套服務以提升顧客價值
	c2	具有價格優勢
	c3	具有創新與差異化能力
	c4	通過評鑑與優質企業形象

五、模糊層級分析研究結果

(一)模糊層級分析專家問卷

　　本研究由以上所建立之層級架構，結合更具豐富經驗之專家業者意見，進一步以模糊層級分析法（FAHP）及運用相似性整合法（SAM），進行整合分析準則要素間之權重。這些業者均為年資在二十年以上（含）資深殯葬禮儀服務業者。

(二)主要準則與次要準則權重之計算結果

　　主要準則及次要準則權重，詳如**表19-7**。

(三)各項準則之一致性檢定

　　將各主要準則與次要準則矩陣建構完成後，計算其特徵向量，再進行一致性指標（C.I.）、一致性比例值（C.R.）、最大特徵值（I_{max}）之計算。

表19-7　三大主要準則及十二項次要準則之權重

主準則	權重	次準則		特徵權重	優先權重
(A)外部因素	0.798	a1	目標顧客多元化	0.052	0.041
		a2	具有客製化能力	0.261	0.208
		a3	具有顧客信賴關係	0.347	0.277
		a4	符合相關法規與政策要求	0.340	0.271
(B)內部因素	0.105	b1	管理制度嚴謹與完善	0.269	0.028
		b2	經營理念與策略具競爭優勢	0.299	0.031
		b3	具有高服務品質與專業技術	0.380	0.040
		b4	上下游合作及外包配套管理	0.052	0.005
(C)成套服務經營特色因素	0.097	c1	提供成套服務以提升顧客價值	0.144	0.014
		c2	具有價格優勢	0.257	0.025
		c3	具有創新與差異化能力	0.493	0.048
		c4	通過評鑑與優質企業形象	0.106	0.010

一致性檢定之數值結論如次：小於0.1之C.I.、C.R.為最佳可接受之誤差；小於0.2則為可接受之誤差。本研究經一致性檢定，結果為最佳可接受之範圍內，如**表19-8**所示。

(四)各項準則排序

　　將各項準則之權重予以排序，即可得知本研究成套服務商業模式成功經營策略之主要準則優先排序結果，詳如**表19-9**。

表19-8　主要準則與次要準則特徵向量計算與一致性檢定

A	B	C		I_{max}	C.I.	C.R.	檢定結果
0.798	0.105	0.097		3.007	0.004	0.006	一致
a1	a2	a3	a4	I_{max}	C.I.	C.R.	檢定結果
0.052	0.261	0.347	0.340	4.056	0.019	0.021	一致
b1	b2	b3	b4	I_{max}	C.I.	C.R.	檢定結果
0.269	0.299	0.380	0.052	4.032	0.011	0.012	一致
c1	c2	c3	c4	I_{max}	C.I.	C.R.	檢定結果
0.144	0.257	0.493	0.106	4.236	0.079	0.087	一致

表19-9　主要準則與次要準則之優先排序結果

優先排序		主要準則	權重
1		(A)外部因素	0.798
2		(B)內部因素	0.105
3		(C)成套服務經營特色因素	0.097
優先排序		次要準則	權重
1	a3	具有顧客信賴關係	0.277
2	a4	符合相關法規與政策要求	0.271
3	a2	具有客製化能力	0.208
4	c3	具有創新與差異化能力	0.048
5	a1	目標顧客多元化	0.041
6	b3	具有高服務品質與專業技術	0.040
7	b2	經營理念與策略具競爭優勢	0.031
8	b1	管理制度嚴謹與完善	0.028
9	c2	具有價格優勢	0.025
10	c1	提供成套服務以提升顧客價值	0.014
11	c4	通過評鑑與優質企業形象	0.010
12	b4	上下游合作及外包配套管理	0.005

六、結論

　　本研究以殯葬禮儀服務業經營為例，探討成套服務商業模式成功經營策略，藉由文獻回顧、資料蒐集，並透過殯葬禮儀服務業負責人及資深殯葬禮儀服務知識專家之專家意見，建構初步經營策略指標與架構，進行模糊德菲法（FDM）專家問卷，進而篩選出適合成套服務商業模式成功經營策略之經營準則，而後根據模糊層級分析法（FAHP）專家問卷，讓專家進行兩兩比較及相似性整合法判斷，再以嚴謹的數學計算深入分析，即得成套服務商業模式成功經營策略準則之權重分配。

　　主要準則之權重如**圖19-1**所示，依權重排序，最高為(A)外部因素，其次為(B)內部因素，最後為(C)成套服務經營特色因素。在「外部因素」次要準則中，依重要性排序為a3具有顧客信賴關係、a4符合相關法規與政策要

求、a2具有客製化能力、a1目標顧客多元化,詳如圖19-2。在「內部因素」次要準則中,依重要性排序為b3具有高服務品質與專業技術、b2經管理念與策略具競爭優勢、b1管理制度嚴謹與完善、b4上下游合作及外包配套管理,詳如圖19-3。在「成套服務經營特色因素」次要準則中,依重要性排序為c3具有創新與差異化能力、c2具有價格優勢、c1提供成套服務以提升顧客價值、c4通過評鑑與優質企業形象,詳如圖19-4。經優先權重排序後,本研究成套服務商業模式成功經營策略之優先考量順序,首先為a3,其次為a4,再來為a2、c3、a1、b3、b2、b1、c2、c1、c4、b4,詳如圖19-5。

前三項次準則:a3具有顧客信賴關係、a4符合相關法規與政策要求、a2具有客製化能力,占總權之75.6%,是本研究成功經營策略之關鍵準則。

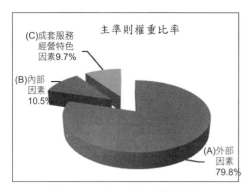

圖19-1　主要準則權重圖

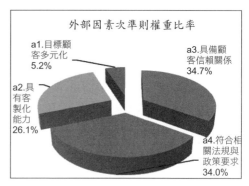

圖19-2　外部因素權重圖

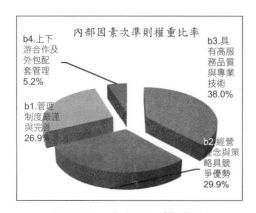

圖19-3　內部因素權重圖

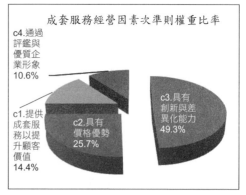

圖19-4　成套服務經營特色權重圖

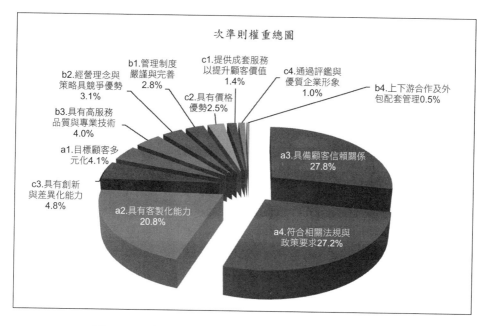

圖19-5　成套服務商業模式成功經營策略之權重圖

　　結論顯示，其經營策略意涵須掌握三大部分，分別為：

(一)經營核心層面（a3）

　　a3具有顧客信賴關係：殯葬禮儀服務業者，力求在遺體接運、安靈服務、治喪協調、發喪、奠禮場所準備、入殮移柩、奠禮儀式、發引安葬、埋葬或存放設施、後續處理、其他等殯葬主要流程中，將顧客的需要、期望、價值、滿意度，做出明確的蒐集、開發、研究、施行、管理、界定或量化方法，並將提供之價值主張與顧客做出最明確的溝通及說明，於提供產品或服務時，將價值誠實主動融入活動中，使顧客得到高滿意度或超出原來期望，建立顧客對企業的高度信賴關係及高滿意度，可創造企業良善口碑及市場占有率。

(二)經營外部層面（a4）

a4符合相關法規與政策要求：政府近年來不斷對殯葬禮儀服務業之組織合法性、簡葬產品、環保商品、性別平等、殯葬自主、專業證照、公平交易等，要求納入企業經營策略，並將其列入年度評鑑重點項目，殯葬禮儀服務業者應依政府法規與政策要求，首重政府法規之合法規範，其次為因應政策要求，不斷強化企業組織管理機制、提升專業服務表彰、建立優質企業形象，使企業擁有完整健全的本質進行市場競爭。

(三)經營內部層面（a2）

a2具有客製化能力：殯葬禮儀服務業者面對不同的顧客需求、價值主張，除了可以提供標準成套服務能力外，亦需對於客製化的要求，進行實現及開發的能力，讓多元化的顧客皆能得到滿足，並創造企業特有之競爭優勢。

逝親者在面對殯葬禮儀需求時，著重殯葬服務活動所能帶來解決問題的期望與實際價值。因此，殯葬禮儀服務業者面對同業競爭時，仍需在符合政府法規規範下，開發顧客既有或潛在需求及創新經營策略皆是企業不可缺乏之策略方針，對商業模式經營，企業應加強核心層面開發，建立新的核心競爭力並加入新型態，以應競爭激烈的產業圈。上述之研究建議，以此期望能給予經營者有效之策略參考依據。

參考文獻

內政部（2012）。《平等自主 慎終追遠——現代國民喪禮》。台北市：內政部。

王世峯（2011）。《殯葬服務與管理》。新北市：新文京開發出版股份有限公司。

全國法規資料庫。http://law.moj.gov.tw/ [December 29, 2017]

余全福（2011）。〈從客製化喪禮規劃探討殯葬業經營之轉型〉。嶺東科技大學高階主管企業碩士在職專班碩士論文，台中市。

李得盛、黃柏堯（2008）。〈應用模糊層級分析法評選供應商之研究〉。《計量學理期刊》，5(13)，39-56。

何姍靜（2008）。〈台北市政府實施殯葬禮儀服務業評鑑之研究〉。國立政治大學碩士論文，台北市。

許輔江（2014）。〈外包品質管理推動之影響——以代工產業C公司為例〉。逢甲大學電子商務碩士論文，台中市。

許涵雯（2016）。〈商業模式產生器——以長庚養生文化村為案例〉。國立台灣科技大學資訊管理研究所碩士論文，台北市。

黃勇融（2018）。《2017年殯葬改革與創新論壇論文集》。新北市：揚智文化事業股份有限公司。

黃芝勤（2015）。〈台灣近代的喪禮告別式〉。國立政治大學博士論文，台北市。

黃毓茹（2014）。〈台灣殯葬禮俗中點主為主儀式的變遷——以澎湖縣為例〉。南華大學生死學研究所碩士論文，嘉義縣。

黃紫娟（2017）。〈成套服務商業模式成功經營策略研究——以高級產後護理之家經營為例〉。明道大學企業管理碩士論文，彰化縣。

陳振東（1994）。〈研究發展計劃評選之模糊多準則群體決策模式構建〉。國立交通大學工業工程研究所博士論文，新竹市。

陳柏憲（2010）。〈「顧客關係、品牌知名度、企業形象、服務品質、顧客滿意度與顧客忠誠度間關係之研究」——以國內醫療器材業為例〉。國立交通大學企業管理碩士論文，新竹市。

曹聖宏（2004）。〈台灣殯葬業企業化公司經營策略之個案研究〉。南華大學生死學研究所碩士論文，嘉義縣。

傅聖儒（2000）。〈殯葬服務業服務品質與滿意度之研究——以G集團為例〉。中華大學碩士論文，新竹市。

葉若翰（2013）。〈服務創新對服務品質與顧客滿意度的影響之研究——以殯葬業為例〉。國立高雄應用科技大學企業管理系碩士論文，高雄市。

經濟部公司行號及有限合夥營業項目代碼表檢索系統。https://gcis.nat.gov.tw/cod/index.jsp[December 29, 2017]

蔡國龍（2014）。〈我國鄰避設施法制規範之探討——以殯葬管理條例為中心〉。南台科技大學碩士論文，台南市。

蔡宜樺（2014）。〈台灣殯葬禮儀服務業經營策略與產業分析〉。國立雲林科技大學企業管理系碩士論文，雲林縣。

鄭旭峯（2018）。〈服務品質、品牌形象、忠誠度之研究——以台南市烘焙坊為

例〉。高苑科技大學經營管理研究所碩士論文,高雄市。

鍾憲瑞(2012)。《商業模式:創新與管理》。新北市:前程文化事業有限公司。

戴薇珊(2013)。〈跨國企業之移轉訂價管制對廠商及社會福利之影響〉。輔仁大學經濟學研究所碩士論文,新北市。

Buckley, J. J. (1985). *Fuzzy Hierarchical Analysis, Fuzzy Sets and System, 17*, 233-247.

Klir, G. J. & B. Yuan. (1995). *Fuzzy set and Fuzzy Logic-Theory and Application*. Prentice-Hall Inc., New Jersey.

Murray, T. J., Pipino, L. L., and van Gigch, J. P. (1985). A pilot study of fuzzy set modification of Delphi. *Human Systems Management, 5*, 76-80.

Osterwalder, A. and Pigneur, Y. (2010). *Business Model Generation: A Handbook for Visionaries*. Game Changers, and Challengers. Wiley

Saaty. T. L. (1980). *The Analytic Hierarchy Process*. New York: McGraw-Hill.

20

從綠色殯葬政策的願景建構
到在地環保自然葬的推展——
以新竹縣為例

邱達能
仁德醫專生命關懷事業科助理教授

魏君曲
新竹縣政府民政局科員

張孟桃
仁德醫專生命關懷事業科講師

摘　要

　　本研究題目訂定為「從綠色殯葬政策的願景建構到在地環保自然葬的推展——以新竹縣為例」，目的在於了解新竹縣未來在推展環保自然葬時應如何推展的問題。根據研究的結果，本研究認為新竹縣未來在推展環保自然葬時應當注意以下幾個問題：(1)不要混淆時代的環保價值與殯葬的生死價值，在推展時應以殯葬的生死價值為主；(2)為了達到這個目的，環保價值應該融入傳統文化的殯葬生死要求當中，而非凌駕殯葬生死要求之上；(3)根據生死安頓的要求，環保自然葬區的規劃與設計應當以家作為設計的內容，讓家具有每一族群的文化特色，尤其新竹縣是以客家為主的縣，更應具有客家人的特色；(4)在埋葬時不要以植存的方式處理，而要以拋灑的方式處理，避免骨灰結塊現象的發生，表示對於自然的回歸沒有問題；(5)在拋灑時不是直接將骨灰灑入預先挖好的圓形穴位之中，而是讓家屬親自挖一淺薄長方形的穴位依序將骨灰灑入，經過一個儀式的過程，還亡者一個全屍的樣貌，滿足夠格回去面見祖先的要求；(6)在祭祀時可以允許搭設臨時祭台，讓祭祀過程具有莊嚴性與神聖性，滿足家屬追思之情；此外，還可以有生命紀念碑或館的設置，讓家屬以資訊化的方式紀念亡者。

關鍵詞：綠色殯葬政策、環保自然葬、植存、拋灑

一、前言

　　本專題研討旨在從綠色殯葬政策的願景建構到在地環保自然葬的推展——以新竹縣為例。本文首先以環保自然葬推展的情形做研究背景說明；第二，透過實務經驗了解問題的癥結；第三，則透過上述來了解政府的責任，茲分別敘述如下：

(一)環保自然葬推展的情形

　　《殯葬管理條例》的制定是在民國91年以前，那麼之前應該就沒有環保自然葬的存在。可是，有意思的是，在民國90年，高雄市就率先推行海葬（廖碧勤，2012）。只是當時執行的件數不是很多，總共只有14件。到了民國91年，就是《殯葬管理條例》通過的那一年，也只有28件。到了民國92年，環保自然葬正式實施之後，高雄只剩2件，雖然增加台北市，也只有5件，合計台灣當時只有7件。由此可見，海葬在推動之初就不是很順利。

　　如果是這樣，那麼後來有沒有變得比較好？事實證明，實施件數最多的是民國105年的259件，參與的縣市包括台北市、新北市、桃園市、高雄市。其次，是民國104年的233件，參與的縣市包括台北市、新北市、桃園市、高雄市。從這些參與的縣市來看，以大都市為主。其中，台中市是在民國105年才參與，只有6件；而台南市則從未參與，迄今件數為0。至於不是大都市的縣市，基本上參與的很少。其中，台東縣在民國96年和97年曾經參與過，件數分別為1件和2件；而花蓮縣則是在民國101年參與過一次，件數只有2件。

　　從這些參與的縣市與件數，可見海葬被接受的程度不是很高。否則，身處海島的台灣應該很能接受海葬才是。更何況，從民國97年開始，台北市、新北市和桃園市還聯合舉行海葬，透過媒體大作宣傳，但效果還是很有限。例如在民國97年剛剛開始宣傳時，參與的件數是43件。到了民國105年，參與的件數增加到242件。表面看來，增加5倍。但是，實際上，當年台灣全部也只有259件。迄今為止，經過十五年，台灣有關海葬的總件數計有1,630件（台灣環保自然葬協會成立大會會員手冊，2017）。可見，要推展海葬在台灣有多困難。

　　那麼，樹灑葬和花葬的情況會不會比較好？表面看來，情況確實好很多。例如最早推展樹灑葬和花葬的都市是台北市，時間是在民國92年，也就是《殯葬管理條例》公布實施的第二年，實施的件數共計樹葬203件、灑葬6件，合計209件。至於其他縣市配合實施的，台北縣（即後來的新北市）只有樹葬1件、灑葬0件，高雄市樹葬0件、灑葬14件，屏東縣樹葬1件、灑葬0

件，當年全台灣合計樹葬205件、灑葬20件，總共樹灑葬225件。相較於海葬最初的只有14件，樹灑葬和花葬的情況算是好很多。如果相較於當年，也就是民國92年的情況，海葬只剩7件，表示樹灑葬和花葬的結果受到比較多的認可，所以高雄的海葬就從上一年度的28件減少到2件，而台北市第一次海葬也只能有5件。

不過，樹灑葬和花葬雖然比海葬的起始要好很多，甚至吸引部分的海葬移轉到樹灑葬和花葬，並不表示後來的樹灑葬和花葬就沒有問題，可以很順利的推展下去。實際上，效果也沒有預期的那麼好。在民國98年之前，樹灑葬和花葬累積件數一直沒有辦法破1,000件。到了民國98年，樹灑葬累積件數才破1,000件，來到1,386件。這時，全台灣的樹灑葬區已經增加到10處之多。到了今天，也就是民國106年，全台灣的樹灑葬和花葬區已經增加到33處。其中，台北市富德公墓的「詠愛園」樹葬累積件數最高，從民國92年開園迄今，也就是民國106年1月，共計有9,908件。其次，是屏東麟洛鄉第一公墓樹葬區，從民國101年開園以來，共計5,235件。可是，這種累積的件數是以無主墳樹葬為主。因此，真正第二多的是新北市的金山環保生命園區，從民國96年開園以來，累積迄今共有4,911件。至於花葬區，則以台北市陽明山第一公墓「臻善園」為代表，從民國102年開園迄今，共計累積件數2,394件。總體而言，從民國92年開始推展樹灑葬和花葬，累積十四年的件數總共超過20,000件（台灣環保自然葬協會成立大會會員手冊，2017）。

表面看來，超過20,000件的樹灑葬和花葬的件數確實比海葬的1,000多件要好很多，是海葬的12倍。可是，就每一年十幾萬的死亡人數而言，這樣的環保自然葬比率就有點偏低。最初，也就是民國93年，台北市的樹灑葬開始啟動以後，當年的環保自然葬占所有埋葬數的千分之一點多。到了民國98年，全台灣的環保自然葬占所有的埋葬數終於達到百分之一。迄今，全台灣的環保自然葬占所有的埋葬數仍然在百分之一點多，還沒有破百分之二。從這些統計數字來看，台灣對於環保自然葬的推展要比想像中來得不容易。

如果相對於火化晉塔的推展，就會更清楚環保自然葬推展的不容易。就火化晉塔而言，這個政策的提出最早是在民國75年，落實是在民國79年。從民國79年起到民國91年，期間間隔十二年。在這十二年中，火化晉塔就取

代了土葬成為台灣的主流葬法。可是，環保自然葬的推展似乎就沒有那麼容易，經過十四年的努力，迄今仍然只占所有埋葬數的不到2個百分點，無法成為台灣葬法的主流。雖然環保自然葬深受年輕人的關注，但是流行是一回事，實際配合又是另外一回事。換句話說，要等環保自然葬從流行變成主流，似乎只有等到老一輩的人死光以後或許才有可能。

(二)問題的癥結

　　問題是，這樣的等待是不正確的。畢竟每一代人都有每一代人的殯葬尊嚴。我們不能因為這一代的人現在不接受這樣的葬法，就讓這一代的人在不接受當中被遺棄。如果接受其他葬法也有尊嚴，那麼不接受環保自然葬也無所謂。可是，如果不接受環保自然葬就沒有尊嚴，那麼這樣的放棄就會讓他們受到不接受的懲罰。對政府而言，這樣的懲罰是不對的。從政府應有的作為來看，如何讓他們接受才是政府應該做的事情。由此看來，我們有必要先弄清楚到底不接受環保自然葬會不會影響現代人的殯葬尊嚴？

　　表面看來，應該不會。因為，不同時代的人有不同時代的尊嚴。在土葬的時代，接受土葬的人自有土葬的尊嚴。在火化晉塔的時代，接受火化晉塔的人自有火化晉塔的尊嚴。在環保自然葬的時代，接受環保自然葬的人自有環保自然葬的尊嚴。這麼說來，不同時代的人自有各自時代的尊嚴。那麼，在不影響尊嚴的情況下，我們是否可以任意選擇自己的葬法？

　　其實，問題並沒有表面看的那麼簡單。的確，不同時代的人在葬法的選擇上確實有不同時代的尊嚴。不過，這是在相應他那個時代的情況下。如果時代不對，那麼這時是否還有尊嚴？對於這個問題，就必須有更深入的探討。就我們所知，當時代不對時，這時要有尊嚴就會變得很困難。因為，它違反了時代的價值。例如在火化晉塔的時代，這時如果還要堅持土葬，那麼就會被認為不合時宜而失去了尊嚴。所以，相應於時代的要求是獲得尊嚴的一個很重要條件。

　　如果時代的相應是一個很重要的獲得尊嚴的條件，那麼在不能配合時代要求選擇葬法的情況下個人極易失去尊嚴。面對這樣的問題，我們是要把責任丟給個人讓個人自行負責，還是政府要扛起教育的責任讓個人了解？如

果答案是前者，那麼就任由個人自生自滅。如果答案是後者，那麼政府就必須了解個人拒絕的原因，並負起教育的責任讓個人了解葬法的選擇方式與意義。

那麼，個人為什麼會抗拒？照理來講，個人是不應該抗拒的。因為，個人對於葬法的選擇通常都會受到社會的影響。只要社會要求什麼樣的葬法，那麼個人就會選擇什麼樣的葬法。所以，在正常的情況下，個人所選擇的葬法一般都會滿足社會的要求，而不會有其他的選擇。既然如此，那麼個人為什麼會拒絕配合？如果不是因為個人特別的理由，那麼這種拒絕配合就表示有新舊衝突的問題。如果不是新舊的衝突，那麼個人是不會有不配合的情形出現。

可是，為什麼會出現新舊的衝突？無論是舊的葬法還是新的葬法，這些葬法不都是政府自己提出的，怎麼會有衝突？理論上來說，確實不應該有衝突。因為，這是用一個取代另外一個。一般而言，這種取代的出現是受到新需求影響的結果。因此，取代就是取代，不會有衝突的問題發生。不過，這是就一般的情形來說，葬法的情形就不太一樣。它不只是一種取代而已，它還有觀念調適的問題。如果沒有注意到觀念調適的問題，那麼就會影響替代的效率，無形中遭受許多抗拒的阻力。

正常來說，政府應該清楚這一點。那麼，為什麼還會出現這樣抗拒的阻力？難道是政府沒有說清楚，還是說明的方式不夠周延？就我們所知，政府的說明重點放在環保價值的強調，而沒有針對這種新舊衝突的問題做處理。在沒有處理的情況下，個人就不知道應該如何回應？有的人就會以時代價值為重，認為這既然是個環保的時代，我們就應該配合這樣的時代價值選擇環保自然葬的葬法。有人則認為時代價值歸時代價值，我們應該選擇哪一種葬法就應該根據我們所處的背景，而我們的背景是火化晉塔，所以就應該繼續選擇火化晉塔的葬法。

面對這樣的衝突，政府不能任由衝突繼續下去。如果政府任由衝突繼續下去，那就表示政府沒有善盡責任去解決問題。如果政府不想這樣，那麼政府就必須針對問題做處理。為了針對問題做處理，政府就必須改懸易轍，不能只是單方面強調時代價值的好處，也要協助一般人調適自己的觀念，讓他

們也有機會可以接受環保自然葬的做法。如此一來，我們才能說這樣的政府是一個負責任的政府。否則，在不理會問題的情況下，任由民眾自生自滅是不對的。

(三)政府的責任

那麼，政府為什麼會忽略這樣的問題？就我們所知，這不是政府故意忽略這樣的問題，而是當時用火化晉塔取代土葬時推展的經驗所致。如果不是當時推展的經驗是這樣，那麼政府在面對用環保自然葬取代火化晉塔的問題時就會採取另外一種策略。可是，就當時的經驗來看，政府唯一能夠做的事情就是採取這樣的的策略。所以，在推展經驗的影響下，政府除了採取這樣的策略外就很難有其他不同的作為。

為了尋找其他作為的可能性，我們需要回到當時的推展經驗，了解當時政府在作為時有什麼忽略的問題存在？就我們所知，政府當時在用火化晉塔取代土葬時之所以能夠順利推展，主要得力於都市發展的需求。在都市發展的壓力下，土地需求甚殷。可是，都市本身土地有限。如果要充分利用土地，那麼這種利用就會產生活人與死人爭地的問題。在活人需求優先考慮的情況下，死人要用到土地就會越來越困難。這時，按照資本主義商業社會的邏輯，死人要用到的土地就會變得很貴。當民眾沒有能力負擔這樣的費用時，他們在葬法的選擇就不會再選擇土葬，而只能選擇火化晉塔。因為，只有選擇火化晉塔，他們在經濟上才能負擔得起，也才能死得起。

在外在經濟條件的壓迫下，政府在推展火化晉塔的政策時就變得很順利。可是，這樣的順利只在都會地區。如果不是都會地區，我們就會發現火化晉塔的政策推展得就不太順利。之所以如此，是因為都市土地利用吃緊。在吃緊的情況下，民眾在經濟上沒有能力負擔高價的土地費用，所以只好接受火化晉塔的作為。可是，都市以外的地區就不同了，在這些地區並沒有土地利用吃緊的問題。因此，對於火化晉塔的政策就不認為有配合的必要。由此可見，都市的成功有都市的條件，而非都會區的不成功也有不成功的原因。這麼說來，沒有客觀條件的配合是很難成功的。

如果我們只從表面來看，這樣的判斷或許是正確的。但是，只要深入問

題本身，就會發現答案未必如此。其中，最關鍵的是，一個人會接受什麼葬法，除了客觀條件的要求外，還有主觀觀念的接受也很重要。從上述的探討來看，非都會區之所以不成功，除了缺乏客觀條件的配合外，更重要的是，主觀觀念的抗拒。對他們而言，土葬的作為不見得會影響到土地的利用。既然不會影響，那麼我們又何必為了一個不存在的問題而改變自己既有的殯葬作為？如果政府不想結果變成這樣，那麼就必須讓他們了解原有的主觀觀念哪裡有問題，應該如何調整才不會有問題？

可惜的是，政府在都會區經驗的成功，讓它誤以為非都會區的不成功只是暫時的。只要客觀條件俱足了、可以配合了，這時非都會區的不成功自然就會消失。因此，在這樣的錯誤判斷下，政府並不認為主觀觀念的調適是很重要的，只要用節約土地的觀念取代就可以。這麼一來，火化塔葬的政策在非都會區的進展就變得很不順利。後來，幸好有其他的條件介入，這樣的推展才逐漸走上坦途。那麼，這些介入的條件是什麼？簡單來說，就是免費的火化、便宜的塔位以及民間觀念的自我轉換。

其中，民間觀念的自我轉換最為重要。對民眾而言，葬法的選擇是為了讓自己心安。只要能夠心安，那麼這樣的葬法無論選擇的是什麼他們都可以接受。如果這樣的選擇才能心安，那麼除非萬不得已，否則他們是不會選擇這樣的葬法。對他們而言，土葬才能讓他們心安，而火化晉塔則不可以的。之所以如此，是因為土葬可以讓他們保有全屍，而火化晉塔則會讓他們挫骨揚灰。如果政府可以打通這樣的關節，讓他們了解火化晉塔並不會挫骨揚灰，那麼他們就可以接受這種新的葬法，而不會產生抗拒的心理。對民間而言，就是這種觀念的調整讓火化晉塔得以逐漸被民眾所接受（邱達能，2017）。

經過上述的檢討，我們發現一個新的政策在推展時不能只考慮客觀條件的問題，也要考慮主觀條件的問題。如果我們只考慮客觀的條件，那麼在符合客觀條件的部分就會產生很好的效果。相反地，在不符合客觀條件的部分就很難產生好的效果。可是，如果我們考慮的不只是客觀的條件，也把主觀條件考慮進來，那麼在新政策的推展上就比較容易產生全面性的效果。對政府而言，推展一個新的政策目的就在於產生全面性的效果。既然如此，那麼

我們在推展時當然就不應該只考慮客觀的條件，也要考慮主觀的條件。

那麼，上述檢討的目的何在？當然，一方面是為了讓中央政府作為參考，並進一步改善現有的作為；另一方面是為了讓那一些還沒有推展環保自然葬的地方政府有機會作為一個參考，避免發生過去的一些缺失。這麼一來，對還沒有推展環保自然葬的地方政府，當它們在推展時就會推展得比較有信心，也比較容易產生應有的成果。

從台灣現有環保自然葬的推展來看，最早推展的是高雄市，在《殯葬管理條例》通過的前一年，它就推展了海葬。之後，在《殯葬管理條例》通過的後一年，台北市也隨之跟進，它推展的則是樹灑葬。到了民國106年，全台灣共有33處樹灑葬和花葬區。其中，公墓內有31處，公墓外2處。到目前為止，還沒有樹灑葬和花葬的縣市計有新竹縣、新竹市、嘉義市、澎湖縣和連江縣等5縣市。至於海葬，目前實施的有台北市、新北市、桃園市、台中市、台南市、高雄市、宜蘭縣、花蓮縣和台東縣等9縣市，其他縣市則還沒有跟進。

身為尚未跟進一員的新竹縣，過去雖然沒有樹灑葬和花葬，也沒有海葬，但是對於環保自然葬的政策仍然是關心的。只是當時主客觀條件都比較不成熟，所以就沒有辦法配合。現在，無論是主觀條件還是客觀條件都比較成熟了，我們有心跟進成為環保自然葬大家族的一員。不過，在成為一員的過程中，我們也意識到後進者的責任，就是不能比先進者來得差。為了達到這個目的，我們一方面蒐集過往的經驗，看過往在推展中遭遇到什麼樣的問題，獲得了什麼樣的成果；一方面思考如何解決這些問題，如何在現有的成果基礎上讓環保自然葬有更好的表現，能夠徹底安頓現代新竹縣民的生死？

二、方法

(一)建構標準

問題是，如果要蒐集過往的經驗，那麼這樣的蒐集不能沒有一個標準？如果沒有標準，那麼蒐集結果就沒有辦法聚焦，以至於蒐集的內容未必適合

我們的需要。因此，如果要蒐集適合我們的資料，那麼就必須先訂定出所需要的標準。如此一來，所蒐集的資料才能適合我們的需求。

◆建構的第一個標準：更好的要求

從上述的了解來看，只是單純的建構是不夠的。因為，單純建構的結果雖然是環保自然葬，卻不見得是新竹縣所需要的環保自然葬。如果建構出來的環保自然葬不是新竹縣所需要的，那麼這樣的建構就沒有意義。畢竟所建構出來的環保自然葬是要能滿足新竹縣對於環保自然葬的需求。所以，如何建構出優於先前建構環保自然葬的縣市的環保自然葬是第一個必須考慮的標準。

◆建構的第二個標準：文化層面的要求

據我們所知，這樣的需求必須符合新竹縣民的文化背景。如果不能符合新竹縣民的文化背景，那麼這樣的葬法再好，也沒有辦法安頓新竹縣民的生死。因為，有關死亡的處理必須貼合於亡者與家屬的文化。如果不能貼合於他們的文化，那麼他們就會在處理過程中缺乏熟悉所帶來的安全感。在沒有安全感的情況下，他們自然就沒有辦法很安心的辦喪事。如此一來，在沒有安全感的情況下，他們的生死自然就沒有辦法得到安頓。所以，如何提供一個符合他們文化需求的環保自然葬就是我們在建構時需要考慮的第二個標準。

◆建構的第三個標準：生死意義層面的要求

根據這樣的意義認知，我們在建構環保自然葬的時候就不能遺忘生死意義的層面。如果我們遺忘了這樣的層面，那麼在建構環保自然葬的時候，就算真的建構出比較好又比較適合文化層面要求的環保自然葬，這樣的建構也不能真的幫亡者與生者解決生死的問題。在沒有解決生死問題的情況下，亡者與家屬就沒有辦法獲得真正的安頓。對政府而言，這樣的解決就變成表面的解決，而沒有辦法徹底安頓亡者與家屬的生死。所以，政府如果希望建構一個可以徹底安頓生死的環保自然葬，就必須考慮生死意義要求的第三個標準。

(二)研究方法

有了選擇的標準之後，我們進一步的問題就是有關資料蒐集的問題。那麼，我們要如何蒐集資料？一般而言，蒐集資料有兩種方法：一種是從書籍、論文中蒐集；一種是從人當中蒐集。就前者而言，這樣的蒐集是從過去的研究當中蒐集資料。由於這樣的資料通常會透過書籍、論文呈現，所以我們可以從這些書籍、論文當中蒐集到相關的資料。就後者而言，這樣的蒐集是從人當中蒐集，只是這樣的人不是一般的人，而是與所要蒐集的主題相關的專家學者。經由這些專家學者的口中，我們可以蒐集到一些專業的資料。

◆從書籍、論文中蒐集

首先，我們要尋找相關的書籍、論文。為了尋找相關的書籍、論文，我們需要確定我們要探討的主題。根據上述的探討，我們要探討的主題就是與環保自然葬有關的主題。

為了達到這個目的，我們一方面要解決目前環保自然葬在實施時所出現的問題，使環保自然葬成為一個沒有問題的葬法；二方面還要進一步將環保自然葬與新竹縣民的文化背景融合起來，使環保自然葬成為一個可以讓新竹縣民安心的葬法；三方面還要進一步與新竹縣民的生死意義需求結合起來，使環保自然葬成為一個可以幫助新竹縣民解決生死問題的葬法。經由這樣的過程，我們所建構出來的環保自然葬才能成為一個可以安頓新竹縣民生死的永續葬法。

◆從專家學者中蒐集

除了上述從書籍、論文蒐集資料外，我們還可以從人當中蒐集資料，也就是從專家學者的口中蒐集資料。關於這一點，在短時間蒐集到比較大量資料的考量下，我們選擇了焦點團體座談的方法（潘淑滿，2004）。

根據潘淑滿的理解，所謂的焦點團體座談的方法是一種質性研究的方法。這種方法是根植於深度訪談的方法，將深度訪談的方法應用在團體之中。經由這種方法的應用，主持人可以根據議題的需要，從參與的人當中經由互動的過程獲得所需的相關資訊。對於這樣的資訊，我們不把它看成是個

人的意見，而看成是團體的看法（潘淑滿，2004）。

在舉行焦點團體座談時，我們先準備一份焦點團體座談題綱，內容除了介紹本研究之動機與目的外，另外還列舉了五個討論題綱：(1)目前國內推動環保自然葬的情形為何？(2)環保自然葬在殯葬改革上所產生的效用為何？(3)環保自然葬在推動過程中遭遇何種問題？對應策略為何？(4)新竹縣如果要推動環保自然葬應採取哪些策略較為適宜？(5)環保自然葬的未來展望為何？

根據這份題綱，第一場焦點團體座談在台北市內政部民政司809會議室舉行，時間是民國106年6月30日，參與的專家學者包括邱達能主任、鈕則誠教授、尉遲淦教授、張乾坤老師、唐根深科長和袁亦霆視察。第二場焦點團體座談在新竹縣民政處生命禮儀管理科會議室舉行，時間是民國106年7月3日，參與的專家學者包括邱達能主任、吳聲祺處長、尉遲淦教授、譚維信老師、郭慧娟理事長、魏君曲專員和王婉婷專員。第三場焦點團體座談在高雄市美麗島人權講堂舉行，時間是民國106年7月6日，參與的專家學者包括邱達能主任、黃有志教授、尉遲淦教授、陳旭昌老師、何冠妤老師、陳怡秀老師、薛森源理事長、陶明志先生和許博雄總幹事。

經由這樣的焦點團體座談，我們蒐集到主要專家學者的意見。雖然在這些專家學者之外還有其他的專家學者，但是這些專家學者已經囊括了環保自然葬的主要研究者。因此，這些意見可以說是對於環保自然葬議題具有代表性的意見。在這些意見的基礎上，我們還要進一步的了解與批判。因為，正如上述所說，我們要的不只是一般的環保自然葬，而是要更完美的環保自然葬。不僅能夠讓新竹縣民能夠覺得熟悉安全，還要能夠幫他們解決生死困擾，讓他們的生死真的能夠得到徹底的安頓。

三、問題的發現、討論與建議

(一)問題的發現

◆對執行現況的省思

　　綜合上述的探討，我們可以看到大家對於環保自然葬未來的肯定。本來，如果大家對於環保自然葬的未來不給予這麼大的肯定，那麼我們也就不用太在意環保自然葬的發展。可是，現在大家既然對於環保自然葬的未來給予這麼大的肯定，那就表示環保自然葬不僅會繼續推動下去，而且還會成為我們未來安頓生死的主要做法。在這種情況下，如果我們沒有想辦法讓這樣的做法盡善盡美，那麼影響的不只是我們自己的生死，也是所有民眾的生死。所以，基於這樣的考量，我們必須設法讓這樣的做法盡善盡美。唯有在盡可能盡善盡美的情況下，那麼未來新竹縣在實施時才能實施得更好，也才能善盡作為一個後面實施縣市的責任。

◆省思之後看到的問題

　　經過上述的省思，我們進一步具體反省環保自然葬的引進和推動的問題。表面看來，這樣的引進和推動都不應該產生問題。因為，這樣的引進和推動都是為了解決我們的殯葬問題，也是為了讓我們的殯葬能夠提升到世界的水平。可是，理想是一回事，合不合乎現實則是另外一回事。因此，在理想落實到現實時就會開始出現各種問題。不過，有問題不重要，重要的是，面對問題的心態。如果我們堅持己見，那麼就算看到問題，也不見得可以解決問題。如果我們可以開放心胸，那麼在沒有成見障蔽的情況下，問題的解決就會顯得比較容易，也比較有機會找到合適的解決方法。

(二)討論與建議

◆討論

　　從上述的反省，我們知道環保自然葬在執行上並沒有想像中的那麼順

利。實際上，它所遭遇的阻力還蠻大的。不過，遭遇阻力是一回事，值不值得推展則是另外一回事。就我們所知，環保自然葬是一種符合時代價值潮流的葬法。所以，推展的價值是無庸置疑的。只是在推展的時候，我們要清楚整個推展之所以會遭遇到這麼大的阻力的原因。如果我們不能清楚這些原因，那麼想要幫忙解決問題就會變得不可能。既然如此，那麼我們就必須深入這些問題的原因，以便找出真正可以解決問題的答案。

◆建議

經過上述冗長的討論，現在該是我們總結上述提供建議的時候。對新竹縣而言，早期雖然沒能跟上環保自然葬的腳步，但是這種沒能跟上不是故意不跟上，而是現實上無法跟上。因為，新竹縣是屬於客家人為主的縣。在比較保守的風氣下，要新竹縣走在時代的前面是不可能的。不過，由於客家人的保守，讓我們看到他們對於傳統禮俗的堅持，也讓我們意識到殯葬的本土性，在推動環保自然葬時自然就會想到如何和傳統文化結合的問題。對我們而言，就是這樣的保守性讓我們有機會好好調適出足以安頓我們生死的環保自然葬。

四、結論

(一)環保自然葬的引進與綠色殯葬政策的提出

◆環保自然葬的引進

對政府而言，土地利用本來不是一個很急迫的問題。但是，在都市發展中，這樣的問題就變得越來越急迫。為了解決這個問題，就必須從土地的使用順序著手。對亡者而言，他對土地的使用優先順序是最後面的。

面對這個問題，過去用火化晉塔來解決問題。但是無論如何壓縮，火化晉塔的塔仍然需要用到不少的土地。為了徹底解決這個問題，政府才會想要引進環保自然葬的做法。

◆ 綠色殯葬政策的提出

為了解決這個問題，政府只能從時代價值著手，表示這樣的價值是大家都要追求的。如果台灣要跟上時代的腳步，那麼就必須跟上這樣的時代步伐。簡單來說，就是環保的步伐。

因為，為了避免我們落後太多，從現在起，台灣的殯葬也要配合這樣的環保價值往前發展。就這樣，綠色殯葬成為台灣的殯葬政策。

(二)環保自然葬開展的成果與問題

◆ 開展的成果

最初實施環保自然葬的都市不是台北市，而是高雄市。實施的不是樹葬或花葬，而是海葬。後來，事實證明這樣的推展真的不容易。經過了十五年的努力，在政府大力的推動下，樹葬區與花葬區設立的還不少，總共有33處。其中，公墓內有31處，公墓外有2處。不過，可惜的是，這些樹葬區或花葬區大多是以附屬的身分寄居在這些公墓之內，而不是以獨立的身分單獨設立。此外，設有海葬區的縣市總共有9個，以北北桃縣市合辦的成效最好。

不過，相對於設施的部分，在使用的人數上就有了很大的差異性。就海葬而言，歷經十六年，9個縣市的參與，總共使用的人數也只有1,630人，表示一年也只有100人左右使用，比率非常的低。就樹葬和花葬而言，歷經十五年，總共使用人數超過20,000人，表示一年有1,300多人使用，比率是海葬的13倍左右。雖然如此，整體而言，環保自然葬的使用人數只占所有死亡人數的百分之一點多而已，整體占比仍然偏低。

◆ 問題的出現

從上述的數據來看，環保自然葬的推展顯然非常的不順利。雖然政府大力在推展，但是民眾接受的意願並不高。這就表示其中有一些問題存在。對於這些問題，我們可以歸結成幾個方面：第一個是政府推動不力；第二個就是業者刻意阻撓；第三個民眾拒絕接受。

就第一個方面而言，殯葬設施畢竟是禁忌設施。有時，在禁忌的影響

下，地方政府會抱持多一事不如少一事的心態，自然就不會那麼積極推動。此外，還有經費的問題。如果補助的經費都很充裕，那麼地方政府就會推動得比較勤快一點。否則，巧婦難為無米之炊，要它動得快一點是會有困難的。

就第二個方面而言，業者為什麼要阻撓？如果這個新的政策對他們有利，那麼他們為什麼要阻撓？如果這個新的政策對他們不利，那麼他們為什麼要配合？由此可知，他們的阻撓一定有他們的理由。那麼，這個理由是什麼？簡單來說，就是收益的問題。現在，環保自然葬不但不能增加他們的收益，還會影響他們的收益，那麼他們不阻撓才怪。

就第三個方面而言，民眾為什麼會抗拒？如果環保自然葬可以增加他們的殯葬福祉，那麼他們是非接受不可。可是，如果環保自然葬不但不能增加他們的殯葬福祉，還會讓他們覺得困擾，那麼他們當然要力加抗阻。所以，環保自然葬受到抗阻顯然是民眾認為不能增加他們殯葬福祉的結果。

(三)問題的解決與建議

面對這樣的問題，我們應該抱持什麼樣的態度？本來，政府在施政時都是為了幫民眾解決問題。因此，政府通常會站在民眾這一邊來協助。可是，有的時候情況卻不一定這樣。例如當政府認為是民眾不了解的時候，這時政府就會堅持己見，認為是民眾有問題。然而，到底問題出在哪裡？有時，也不見得政府的認定就是對的。其中，主要問題出在彼此對於殯葬的認定不太一樣。對政府而言，殯葬只是一種處理死亡的方法，用什麼方法就看在什麼樣的時代。對民眾而言，殯葬不只是一種處理死亡的方法，無論時代怎麼變，安頓生死的要求都不會不同。在認定不同的情況下，政府和民眾對於解決問題的想法自然不同。

◆政府的解決方式

對政府而言，要解決問題就必須順向思考。例如民眾不接受環保自然葬，那麼一定是宣導不夠。如果宣導夠，那麼民眾一定會接受。就我們所知，民眾的不接受不見得全然都是宣導不夠的問題。因為，環保的時代潮流

幾乎是人人皆知的事情。面對這樣的潮流，沒有人不知道要配合。但是，我們在遭遇死亡的問題時就會問一個問題，配合時代的潮流可以讓我死得比較善終？如果可以，那麼這樣的配合是有意義、有價值的。如果不可以，那麼這樣的配合就不見得有意義和有價值。對於這個問題，政府並沒有進一步處理。只告訴我們答案，就是配合是對的，不配合就不對。

問題是，環保的配合與否是屬於時代的價值，而生死的安頓與否則是屬於永恆的價值。就前者而言，這樣的價值是經驗性的價值。就後者而言，這樣的價值則是超經驗性的價值。現在，在推展這麼久，依舊不是很順利的情況下，是否需要逆向思考地回來看看問題，其實是有參考的必要。

◆ 解決與建議

對新竹縣而言，在環保自然葬的推展上算是慢的。雖然是慢的，但是慢有慢的好處。如果不是這種慢，那麼新竹縣在環保自然葬的推展上就可能遭遇過去的困境。面對過去的困境，在解決上也一定會使用過去的順向思維來解決問題。可是，如果是這樣，那麼我們就可以預見這樣解決的成效定然也是不彰的。幸好，新竹縣的推展是慢的，就是這樣的慢，讓我們可以重新思考問題，尋找新的解決方式。所以，有時慢也不見得就不好。

那麼，在逆向思考上，新竹縣可以怎麼推展環保自然葬？首先，在觀念上不要認為環保自然葬的推展，只是用一種符合時代價值的葬法取代另外一種不符合時代價值的葬法。相反地，要認為在葬法的取代上，是用一種新的方式取代舊的方式來安頓民眾的生死。既然如此，那麼我們的重點就不在環保的時代價值上，而在生死的安頓上。也就是說，如何讓環保價值也具有安頓生死的力量？要做到這一點，就必須讓環保價值融入我們的生死安頓的傳統文化中。

在此，我們就不能不理會傳統文化對於生死的看法。例如傳統文化強調的全屍觀念、入土為安的觀念。就前者而言，全屍觀念的重點不在生理上的要求，而在精神上的要求。一個人只要能夠全屍，那就是一種孝道的表現。也就是說，他在道德上是沒有虧欠的。就後者而言，入土為安觀念的重點也不在於是否埋葬土中，而在於對親人的保護之心。那麼，什麼是最佳的保護

方式？不是埋入土中，而是回歸大地，也就是回歸自然，這樣才能成全我們的孝心。經由這樣的觀念轉化，我們就會知道原來環保自然葬不是在消滅我們的孝心，而是在成全我們的孝心。

不過，除了觀念的轉化之外，接著我們還需要做法的轉化。如果沒有做法的轉化，那麼觀念的轉化就不會出現實質的效益。所以，做法的轉化也是很重要的。那麼，做法要怎麼轉化？在全屍的體會上，過去以撿骨為範本，火化的骨灰依序撿拾，重現全屍的感受。同樣地，現在的環保自然葬在灑葬時，一樣可以用同樣的方式依序灑葬，還家屬一個親人依舊是全屍的感受。

第三，除了觀念和做法的轉化外，環保自然葬區的規劃與設計也很重要。例如在規劃與設計時就不能只有綠化的想法。因為，環保自然葬區是殯葬設施，也是安頓生死的管道。因此，在規劃與設計上就必須有家的感覺。對客家人而言，客家人對家有客家人的要求。同樣地，閩南人對家也有閩南人的要求。同樣地，原住民對家也有原住民的要求。把這種對家的要求帶進規劃與設計中，那麼環保自然葬區就會變成一種回家的通路，也就容易形成生死的神聖感，而不再只是處理骨灰的地方。

再來，在灑葬時不再只是挖一個穴，讓家屬把骨灰灑進去，而是由家屬親力親為自己挖出一個平面，再依順序由腳到頭還親人一個完整的人格，表示親人已經夠格回去面見祖先。這麼一來，家屬就會在親力親為的付出下，認為自己已經善盡孝心。同時，在協助親人完成全屍的作為下，認為自己圓滿了親人的死亡。對家屬而言，這些作為就是最好的悲傷療癒方式。

最後，在祭祀上不要讓家屬覺得環保自然葬是沒有祭祀的。實際上，對家屬而言，祭祀不只是一種思念，也是一種聯繫彼此的方法。當我們的親人去世後，不但我們的親人會擔心我們對他們的遺忘，我們自己也會擔心這樣的遺忘。為了避免這樣的遺忘，每一年的祭祀就變得很重要。既然如此，那麼我們在規劃與設計時就要考慮這個問題，讓祭祀的作為可以順利出現在我們的環保自然葬區中，無論這樣的規劃與設計是哪一種形式。

(四)後設反省的重要性

本來，政府的施政就是要實踐一些價值。例如在環保的時代要實踐的就

是環保的價值。可是，我們不要忘了，這樣的價值既然冠有時代性，那就表示這樣的價值是否是永恆的？其實，是需要進一步透過時間加以考驗的。因此，我們不能立即就把這樣的價值看成是永恆的價值。如果要看成是永恆的價值，那麼就必須不斷地進行後設反省，以免出現僵化後所產生的意識形態的問題。

◆環保價值的省思

對政府而言，環保價值不只是一種時代的價值，更是一種生活的方式。因此，我們不僅在生的部分要強調環保，在死的部分也一樣要強調環保。可是，要強調環保是一回事，環保是否就是一切則是另外一回事。在這種情況下，我們就需要考慮價值優先順序的問題。如果在這件事情上環保是最優先的，那麼在價值的考慮上就必須以環保為主。如果在這件事情上環保不是最優先的，那麼在價值的考慮上就不以環保為主。在此，這樣的原則應該很清楚。基於這樣的反省，我們就會很清楚環保自然葬推展之所以這麼辛苦的理由所在。

◆做法的省思

原先，我們認為節葬與潔葬是執行環保自然葬的最高指導原則。可是，這樣的原則是否就真的是最高的指導原則？對於這個問題，我們從來沒有質疑過。之所以如此，是因為我們相信學者的研究是沒有問題的。如果有問題，那麼學者也不會提出這樣的建議。但是，事實是否如此？對此，我們不妄下定論。不過，有一點值得注意的，就是研究不一定有問題，但了解會與時俱進。對我們而言，節葬與潔葬在初期的推展上確實有它們的功勞。

實際上，就我們所知，環保自然葬真正的核心應該是對自然的回歸。既然是自然的回歸，那麼節葬與潔葬就應該依據這樣的標準來判定。如果節葬與潔葬能夠滿足自然回歸的需求，那麼這樣的節葬與潔葬就是環保自然葬的正確做法。如果不能，那麼這樣的節葬與潔葬就不是環保自然葬的正確做法。一旦我們可以確定答案，那麼就可以判斷這樣的節葬與潔葬的做法是否正確？

(五)進一步的建議

經由上述的省思，我們知道環保自然葬的推展沒有表面想的那麼簡單。是因為它牽扯到價值與做法的問題。如果價值與做法都沒有問題，那麼這樣的環保自然葬應該就會推展得很順利。如果價值與做法有問題，那麼這樣的推展就不會太順利，甚至遭遇很大的阻力。所以，省思的目的就在於釐清問題尋求對策。

◆價值的建議

如果環保價值不是處理死亡的最優先價值，那麼我們就必須找尋到什麼才是處理死亡的最優先價值？對我們而言，死亡的安頓是生命最大的問題之一。依據此一標準，那麼在死亡的處理上就必須針對生命所相信的來處理。

◆做法的建議

同樣地，在做法上節葬與潔葬都蠻符合環保自然葬的要求。可是，我們也做過反省，知道節葬與潔葬其實都是落實回歸自然的一種方法。既然如此，這樣的回歸只是骨灰的回歸。對我們而言，這樣的回歸是不夠的。因為，嚴格說來，所謂的骨灰的回歸，不論我們願意與否，要怎麼做，最後的結局都不得不回歸自然，沒有例外。所以，只從骨灰的回歸來講環保自然葬是不夠的，還要從生命的回歸來講才可以。如果生命真的認同自然，回歸自然，那麼在這種認同與回歸下，環保自然葬要不安頓生命都很困難。

此論文乃行政院人事行政總處地方行政研習中心委託研究案成果，計畫主持人為邱達能助理教授，魏君曲與張孟桃為此計畫之研究助理

參考文獻

一、專書專章

內政部編印。《殯葬管理法令彙編》。台北市：內政部。

黃有志、鄧文龍合著（2002）。《環保自然葬概論》。高雄：作者自行出版。

潘淑滿（2004）。《質性研究理論與應用》。台北市：心理出版社。

李文昭譯（2013）。瑞秋・卡森（Rachel Carson）著。《寂靜的春天》。台中：晨星
出版有限公司。

邱達能（2017）。《綠色殯葬》。新北市：揚智文化事業股份有限公司。

二、期刊論文部分

尉遲淦（2014）。〈殯葬服務與綠色殯葬〉。《103年度全國殯葬專業職能提升研習
會》。苗栗：中華民國葬儀商業同業公會全國聯合會、仁德醫護管理專科學校。

邱達能（2015）。〈對台灣綠色殯葬的省思〉。《2015年第一屆生命關懷國際學術研
討會暨產學合作論壇論文集》。2015年12月。

邱達能（2016）。〈儒家土葬觀新解〉。《第一屆生命關懷與殯葬學術研討會》。新
北市：馬偕醫護管理專科學校。

邱達能（2017）。〈省思綠色殯葬政策背後的依據〉。《2017年殯葬改革與創新論壇
暨學術研討會》。苗栗：仁德醫護管理專科學校。

三、碩士論文部分

邱達能（2007）。〈從莊子哲學的觀點論自然葬〉。華梵大學哲學系碩士論文。

郭慧娟（2009）。〈台灣自然葬現況研究——以禮儀及設施為主要課題〉。南華大學
生死學研究所碩士論文。

廖碧勤（2012）。〈國內當前生態葬墓園現況探討〉。朝陽科技大學營建工程系碩士
論文。

四、其他部分

《台灣環保自然葬協會成立大會會員手冊》（2017）。嘉義：南華大學。

21

敘事取向在老人照護課程
的融入式教學

鄧明宇

仁德醫護管理專科學校生命關懷事業科助理教授

摘　要

　　隨著研究典範的轉移，敘說取向（narrative approach）已逐漸被許多研究者所接受，作為一種特定的研究方法。敘說對於生命經驗的深厚描述，往往受到研究者的喜愛，並對於實務工作者有直接的啟發性。敘說取向也逐漸應用到許多心理學的領域裡，包括社心、人格、諮商、工商、社區心理學等領域。近幾年隨著高齡化社會的來臨，老人學（gerontology，或稱高齡學）的研究逐漸被大家所重視，然而傳統的老人學往往過度重視醫療照顧的模式，主流多採用實證主義的研究取向為主，隨著敘說取向的興起，近年開始有些學者開始採取老人敘事學（narrative gerontology）的研究取向，更能豐富老人生命的深厚度，並拓展跨領域的多元化發展。本研究先整理近年來關於老人敘事相關的國內外研究，對於這個領域的發展作一些整理，說明其未來的可能發展性，同時研究者作為一個教育行動者，希望將敘事取向融入於老人學的教學當中，並使老年的心理照顧模式有新的可能性，對於這個教育實踐的過程透過敘事方法來進行反思性研究。

　　研究者於仁德醫護管理專科學校高齡照顧科擔任兼任講師，教授高齡心理學的課程，學生大部分為從事老人照護相關工作之在職人員，而二專學制的課程學習多半著重於傳統醫療照顧模式，特別是護理為主的長期護照顧模式。研究者透過高齡心理學這門課程的嘗試，企圖使學生在工作上發展出具有敘說取向的心理照顧模式，透過課程的安排和設計，希望同學能掌握敘說的精神，並透過學期末的老人敘事報告，作為最後的呈現。在本研究中，研究者希望從教育實踐的角度，初探性地說明將敘說取向應用於實務領域時，教育工作如何根據教育現場去發展適合的教學模式，當中可能會遇到的困難和收獲，以及學生從這樣的教學過程裡得到的體會為何，是否有可能深化到他們的實務工作中。

　　高齡心理學為此科學生的專業必修課程，為了符合課程安排的教學目標，仍有固定的教科書與教學進度，以維護學生的學習利益。但為了突破限制，於特定的課程空檔中放入具有敘說精神的教學單元，使學生可以掌握敘

說的概念。相關的教學行動有：(1)開啟——說自己的生涯故事：學期最初期時，讓每個人學生透過生命曲線來說自己的生涯故事，透過個人故事來認識同學間的關係，而非以傳統成績好壞或親疏關係來框定他人，透過這樣活動可以打破上課都是老師說的傳統模式，並使學生練習「敍說」；(2)承載——培養同理能力：學期進行時，透過老人相關電影來培養個人的同理心，以電影文本來引導學生理解生命，而不是從純娛樂的角度。大部分的人習慣用消遣的角度來看電影，而沒有將片中的主角當作「人」，從生命故事的角度來理解發生的事件。透過電影內容的討論，使學生培養一種「美學的態度」，更能體悟出現實事件當中具有的生命意義感；(3)轉化——聽故事的準備：為了使學生能夠完成一個生命敍事的報告，於學期中以「如何訪談長輩的生命故事」為專題，說明進行訪談的方式和注意事項，並與學生討論可能遇到的問題，使學生在專業中有所準備，不致於無所事從；(4)整合——說老人的生命故事：學生需要分組，以一名老人為對象，可以是自己的長輩（父母親）或是居家照顧的對象，進行至少三次訪談，收集相關的檔案資料（如照片、族譜、日記等），整理相關資料完成一篇老人故事的學期報告，並上台與同學分享與回饋。

關鍵詞：老人敍事、高齡心理學、教育實踐、長期照護模式

一、敍事取向與我

對於敍事研究感到興趣是在碩士班的時候，那時輔大作為心理學裡較另類的系所，也發展出與其他心理系不同的風貌，質性取向、性別研究、行動研究、敍說取向、詮釋學取向等新的思潮，不斷地湧現。對於一個對自身、對人性感到好奇的年輕學生，敍說取向特別吸引了我的注意，在台灣升學主義的填鴨教育裡，在冷冰冰的教科書與權威性的課堂關係之外，那些小說和散文滋潤了慘淡少年的孤單情懷，在碩士班時，選擇以自我敍說（self-narrative）作為研究的行動，一方面重新拾回對心理性與人性的重視，也得以從一個整體性的角度來理解人。敍事的方式不只是一種研究取向的主體

性，產生自我認向的作用。

　　碩士畢業後，作為一個專科學校的教師，到了教育的現場，發現學生們對於知識的學習，總是覺得興趣缺缺，常要和自己的瞌睡蟲奮戰，但是當我講起心理學當中的故事，同學們又聽得滋滋有味，還希望我能一直講下去。除了作為一種補充性的知識，故事是否能成為教學的重點，甚至是主體，也就變成我所關注的事。三年前，我開始在高齡健康促進科教授高齡心理學這門課，作為該科的兼任老師，我只教授這一門課，和這些學生課堂的互動也僅有一學期，但是看到這群年紀較大的媽媽們，學習動機較強，對於知識疏離感較強，卻有著很豐厚的生命經驗。作為一個教育工作者，除了進行Freire所謂的「囤積式的教育」（banking education），是不是有可能產生較為解放式的教育呢？我想透過敘事方式的教育過程，也許較有可能達成。本篇是一個教育行動的探究式研究，嘗試了解自己作為教育者，也是行動者，將敘事取向融入高齡心理學課堂中，如何進行教育的實踐，以及可能遇到的困難。本研究的目的是希望以自己作為教育行動者，從行動和反映的反覆過程裡，修正教育行動的策略和方向，同時可以作為對敘事老人學有趣的研究者，一個互相參照的角度。

二、敘事老人學的出現

何謂敘事老人學

　　敘事相對於實證主義，在本質論、方法論與認識論上都是完全不同的取向。敘事取向對於什麼是知識，並不使用傳統主流研究，找尋人類行為的通則，從不同證據的辯駁裡，累積為足夠的可靠知識系統，而是認為「人即是敘事」（human as narrative），所累積的是各種研究敘事，使我們對於人類知識有更豐富和細膩的理解。敘事取向影響到不同人文學科，從心理學、哲學、社會學、認知科學等，對於老人學也開始產生影響。

　　敘事老人學（narrative gerontology）最早是由Ruth（1994）及Ruth和

Kenyon（1996）所提出來的，他們嘗試從早期敘事心理學的重要學者，如Sarbin、Bruner等人所提出來的敘事轉向（narrative turn）得到靈感，希望把這種新的研究方式應用於老人學領域（Kenyon, Ruth & Mader, 1999）。敘事老人學最重要的一個借用就是使用「生命即故事」（life as story）的概念，對於研究老人領域的現象，基本上都採用這個基本的假設。敘事老人學有以下的特性（Kenyon, Ruth & Mader, 1999）：(1)人類並不是只擁有故事，而是「人即是故事」。這表示人類因著這些故事，而思考、有情感、進行行動；(2)故事有各種「再故事化」（re-storying）（Keynon & Randall, 1997）的可能性，一個故事或生命的內在面向可能被改變，從說、聽、再說他們的故事，人們可以增強這種可能性；(3)生命故事有四個面向：來自社會政治和權力關係所形成的結構限制、老年人的生命就是一個社會文化（性別、政治、族群等）的故事、老人生命包括家庭內的親密關係、生命故事的個人面向（如何創造式的產生個人意義）；(4)得到的故事是很獨特化（idiosyncratic），但我們無法得到全世界的真實，但卻可以得到一個生命的真實。

　　另外，Kenyon、Randall 及 Bohlmeijer（2011）所主張的「敘事老人學」，其基本假定是：人類生活是「故事性」的，有其「傳記面向」，就如同人類有其「生物面向」一般。較之於人的生物面向，傳記面向不僅更為複雜，而且也更為重要（丁興祥、張慈宜、張繼元，2013）。傳統老人學是從老人醫學發展出來的，實證主義的典範是主流的研究方式，生物面向也是最先被注意的部分，隨著其他學科豐富了老人學的研究，但仍深受到實證主義的影響，包括老人心理學（psychology of aging）這個領域。敘事老人學的提出，使我們可以從更寬廣的角度來看老人議題，目前也相繼有較多學者的投入，特別是Kenyon、Randall 及 Bohlmeijer所寫的《說晚年的生活：敘事老人學的議題、探究和介入》（*Storying Later Life: Issues, Investigations, and Interventions in Narrative Gerontology*）以及Medeiros所著的《敘事老人學在研究和實務上的應用》（*Narrative Gerontology in Research and Practice*），這兩本書系統地整理近來敘事老人學的相關研究，以及實務應用的可能性。相對於敘事心理學以及其應用敘事取向的領域，敘事老人學還算是相當年輕

的領域，值得對老人議題有興趣的研究者持續的投入。

三、敘事老人學在健康照顧上的應用

　　隨著台灣進入老人化社會，老人的照顧一直受到社會關注，特別是隨著勞動人口的減少，老年人口的增加，台灣的扶老比（老年人口／勞動人口）持續增加，老年人的照顧問題逐漸浮上台面。政府也注意到這個問題，長照法的提出就是為了解決這個問題，但是目前以醫療為主的照顧模式，並無法完全滿足我們的需求，因為人是並不是只有生物性的存在，而對於心理健康的照顧模式，又過度注重精神病理學的模式，對於人的複雜面向，顯得過於狹窄。Bohlmeijer、Kenyon 及 Randall（2011）指出，現行的醫療治療是一個「單薄」的故事（a thin story），過度化約成為照顧者和被照顧者的模式。他們認為這種模式所造成的偏失是有：把健康當作是不生病、認為生命是可控制的、忽略了敘說的需求、存在終極的真理。他們認為健康照顧應該發展出一個更豐厚的故事（a thicker story），協助他們解放，在在特殊處境中了理解自己的經驗，並說出屬於自己的故事。

　　敘事老人學的取向可以應用於健康照顧的模式上，特別是心理健康的照顧模式，往往以病理觀點來思考，隨著這幾年成功老化（active aging）的概念提出，我們對於老年議題的思考不再從缺乏和失能的角度，對於老人學這似乎開啟了一種可能性。丁興祥、張慈宜、張繼元（2013）提出：

　　生命敘事（life narrative）可視為一種方法，用以理解生命，並發展出其自身的知識與應用。……於老人的健康照顧，可以拓展目前的視框，豐厚健康照顧的範圍。「說故事」（及聽故事）可以協助老人理解自己，並建構嶄新的自我。此將推動老人的健康照顧朝向更為「人本」（humanism），並開創、建構出一種以敘事為基礎的全人發展知識。

　　目前對於敘事老人學於老人照顧上的應用，還在發展階段，其中一個焦點是懷舊療法（Reminiscence Therapy）於老人團體的應用。周怡伶（2012）

使用生涯敘事的團體方式，提出可以結合懷舊治療的想法，應用於安養院的老人團體，雖然這個構想還未有實徵研究進行，但也提供敘說在實務運用上的可能性。

四、課堂的教育現場

(一)教育現場

在專科學校，研究者作為生命關懷事業科的老師，其實教授的多是各科與心理學相關的課程，以及通識科目。本校高齡健康促進科是培養高齡照顧的人材，因為是在職班，都是目前有現職的工作的人士前來就讀，有些的是目前正在從事和老人照顧相關的工作，有些希望從事老人照顧相關工作，少部分是希望拿到二專的學歷（本班的學生職業結構如**圖21-1**）。這班學生的年齡從二十幾歲到六十幾歲都有，年紀較輕的多是社工或護理人員，年輕較大的則是照顧服務員、機構負責人或行政人員。作為一個教師感受到這一班有種特殊的學習氣氛，班上形成兩個學習的集團，年紀大的學習動機較強，每次都很準時到課，上課會一直看著老師，但是對於老師提問的問題會感到害怕，要報告或考試較有恐懼感；年紀較輕的學生，到課的時間較不準時，

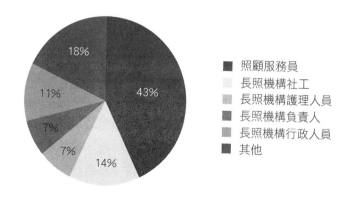

圖21-1 學生職業結構

常比老師還晚來，上課時，把玩手機是常態，反應較快，報告或考試的成績較好。年紀較大的同學占三分之二，年紀較輕的占三分之一。

(二)規範下的課程進度

根據該科教學的目標：「以培養『高齡健康促進』及『高齡體適能』之基層執業人員為發展目標。」（仁德醫專，2014）為了培養以高齡健康的照顧人員，該科的課程設計以健康照顧為主，主要專任老師是從護理科改聘，身體照顧被當作是核心能力，同時施以簡單的護理照顧能力訓練，即可擔任照顧服務員的角色。在以健康照顧課設計下，又是以護理延伸而來的課程模式，人文或社會學科的課程較為缺乏，高齡心理學是專業課程裡少數的人文課程。

作為該科必修課程，為了使同學對高齡心理學有一定的認識，授課仍依照高齡心理學的主要內容，大致的授課進度如下：

表21-1　高齡心理學教學進度

週次	教學進度
1	老人心理學的緒論
3	老化的生理論論
5	老人的人格與行為發展
7	老人的智力與創造力與學習
9	老人的心理健康
11	老人的精神疾病
13	老人的退休規劃與心理調適
15	老人的死亡議題

作為高齡照顧科的兼任老師，這堂課是我與這班學生唯一的接觸，每二週上課一次。課堂依照學校的要求有固定的教科書，作為學生學習的內容，但在這些現實的限制之下，教育者依然嘗試將一些敘說相關的概念應用於課程當中。

五、應用敘說取向於課堂教學

對於研究者如何把敘說取向應用於高齡心理學這門課，大致可以分成四個部分，開啟（練習說自己的生涯故事）、承載（培養同理能力）、轉化（聽故事的準備）、整合（說老人的生命故事）四個部分，分述如下：

(一)開啟——練習說自己的生涯故事

要聽和寫一個故事，雖然感覺起來是件很容易的事，但是對生命是否能產生深刻理解並說（寫）出一個具有豐富描述的故事，卻不是一件很容易的事。有些人只是記述一件事件，把聽到的資料，原原本本地加以描述，這樣的故事往往變成一堆訊息的拼湊物，也不是一個讓人覺得好聽的故事。這當中的一個重要因素就是，將人類經驗加以意義化，如果只是平鋪直述的事件，就不是一個好聽的故事。對於這一班的學生，因為去年的教學經驗，使我大概能夠捕捉到他們部分的學習面貌，他們對於「說」是有著很大的恐懼的，傳統的課堂經驗使他們認為學生的本份都是認真的「聽老師上課」，如果要他們回答問題，常常是非常害怕的，害怕自己說錯、說得不對，在別人面前出糗。另外，這班的同學之間隱隱的衝突的同學關係，也使我很擔心是否可以產生一個互相理解的空間。

所以第一次是課程介紹，還沒有要進入實質課程內容，作為互相認識的暖身階段，先讓每個同學進行說自己生涯故事，活動進行的方式是讓每個人畫自己的生命曲線，用曲線來表示每個人生命中重要的事件。當每個人完成生命曲線後，以職類為分類的標準，形成小組，分成照顧服務員（資深）、照顧服務員（資淺）、照顧服務機構行政人、社工、護理人員等組，在小組內進行生涯故事的分享。同組的人有類似的工作經驗，可以互相產生共鳴，但因著每個人不同的背景，可以看到彼此的差異，產生對照性的參看。

這樣進行的結果，可以看幾個現象：(1)生命故事的過份簡化：同學在進行生命曲線活動時，習慣只列出少數的事件，可以看到曲線的起伏較簡單，對於自我還是較簡化的理解；(2)缺乏故事的意義化：說故事時，較少提及自

己的感受和事件背後的意義，把事件說出來就算是說故事了；(3)說故事的能力：有些同學較能掌握說故事的技巧，說的故事較容易吸引大家的注意，有些同學則對於表達較不擅長，容易流於純聊天，特別是男性似乎容易表達自己的看法或評論，而較不容易形成經驗性的陳述。

僅管有這些現象，學期最初的階段，透過說自己生命曲線的活動，可以達到兩個主要目的，一是透過個人故事來認識同學間的關係，而非以傳統成績好壞或親疏關係來框定他人，對於課堂關係的改變有所助益，形成較為同儕互相學習的上課氣氛；另一則是透過「互相敘說」的活動可以打破傳統上課都是「老師說」的傳統模式，形成一種「互為主體」關係，並使學生從練習「敘說」的行為中，成為「說的主體」。當學生開始「練習說、開始講」，他們不再被動地接受知識，而是開啟了另一種思考的方式，一種「故事性思考」的可能性。

(二)承載──培養同理能力

認知心理學家Bruner提出人類思考模式有一種「故事性思考」（narrative thinking），他指出人在處理人類經驗，會用故事的隱喻方式來進行理解。故事性思考並不追求一種普遍的真理，而是以似真性來說服人當中的道理，讓看者以「好壞」評估故事的價值（Bruner, 1986）。對於教學者來說，敘說不只是說故事而已，還要訓練同學們進行故事性思考，否則說出來的內容不過是一堆資訊的拼湊而已。對於如何形成故事性思考，翁開誠（2002）曾提出「以美啟真」的看法，他認為這是一種「主體性的故事式思考」：

這是在自己是自由自在的主體性下，自由自在地去發現、去體會出對方的自由自在的主體性；是自己有自己目的追求情況下，肯定對方也應有其屬於他自己的目的追求，而去欣賞出屬於他的目的追求；由此達到的互為主體的體會，這種體會是一種美感，也是一種新的創造，所以李澤厚又稱之為「以美啟真」。這是創造性思想的重要來源（翁開誠，2002）。

如何能產生故事性思考能力，翁開誠曾提出看電影是一個很重要的方式，「故事一定要說到夠完整。所謂的完整，是要有歷史感的；是要把他的

現在、過去、與未來都貫通起來，他的生命才會產生完整感、歷史感、跟一種走向未來的力量」（翁開誠，2002）。看電影可以拉出一個距離，從他人的生命文本中，來理解這個生命所遇到的困境、他所進行的行動以及行動的後果。因為不是自己的故事，劇中主角也與自己無關，這種有距離的視角，較容易培養看者的多重視域，討論也可以較為客觀的進行，所以可以作為訓練故事性思考的工具。另外，透過電影內容的討論，同學們也可以聽到不同人在理解相同文本上所產生的差異，透過討論與思考，產生更深度的理解。

在這門課堂上，因為時間與課堂進度的限制，並無法放太多的電影，來進行故事性思考。其中一個影片是「金鳳牌包包」，這個影片是公視製播「爺奶搶時間」節目中的一集，節目主要是協助爺爺或奶奶完成尚未完成的心願。研究者選擇這一集是主角金鳳阿嬤，她有寫自傳的習慣，而且在孫女的協助下，她也把這些自傳發布在部落格上，除了影片，還有網路資料作輔助。節目雖是協助她完成心願，但也鋪陳了她個人生命史的發展，同時從影片中可以清楚看到家人互動和個人特質，可以作為討論個人發展的材料。因為片長不會太長（四十分鐘），主角又像是鄰家的阿嬤，而不是那種偉大的人物，反而可以刺激同學們思考從生命史來思考個人行動背後的意義。在進行課堂教學時，研究者會先用生命曲線和大事紀的方式，在黑板整理金鳳阿嬤的一生，使同學們形成整體觀，再請同學思考影片中的金鳳阿嬤是怎麼樣的人，課後再輔導閱讀網路上的素材，作為進一步延伸閱讀的材料。

除了上述影片，也希望同學們利用課餘之外的時間，多看電影來討論、來深化故事性思考的能力，期中報告請同學們分組針對不同的主題的老人電影（所使用的電影報告的素材如**表21-2**），選擇任一部大家有興趣的電影，於課餘一起看電影和討論，再完成電影心得的個人報告。報告的要求是透過電影和討論來反思個人的經驗，例如，如何面對自己的爺爺奶奶或父母親的老年生活，以及自己對於老年生活的規劃和想法。

另外，教學進度雖然是以教材書的內容為主，因為研究者是以投影片的方式上課，常會補充與主題相關的知識，當中常會呈現較短的影片或是相關文本，一方使教學豐富化，同時，也可加強故事性思考的素材。作為相關議題討論的素材內容有：談到老化的生理，談金氏世界紀錄最長壽的老人——

表21-2 課堂所使用的電影素材和主題

電影	主題
心的方向	退休對老年生活的影響
長日將盡	老年人的愛情
青春啦啦隊	老年人的自我實現
長路將盡	疾病對老人的影響（失智症）
愛慕	老年人的照顧議題
當櫻花盛開時	面對老年喪偶
楢山節考	從文化觀點來看老年生活
搖滾吧爺奶	老年如何面對死亡的議題

Calment女士，透她的生平故事來討論，如何長壽、以房養老等議題；透過談到老人的退休議題，放「水蜜桃阿嬤」影片，討論台灣的隔代教養問題，原住民族群和低社經地位對老人生活的影響；談到老人的學習和創造力，介紹傳奇人類學劉其偉的一生，談老年與創造力、智慧的關係；談到老人的人格常會提到 Brunswik（1962）的五種類型，課堂上則使用「圓夢老人」小短片和幾則社會事件中的老人，用真實的人物來體驗課堂經驗等。在課堂的教學裡，放入了許多故事性的元素，讓同學們是以「人」的角度，來思考這些議題，而不是用教科書上的概念知識來思考這些議題，透過故事，同學們更可以理解到個人所面臨的處境為何，為什麼這些人的生命會如此發展。

(三)轉化——聽故事的準備

為了轉化這些故事性的思考，朝向最後完成老人的生命故事的訪問，針對敘事取向的若干觀點進行專題授課。學生需要分組，1～3名同學形成一組，以一名老人為對象，可以是自己的長輩（父母親）或是居家照顧的對象，進行至少三次訪談，收集相關的檔案資料（如照片、族譜、日記等）。同學們要實際去進行訪問，常會遇到很多問題和困難，不知道要如何開始？進行的方式為何？大部分的同學有一種印象，大概是聊聊天吧，把聊天的內容騰錄下來，就成為了生命故事。這樣形成的報告，往往只是一種閒談的筆記整理，無法形成一篇好的生命故事。為了協助同學完成生命故事的報告，

於學期中以「如何訪談長輩的生命故事」為題，說明進行訪談的方式和注意事項，於講演中介紹若干敘事取向的觀點，協助同學思考要如何進行訪談，因為同學並不是在作敘事研究，以採訪的實際問題來進行說明。另外，每次上課前，了解學生訪問進行狀況，即時了解所遇到的困難，針對相關議題進行課堂討論，協助學生在專業中有所準備，不致於無所事從。

Rissman曾指出敘說的經驗有五個層次：關注、敘說、轉錄、分析、閱讀（王勇智、鄧明宇，2003），這個階段要進行的工作就是敘說和轉錄，學生們進行實際的採訪，並進行資料的騰寫和整理。但是敘說分析不僅僅在意語言所指涉的內容，更關心的是故事為什麼是這樣說，所以當我們在聽的不只是可被報告出來的資料，更是傾聽這文本可能形成的情節，所以採訪是要去了解受訪者在訪談時，如何賦予經驗條理與次序，使他們生命中的事件與行動變得有意義。Rissman指出，研究者不僅是將聽到的故事、說辭、對話視為「社會真相」，而是當作經驗的再次呈現（王勇智、鄧明宇，2003）。在聽故事時，是需要「多一隻耳朵」的，這是指聽者不能只是作記錄而已，還要有一種視角，對這個生命感到好奇，我們要注意故事是怎麼被說的，甚至他們所強調和忽略的部分。

(四)整合——說老人的生命故事

同學們需要整理相關訪談資料與檔案資料（族譜、老照片、文件等），完成一篇老人故事的學期報告，故事可以用第一人稱或第三人稱進行，至少2,000字以上，最後還需要上台分享與回饋，接受同學的提問。雖然大部分同學都可以完成作業，根據他們寫出來的故事，研究者歸納出初寫生命故事者容易遇到幾個問題：

◆生命事件過度集中

因為採用訪談的方式進行，有時受訪者因為部分原因刻意忽略，造成描述集中於生命史的某個階段，故事的描述不夠平衡，某段時間的描述薄弱或變成空白，例如：某個階段較低潮，較不希望被人知道，而過於強調輝煌的時刻；因為訪談者的興趣，而對某類事件描述過多，如童年農家生活；訪

談者的訪談經驗不夠，無法適當進行引導，缺乏一種較為全整的觀點等。Polkinghonre（1988）指出生命全期（life span）的觀點承認：「人生整個過程都需要找尋一個共同的變化次序……在多元的社會裡，社會角色會隨之產生變化，但還是在某個限制之中進行順序的發展」，重新說一個生命故事，要具有生命全期的觀點，就像一座橋，有等距的孔距（span），才能發展出共同的生命路徑。對於一個老人生命敘事，他的生命全期較長，每個階段都有發展的議題，應該有比重較平衡的內容。

◆編年式（chronological）的描述

為了寫出一個人的生命故事，大部分的同學都會使用訪談形成的生命大事紀，作為書寫的大綱，好處是時間序的發展對作者較容易寫作，也符合一般人對生命故事的認知，但是有時卻容易流於記事，無法看到事件對人的影響與事件的意義。Freeman（1984）曾提借用歷史學的一種方式，他認為可運用回溯性（retrospective）的觀點來理解生命事件，從後果來看前因，才能產生有意義的觀點。過度編年式的描述，可能反應學生對於故事性思考的不足，而流於以事件當作是生命發展的重心。

◆敘說結構不清楚

因為人格具有某種穩定性，人的發展就會有其特殊性，面對環境時產生類似的行為反應。因此我們可以看到生命情節裡，可能會有某些議題反覆出現，一個堅毅的婦女面對不斷出現的惡劣處境，她仍然會把它當作挑戰，不斷地奮鬥下去。Freeman曾說：「生命進程的研究當然不是只以歷史的形式來作探究，而是承認研究所具有的敘說結構……明確地講，它是一個不斷被說的故事」（Freeman, 1984）。初寫生命故事的人，往往看不到一個清楚的敘說結構，讀者看到這個故事彷彿看到一個面目不清的主角。發現生命背後的敘事結構，往往可以使我們更好的理解行動者為何進行某種選擇，為何反覆出現一些結果。

◆故事過於扁平化

老人敘事的時間軸線較長，同學有時會傾向以現在的角度來理解過去

的經驗，當他看到眼前是認命的老農夫，就以為他的一生都是如此，而忽略也許他年輕時也有過夢想，曾到外地去打拚，失敗後才回到故鄉務農。Polkinghonre（1988）曾提醒我們：「以心理傳記的角度來說，一個生命沒有冒險，只有單一的平面，也就是沒有目標、沒有改變，這對一個故事來說是不夠的，變化才是生命故事的實質。」有一同學寫的是他在南投種茶的父親，但他一直以為父親向來安貧樂道、知足常樂，只是一個平凡的農夫，可是他沒發現的是父親也曾嚮往都市的生活，經歷許多生意的失敗才回到故鄉。初次訪問時，他從來沒有留意這些部分，直到其他同學好奇的探問，父親才說到在台北當遊子的生活。

◆ 理解缺乏歷史感

　　人是歷史性的存在，出身於不同族群、地域、社會階層的人，其生命故事的質地往往是不同的。就像Scheibe（1986）指出，人的認同是種歷史性的存有，生命故事也應有種歷史性語言：

　　　人的認同被認為和建構有關，在生命的歷程裡，認同持續地呈現在與社會的互動中，自我敘說發展出的故事必須以特別的歷史性言語說出，使用一種特定的語言，並參照一堆歷史習慣的沉積，以及信念、價值引導的特定模式，產生的基本敘說形式具有普遍性，但表現出來的形式卻具有多樣的風格，其內容受到不同時地的歷史習慣影響（頁131）。

　　個人的生命發展和社會歷史發展是互有相關的，個人生命歷史和社會的歷史是互有關聯的。同學們在初次寫生命故事時，常常會忽略某個生命事件的社會背景，如：一個出生於地主家庭的人，不可能不受到台灣農村三七五減租和公地放領等重大社會變革的改變；一個台灣知識分子家庭的小孩，二二八事件對家庭的影響是什麼？對於社會大歷史（macro-history）的注意，往往可以更好地理解個人的小歷史（micro-history）。記得有一個學生訪問一個女牙醫師，她的父親和兒子都是牙醫師，可是訪問者沒有理解到，在台灣牙醫發展過程裡，日本殖民的齒模生、國民政府設立牙醫教育和近年牙科發展的差異，而受訪者的父親、自身和她兒子，其實是在不同的狀態

下，受到的影響也是不同的。

◆缺乏文化意識

　　同學們在訪問時，往往對於人的社會訊息沒有太大的注意，不管受訪者是外省、客家、閩南、原住民，這似乎只是一個簡單符號，事實上不同族群，所要背負的文化議題是有差異的，同樣是一個來自農村的客家阿婆和閩南阿嬤，客家婦女的勤儉克苦命題就會在客家阿婆身上常常出現；隨國民政府來台灣的老榮民，對黨國觀念的重視，往往深植其內心。對於族群、宗教、社會階層、地域差異等訊息的理解，往往可以協助我們更深入理解個人，而不是用樣的視框來理解他人。在訪問時，研究者會要求學生一定要用他所熟悉的語言進行，如果不會說，至少開頭和結語，你要使用對方的語言；稱謂也要以對方的習慣，如祖母是閩南人稱「阿嬤」、客家人稱「阿婆」、外省人稱「奶奶」、原住民稱「VuVu」，語言不是只是一種溝通的工作，它還是一種權力關係的象徵。

　　以上幾個問題是初次進行生命故事撰寫時，可能會遇到的問題。如何產生深厚描述的生命故事，需要說書者運用故事性思考，才能把看似平凡的老人，看出他不凡的一生。

六、敘說取向對於學生的影響

　　研究者透過訪問方式，對參與本課程的三名學生進行晤談，針對他們於此課程的學習狀況進行了解，得到一些的結論：(1)他們普遍表示對於敘說取向感到興趣，這樣的學習方式很生動，也對實務工作有所幫助；(2)過去對於照顧工作的心理層面，除了噓寒問暖，不知道還可做什麼，老人敘事的模式，對他們較易了解與執行；(3)透過回憶的過程，對於老年人的認知活動有所幫助，類似懷舊治療（reminiscence therapy）的功能；(4)這個過程對他們本身也很有啟發性，某甲同學透過訪問父親，改變與父親的關係，並做了某程度的和解；某乙同學做完這個報告不久老人就過世了，老人臨終對自己年少匪類而被家人拋棄的人生有所醒悟，並把某乙當作乾女兒；某丙同學覺得

眷村和教會裡很值得推廣幫老人寫生命故事，甚至形成一個大的歷史故事，如眷村故事或某地區教會故事。

七、結語

　　老人敘事還是一問新興的領域，還需要許多研究者進一步的研究，本研究主要的貢獻在於說明，敘事取向如何應用在老人學的教學上。本研究可以進一步發展出對照顧服務員的訓練模式，並針對相關人員進行工作坊的訓練，以培訓聽老人說故事的人才，發展出特定的長期照顧心理模式。這些對老人敘事的文本不僅對受訪的老人有所助益，對於照顧者本身也是很好的學習，透過老人的生命獲得寶貴的人生智慧。另外，如果可以讓老人親自到國中、國小說他們的故事，不僅使老人避免因退休造成的失落，反而產生成就感，進一步還可以產生教育的作用，使他們的經驗可以傳承。透過老人敘事，高齡化的社會所帶來的不會只是承重的照顧負擔，反而可以產生一種世代交替的作用。

參考文獻

丁興祥、張慈宜、張繼元（2013）。〈說出老年的故事：朝向生命敘事的健康照顧〉。第四屆人大社會與輔大社會學術交流研討會論文。

王勇智、鄧明宇譯（2003）。C. K. Riessman著。《敘說分析》。台北市：五南。

仁德醫專（2014）。教學目標。2014年6月12日取自http://ghp.jente.edu.tw/index.php?option=com_content&view=article&id=6&Itemid=7

周怡伶（2012）。〈敘事治療在老人生涯團體的應用〉。《諮商與輔導學報》，2012：21-25。

翁開誠（2002）。〈覺解我的治療理論與實踐：通過故事來成人之美〉。《應用心理研究》，第16期，頁19-224。

Bruner, J. (1986). *Actual Minds, Possible Worlds*. Cambridge, MA: Harvard University.

Freeman, Mark (1984). History, Narrative, and Life-Span Developmental Knowledge.

Article in *Human Development*, 27(1), 1-19.

Kenyan, Gary M., Jan-Eric Ruth, Wilhelm Mader (1999). Elements of a narrative gerontology. In V. L. Bengtson & K. W. Schaie (Eds.), *Handbook of Theories of Aging* (pp. 40-58). New York, NY, US: Springer Publishing.

Polkinghonre (1988). *Narrative Knowing and the Human Sciences*. New York.

Reichard, S., Peterson, P. C., Lrvson, F. F. (1962). *Aging and Personality: A Study of Eighty-seven Older Men*. New York: Wiley. A report on a study directed by Else Frenkel-Brunswik.

Scheibe, Karl E. (1986). Self-Narratives and Adventure. *Narrative Psychology: The Storied Nature of Human Conduct*, ed. Theodore R. Sarbin. New York: Praeger.

22

環保葬具與綠色葬法

英俊宏

仁德醫護管理專科學校生命關懷事業科講師

顏鴻昌

星彥塑膠股份有限公司總經理

摘　要

　　本文目的在於探討環保葬具與綠色葬法的關係。過去，我們都認為葬法本身才是重點，綠色葬具只是單純的容器。但是，經由本文的探討，我們發現它們之間的關係並非如此單純。實際上，過去我們之所以會這樣想，主要是把葬法看成只是一種技術形態的處理，沒有想到葬法本身就含有它自身的意義與內容。因為葬法永遠不只是遺體處理的問題，更是死亡問題的解決。因此，在傳統禮俗的要求下，葬法必須滿足善盡孝道與入土為安的要求。

　　經過海葬、樹葬與花葬的相關探討，我們知道綠色葬法的推動成效與問題所在。面對這些問題，我們除了省思相關的問題關鍵以外，更進一步提出解決的可能方案，表示環保葬具在綠色葬法的推動中也可以承載善盡孝道與入土為安的要求，讓這樣的推動在未來的發展中產生更好的成效。

關鍵詞：綠色葬法、環保葬具、傳統禮俗、入土為安、善盡孝道

一、前言

　　過去，我們在遭遇親人死亡的時候，往往都會根據傳統禮俗規範來辦喪事。一個人如果沒有根據傳統禮俗的規定來辦喪事，那麼這個人會遭受批評，認為他沒有善盡孝道。相反地，一個人如果按照傳統禮俗的規定來辦喪事，那麼我們就會認為這個人已經盡了孝道。所以，一個人有沒有善盡孝道，就要看他在為親人辦喪事的時候有沒有根據傳統禮俗的規定。

　　同樣地，在埋葬親人遺體之時，他有沒有按照傳統禮俗規範採取土葬的做法，也是我們判定他有沒有善盡孝道的標準。如果一個人在埋葬親人的遺體時採取了土葬的做法，那麼我們也會認為他已經善盡了孝道[1]。相反地，如果他在埋葬親人的遺體之時並未採取土葬的做法，那麼我們就會認為他並

---

[1] 邱達能（2017）。〈儒家土葬觀新解〉。《綠色殯葬暨其他論文集》，頁48。新北市：揚智文化。

沒有善盡孝道，之所以選擇土葬，是實踐孝道的道德意識呈顯[2]，也是一個「價值的轉換」[3]。由此可見，一個人在埋葬親人的遺體時是否採取土葬的做法，是會影響我們對於他有沒有善盡孝道的判定[4]。

那麼，為什麼用傳統禮俗的規範來為親人辦喪事就是善盡孝道的表現，而沒有用傳統禮俗的規定來為親人辦喪事就不能算是善盡孝道的表現？其中，最主要的理由是，孝道的表現是一種親情的實踐。如果沒有這種親情的實踐，那麼這樣就不能說是孝道表現了。一個人如果要好好表現出他的孝道，那麼他就必須實踐出這樣的親情。因此，一個人有沒有實踐出他的親情，是我們檢驗他的孝道表現的標準。

可是，我們怎麼知道這樣的孝道表現就是親情的實踐，而那樣的表現就不是親情的實踐呢？對於這個問題，需要有進一步的說明。就我們所知，親情的實踐是包含著成全的心意。如果沒有成全的心意，那麼這樣的實踐就不算是親情的實踐。所以，當一個人在實踐他的親情時，他就會想要成全他的親人，讓他的親人變得更好。就這一點而言，這種成全的想法與做法就是孝道的表現。

根據這樣的了解，我們就可以看出為什麼幫親人辦喪事時，如果按照傳統禮俗的規定來辦理，是一種孝道的表現，有其文化價值觀念的進行[5]，而沒有按照傳統禮俗的規定來為親人辦喪事，就不是一種孝道的表現？因為，按照傳統禮俗的規定來為親人辦喪事，除了可以讓親人在送終的時候很有尊嚴地離開以外，還可以讓親人的遺體在埋葬時經由棺木的保護而入土為安，甚至在返主以後經由合爐，成為祖先永享後代祭祀的香火。

可惜的是，上述這樣的想法在時代的變遷中逐漸受到遺忘。對許多人而言，傳統禮俗的規定是屬於農業社會的規定。現在，時代既然已經進入工商資訊社會的階段，那麼農業社會的規定自然就成為過時的規定。對於這樣的

---

[2] 邱達能（2017）。〈對台灣綠色殯葬之省思〉。《綠色殯葬暨其他論文集》，頁28。新北市：揚智文化。

[3] 徐復觀（1982）。《中國人性論史‧先秦篇》，頁81-82。台北市：臺灣商務印書館。

[4] 鄭志明等（2008）。《殯葬歷史與禮俗》，頁54。台北市：國立空中大學。

[5] 王夫子（2015）。《殯葬哲學與人生》，頁8。長沙市：湖南人民出版社。

規定，我們當然沒有遵守的必要。如果這時我們還要勉強遵守，那麼這種遵守就會變成一種不合時宜的遵守。所以，最好的做法就是按照工商資訊社會的特質另立一套新的規定。

因此，在這樣的要求下，政府採取簡化的策略，認為要滿足工商資訊社會的要求就必須滿足效率的要求，也就是簡化的要求。一但在喪事的處理上採取簡化的做法，那麼這樣的做法就會受到社會的肯定，這樣的作為自然也就是孝道的表現。相反地，一個人如果在喪事的處理上沒有採取簡化的做法，那麼這樣的不採取就會受到社會的批評，認為不是孝道的表現。依此，孝道的表現不再是親情的實踐，而是社會的要求。

隨著這種簡化風氣的擴散，到了20世紀末，受到環保潮流的影響，政府更結合環保的思潮提出了綠色的殯葬，認為殯葬雖然隸屬禁忌的領域，但是在配合時代價值上也不應該落後於人，所以在殯葬的政策上就必須加以環保化。於是，在這種心態的影響下，台灣的殯葬就正式進入環保殯葬的階段，也就是綠色殯葬的階段。在此，最明顯的證據就是《殯葬管理條例》開宗明義的說法，認為環保價值是我們殯葬的主要價值。

從此以後，台灣人在辦喪事的時候，要判斷一個人是否表現出他的孝道，就不再只看他有沒有滿足簡化的要求，還要看他有沒有滿足環保的要求？如果他在辦喪事的作為上有滿足上述的兩個標準，那麼他在辦喪事的作為上就是符合孝道的表現。相反地，如果他在辦喪事的作為上沒有滿足上述兩個標準，那麼他在辦喪事的作為上就沒有符合孝道的表現。

表面看來，這樣的轉變似乎是時代使然。如果一個人不接受這種改變，那麼他就不太適合生存在這樣的時代。如果他要好好地生存在這樣的時代，那麼他除了接受這樣的改變以外別無他途。可是，這是事實的真相嗎？還是對於這樣的改變人們仍然可以擁有其他的選擇？對於這樣問題的提出，讓我們有機會深入綠色殯葬本身。由於綠色殯葬是一個很大的題目，我們不可能在有限的篇幅內做一個完整的討論。所以，在討論時，我們聚焦在葬的部分以及和葬有關的容器討論上。

二、綠色葬法的意義與作為

　　根據《殯葬管理條例》的規定，在葬的部分，政府不再採取火化晉塔的政策，而改採綠色的葬法，也就是樹葬、花葬與海葬。為了了解樹葬、花葬與海葬，我們回到《殯葬管理條例》本身，看這樣的條例是如何規定樹葬、花葬與海葬的？在了解樹葬、花葬與海葬的意義以後，我們再進一步探討作為的問題，看樹葬、花葬與海葬是如何實踐的？

　　首先，我們探討樹葬、花葬與海葬的意義。就我們的了解，在《殯葬管理條例》當中，主要的定義是放在樹葬。對於花葬的部分，則是附屬於樹葬當中。至於海葬，根本就沒有定義。從這樣的定義來看，樹葬似乎是整個綠色葬法的主軸。至於花葬和海葬，則只是綠色葬法的配角。從後面的實施成果來看，這樣的看法也獲得了數據的相關支持。

　　那麼，《殯葬管理條例》對於樹葬是怎麼規定的？就我們所知，樹葬被規定為「於公墓內將骨灰藏納土中，再植花樹於上，或於樹木根部周圍埋藏骨灰之安葬方式」[6]。根據這樣的規定，樹葬有兩種做法：一種是將骨灰埋藏在土中，再在土上植樹；一種則是將骨灰埋藏在樹的根部周圍。就第一種做法來看，樹葬就是把樹種在骨灰上，表示這樣的樹是專屬於某個亡者的。就第二種做法來看，樹葬就是把骨灰埋藏在樹的四周，表示這樣的樹不是專屬於某個亡者的。

　　至於花葬的部分，《殯葬管理條例》雖然沒有單獨的規定，卻在樹葬的定義中做了相關的規定。正如上述所說，《殯葬管理條例》將花葬規定為「於公墓內將骨灰藏納土中，再植花樹於上之安葬方式」，表示花葬是將花植於骨灰之上。不過，海葬就完全沒有規定了。但是，在參考樹葬和花葬的規定，我們可以把海葬規定為「將骨灰藏納於海洋之中」，表示海葬是將骨灰拋入海中。

　　在了解樹葬、花葬與海葬的規定以後，我們可以進一步了解樹葬、花葬與海葬的相關作為。就骨灰的部分而言，這裡指的骨灰不只是指經過火化以

---

[6]　請參見內政部編印，《殯葬管理法令彙編》，頁1-2。

後的骨灰，還指經過更進一步加工處理使之更加細微顆粒化的骨灰。因為，骨灰如果沒有經過更進一步的加工處理，那麼這樣的骨灰就會顯得體積比較大，不但會占有比較大的空間，也會比較不容易為土地或海洋所吸收。所以，為了縮小空間，使之容易為土地或海洋所吸收，《殯葬管理條例》才會規定這樣的骨灰需要接受進一步的加工處理。

　　無論是樹葬、花葬與海葬，這些經過加工處理的骨灰如果要埋葬，可以採取兩種不同的方式：一種就是直接拋灑；一種就是裝在容器中再加以埋葬。就第一種而言，這種直接拋灑就是把骨灰直接拋灑在已經挖好的墓穴中或海洋上。就第二種而言，這種裝在容器中的骨灰，所用的容器必須在材質上不含毒性且容易腐化，這樣才方便為土地或海洋所吸收。

　　至於設置的部分，樹葬或花葬有三種不同的形態：第一種是設置於公墓之內；第二種是設置於骨灰骸設施當中；第三種是設置於公墓之外。就第一種設置而言，這種設置又有兩種不同的形態：一種是設置於公墓之內，成為公墓的附屬設施；一種是專門為了樹葬或花葬的需要而設置。就第二種設置而言，正如第一種設置那樣，設置於骨灰骸設施當中，成為骨灰骸設施的附屬設施。就第三種設置而言，它的設置是單獨的設置。而海葬則只有一種形態，就是設置於海洋之上。

　　那麼，這種設置的具體規定為何？對一般公墓設置樹葬或花葬區而言，它的相關規定都是按照一般公墓本身的規定。而專供樹葬的公墓而言，《殯葬管理條例》就有特殊的規定，例如「公墓專供樹葬者，得縮短其與第一款至第五款地點之距離」。也就是說，與「公共飲水井或飲用水之水源地；學校、醫院、幼稚園、托兒所；戶口繁盛地區；河川；工廠、礦場」的距離可以加以縮短，不受法規距離的限制[7]。此外，在應有設施的要求上也不一樣，沒有「墓基、骨灰（骸）存放設施、公墓標誌」等設施[8]。至於公墓以外的樹葬區或花葬區，《殯葬管理條例》也有規定，就是「於公園、綠地、森林或其他適當場所，劃定一定區域範圍，實施骨灰拋灑或植存」[9]。

---

[7]　同註6，頁5-6。

[8]　同註6，頁7-8。

[9]　同註6，頁10-11。

而海葬區的設置，《殯葬管理條例》只簡單說「得會同相關機關劃定一定海域，實施骨灰拋灑」[10]，進一步的規定就要參考2003年的《殯葬管理條例施行細則》，在此一施行細則中，它規定海葬區的設置必須「依本條例第十九條第一項規定劃定之一定海域，除下列地點不得劃入實施區域外，以不妨礙國防安全、船舶航行及漁業發展等公共利益為原則：(1)各港口防波堤最外端向外延伸6,000公尺半徑扇區以內之海域；(2)已公告或經常公告之國軍射擊及操演區等海域；(3)漁業權海域及沿岸養殖區」。

除了上述的設置規定以外，無論是樹葬、花葬或海葬，它還有另外一個特殊的規定，就是「實施骨灰拋灑或植存之區域，不得施設任何有關喪葬外觀之標誌或設施，且不得有任何破壞原有景觀環境之行為」[11]，表示這樣的設施和過去的殯葬設施不一樣，它除了不得破壞原有的環境景觀以外，也不能出現任何與喪葬有關的標誌與設施。從這一點來看，這樣規定的目的在於打破死亡的禁忌，讓人們對於殯葬設施不再抱有過去的刻板印象。

三、綠色葬法的成效與問題

在了解綠色葬法的意義與作為以後，我們接著要探討的是綠色葬法的成效與問題。在此，我們先探討綠色葬法的成效。就海葬的部分而言，海葬的出現要早於樹葬和花葬。之所以如此，是因為海葬只要劃定區域即可，不像樹葬那樣還需要設置一定的區域。在台灣，最早實行海葬的縣市是高雄市。對高雄而言，它在《殯葬管理條例》制定的前一年就已經率先實施。不過，實行的成效並不太好，這一年總共辦理海葬的只有14件。到了第二年，《殯葬管理條例》正式通過以後，辦理海葬的雖有增加，但總共也只有28件。到了《殯葬管理條例》通過的第二年，高雄市舉行海葬的就只剩下2件，就算再加上台北市的部分，總共也只有7件。由此可見，最初辦理海葬的人數並不是很多[12]。

---

[10] 同註6，頁10-11。

[11] 同註6，頁10-11。

[12] 邱達能（2017）。《綠色殯葬》，頁54。新北市：揚智文化。

　　雖然如此，這不表示後來辦理海葬的件數就會大幅增加。實際上，後來辦理海葬的件數並沒有增加太多。其中，辦理海葬件數最多的年份是2016年。在該年，參與辦理海葬的縣市增加到了4個，就是台北市、新北市、桃園市、高雄市。然而，總件數也只有259件。其次，是2015年。在該年，總件數為233件，參與的縣市仍然是台北市、新北市、桃園市、高雄市。至於其他的縣市，參與的有台東縣和花蓮縣。其中，台東縣是在2007年和2008年參與，件數分別為1件和2件，而花蓮縣則在2012年參與，總件數只有2件。到目前為止，參與的縣市已經增加到了9個，累積歷年來的總件數共有1,919件。整體而言，參與海葬的件數並不算太多，只占整個死亡人數總數的千分之一左右。

　　就樹葬與花葬的部分而言，樹葬是2003年才開始的，最早施行的縣市是台北市。在該年，採行樹葬的件數有203件，採行灑葬的件數有6件，總共件數有209件。而其他縣市也隨之施行，例如台北縣（也就是後來的新北市）當時的件數只有樹葬1件，灑葬0件；高雄市則是樹葬0件，灑葬14件；而屏東縣則是樹葬1件，灑葬0件。總計當年全台灣樹葬205件，灑葬20件，合計225件。就這一點而言，樹葬與花葬最初施行的成效要比海葬好很多，超過海葬的16倍。

　　這麼說來，樹葬與花葬在推行上成效要比海葬好得多。那麼，這是否表示這樣的推行從此以後就可以暢行無阻？實際上，情形並沒有預期的那麼好。在2009年以前，採行樹葬和花葬的人總件數一直都沒有辦法突破1,000件。要突破1,000件的關卡，就要等到2009年。在該年，設置樹葬區和花葬區的地方已經增加到10處之多，採行樹葬與花葬的總件數終於突破1,000件，來到1,386件。到了2017年，全台灣的樹葬區和花葬區總共增加到33處。其中，全台灣樹葬累積總件數最多的是台北市富德公墓的「詠愛園」，從2003年開園到2017年1月，共累積件數9,908件。第二多的是新北市的金山環保生命園區，它從2007年開園到2017年，累積的總件數為4,911件。至於屏東麟洛鄉第一公墓的樹葬區，從2012年開園到2017年，雖然總件數高達5,235件，卻是以無主墳樹葬為主。而花葬區，則以台北市陽明山第一公墓「臻善園」為代表，從2013年開園到2017年，累積總件數共計2,394件。到目前為止，全台灣

設置樹葬和花葬區的地方共有33處，合計件數總共有39,352件。其中，公墓內設有樹、灑葬區的地方共有31處，件數總共有32,587件；公墓外植存的地方共有2處，件數總共有6,765件。整體而言，樹葬與花葬的總件數要比海葬高很多，幾乎是海葬的20倍以上。雖然如此，這樣的占比數，和歷年來的死亡總人數相較而論，也只有百分之二、三而已，並不能算是太多[13]。

依據上述的成效，我們發現樹葬與花葬要比海葬來得容易為人們所接受。照理來講，台灣是海島型地區，四面環海的結果，海葬應該比樹葬和花葬更容易為人們所接受。可是，事實證明，這樣的想像並不正確。那麼，為什麼會是這樣？難道是政府推動不力的結果？不過，就政府所付出的心力來看，我們很難說政府推動不力。例如從2008年開始，台北市、新北市和桃園市就舉行聯合海葬，最初參加的件數只有47件；到了2016年，就增加到242件，是原先的5倍，表示政府的推動還是有些成效。只是這樣的成效，好像沒有預期地那麼好。如果是這樣，那就表示有其他的原因存在，否則整體的成效不應該是這樣。

那麼，這個原因是什麼？就我們所知，這個原因應該和傳統禮俗有關。對傳統禮俗而言，一個孝順的人在為親人辦喪事的時候，要讓親人的遺體可以入土為安。如果他沒有辦法讓親人的遺體入土為安，那麼他就不能說是孝順。所以，如何讓親人的遺體入土為安，對孝順的人而言，這是一件很重要的事情。可是，現在採取海葬作為的人，我們怎麼讓他相信海葬就是一種入土為安的作為，而不是讓他的親人屍骨無存？如果我們不能做到這一點，那麼一般人怎麼會放心採行海葬的作為？畢竟孝順的要求，對一般人而言，還是蠻重要的。

此外，在海葬的過程中，對於骨灰的處置方式有兩種：一種是採取灑葬的方式；一種是採取容器拋海的方式。就第一種而言，採取灑葬的方式就是把骨灰直接灑在海上。不過，這種灑的方式會讓人覺得這樣的灑是一種遺棄的灑，而不是回歸自然的灑。因此，在灑的時候好像是在拋灑廢棄物。這麼一來，這種拋灑的方式就很難被接受。就第二種而言，採取容器拋海的方

---

13 同註12，頁54-58。

式就是把骨灰先裝在環保容器當中再拋入海中。對於這種拋的方式，和第一種比較起來，似乎要好很多。因為，這種拋不像是拋廢棄物的拋，而是回歸自然的拋。就這一點而言，第二種做法要比第一種做法來得好。只是這樣的做法還是要經過入土為安的考驗，看這樣的做法是否能夠滿足入土為安的要求？如果可以，那麼未來海葬的推動就會順利很多。

在了解海葬的問題以後，我們接著探討樹葬與花葬的問題。表面看來，樹葬與花葬的參與人數似乎要比海葬來得更高，甚至高達20倍以上。但是，如果從歷年來所累積的總死亡人數來看，這樣的數據就不算太高，也只不過是占總死亡人數的百分之二、三。如果沒有經過相關的對照，或許有人會說這樣的占比已經不錯了。不過，就土葬轉向火化晉塔的過程來看，從政策形成的1986年到《殯葬管理條例》出現的2002年，火化率就從百分之二、三十提升到百分之八、九十，是原先的3、4倍，表示推動的成效不錯。兩相對照的結果，我們就會發現樹葬與花葬的推動並沒有那麼成功。如果是這樣，那麼我們就要檢討不成功的理由。

那麼，為什麼樹葬與花葬為什麼會不成功？相對於海葬，樹葬與花葬不是比較符合傳統禮俗所要求的入土為安嗎？表面看來，確實如此。因為，樹葬與花葬不同，它不是拋入水中隨著大洋飄散，而是拋灑大地或埋入土中。既然是拋灑大地或埋入土中，照理來講，就會逐漸與大地融合，有如過去土葬那樣進入土中，達到入土為安的效果。這麼說來，一般民眾應該就要比較能夠接受才對。那麼，為什麼推展的效果還是沒有預期的那麼好？這裡應該還是有其他的原因存在，否則結果不應該只是這樣。

在此，我們如果深入追究，就會發現人們顯然沒有完全認同這樣的入土為安。其中主要的原因在於這樣的入土為安仍然有一些問題存在[14]。在許多地方社會上，認為自然葬這樣的做法，是經濟能力較差或者是對逝去者不尊重的一種葬法，同時將自己心愛且重視的人放在環保但簡陋的容器裡，自然會容易有不捨的感受，又如果直接傾倒在墓穴中又會產生一種丟棄的感覺。首先，在拋灑或裝在容器入土時人們的觀感問題。對人們而言，如果拋灑或

---

[14] 同註13。

裝入容器入土時，只是單純的拋灑或裝入容器入土，感覺上就像拋棄廢棄物那樣，完全沒有尊嚴感。其次，拋灑或裝入容器入土後，如果拋灑之後的骨灰沒有好好地與大地融合，那就表示這樣拋灑的結果並沒有產生入土為安的效果。同樣地，裝在容器中的骨灰如果沒有好好地與大地融合，而只是結成塊狀自成一體，那麼這樣的作為一樣沒有達到入土為安的效果。最後，在未來祭祀的時候，由於樹葬的樹不是專屬於個別亡者的，或花葬的花也不是專屬於個別亡者的，在沒有固定標的物的情況下，讓人們沒有辦法按照這樣的標的物去祭祀亡者，難以產生亡者已經入土為安的感受。如此一來，要人們完全接受樹葬與花葬，自然就會產生一定的困難。

四、問題的省思與解決的建議

針對上述的問題，我們發現入土為安是一個很重要的訴求。如果我們沒有辦法解決這個問題，那麼要讓人們接受海葬、樹葬與花葬就會變得很困難。所以，為了讓人們比較容易接受海葬、樹葬與花葬，我們就必須解決上述的問題，讓人們覺得用上述的葬法安葬親人的骨灰，確實可以產生入土為安的效果，由此產生善盡孝道的感受。

那麼，要怎麼做才能產生這樣的感受？首先，我們要知道過去的做法為什麼會出現遺棄的感受？這是因為過去的做法並沒有考慮到喪親時的悲痛感覺，認為人死之後就要直接接受這樣的事實，不要有別的無謂感受。可是，現實上，要做到這一點並沒有那麼容易，畢竟人是有情的。所以，這時就要考慮如何降低情感傷痛的強度？要做到這一點，最後的陪伴就變得很重要。那麼，要如何做才能做到這一點？在此，就需要在埋葬處理前讓家人有一段最後的相處時間。可是，如果用的只是一般的容器，那麼除了死亡的恐怖感受以外，就很難產生與家人相處的感受。因此，環保葬具的選擇就很重要。例如在葬具的選擇上就必須與親人的個人特質相結合，讓人感受到這樣的最後相聚是一種家人間的親密相聚。對於這一點，像奉金甕的產品就有考慮到。只要能做到這一點，那麼這樣的相聚不只會變成一種美好的回憶，也是

一種未來再相聚的重要動力。

等到要進行埋葬處理時，也不要像過去那樣只是單純的骨灰處理。如果只是單純的骨灰處理，那麼在沒有任何情感與意義賦予的情況下，這樣的處理就會產生類似廢棄物處理的感受。所以，站在家人相送的立場上，這樣的相送必須有儀式的介入。透過儀式的作用，一方面希望親人可以一路好走，順利前往另外一個國度，一方面希望未來彼此都可以有機會在老家相見[15]。如此一來，人們就會感受到這樣的送別是一種有希望的送別，而不是絕望的送別。當這樣的感受出現以後，人們自然就不會有拋棄廢棄物的感覺，也會覺得親人是在祝福聲中順利離去。

其次，對於與大地融合的問題，我們也不能像過去那樣，只管直接拋灑大地或海洋之中就好，或是裝入容器中藏納大地或拋入海洋之中就好，而要考慮到融合的問題。如果我們沒有考慮這個問題，那麼拋撒之後的四散結果，就會讓人們產生屍骨無存的印象。同樣地，裝入容器之中再藏納大地或拋入海中，雖然沒有屍骨無存的問題，卻有結塊無法融入大地或海洋的問題。所以，這樣的問題都必須解決，否則無法產生入土為安的感受。因此，如何產生入土為安的感受就變成一件很重要的事情。

那麼，這樣的感受要如何產生？就拋灑的部分來看，要產生這樣的感受比較困難。因為，拋灑之後的結果只能交給大地或海洋。無論我們主觀的期許為何，對於這樣的結果我們只能聽天由命。不過，對於這樣的結果我們也不見得完全無力可使。實際上，埋葬處理的過程就很重要。當我們在拋灑時，不只是單純的拋灑，而要告訴親人，這樣的拋灑是一種回歸的過程。在這個過程中，重點不是回歸大地或海洋，甚至於自然，而是回到老家。既然是回到老家，那麼無論骨灰拋向何處或飄向何處，魂都只有一個去處，也就是老家。這麼一來，魄散之後，魂也就順利回到老家。

就裝入容器中的部分來看，骨灰如果結塊，除了表示屍骨不化變成蔭屍以外，也表示亡者無法回歸大地難以達成入土為安的要求。從風水的角度來

---

15 尉遲淦（2014）。〈殯葬服務與綠色殯葬〉。《103年度全國殯葬職能提升研討會》，頁5。苗栗市：中華民國葬儀商業同業公會全國聯合會、仁德醫護管理專科學校。

看，蔭屍對後代子孫不利。從亡者的角度來看，難以回歸大地表示亡者死後難安。因此，為了讓後代子孫不會不利，也為了讓亡者可以入土為安，我們都必須解決骨灰結塊的問題。那麼，要如何解決呢？對於這個問題，有一些解決的做法。例如選用的環保容器就不要選那一些會吸水的容器，而要選擇比較容易腐化，同時不會讓水分滲入的容器，類似奉金甕那樣的容器。這樣做的結果，在容器內的骨灰就不會隨著腐化分解的過程逐漸結塊。此外，在容器內也可以放置有助於骨灰分解的菌種，讓骨灰在回歸大地或海洋時可以逐漸轉化成大地或海洋可以吸收的有機物。一旦容器的分解完成後，骨灰也就自然成為可以吸收的有機物，不再有結塊的風險[16]。

最後，有關祭祀的問題。的確，沒有具體的標的物，要順利完成祭祀的動作確實不太容易。因為，人類是視覺與觸覺的動物，如果沒有具體的標的物，那麼要他在祭祀時產生具體的感受將會很困難。因此，這時要他抽象地產生具體的感受，是很難做到的。就是這種難以祭祀的困擾，讓許多人在選擇海葬、樹葬與花葬望之卻步。對他們而言，祭祀除了表達他們的孝道以外，也是表示他們的親人已經入土為安。如果祭祀不順利，那麼就會讓他們覺得親人是否真的入土為安，還是沒有？否則，怎麼會在祭祀時感受不到親人的親臨？

為了解決這樣的困擾，我們除了可以借助科技的幫忙，讓祭祀過程有一種具體實際的感受以外，更重要的是，要將這樣的內容與逝者個人的特質做連結，讓人們知道親人的可親之處，以及親人可以啟發我們生命的地方[17]。唯有如此，親人才可以在受祭祀時生動活潑且有意義的呈現在我們的面前。如果我們只是像現在所做那樣，只是把親人的過往堆積在那裡，那麼要讓人們產生具體的感受就會變得很困難。所以，有關逝者生命回顧的編輯是很重要的。只有好的編輯，才能產生好的效果，也才能真正讓逝者靈安與生者心安。

---

[16] 郭慧娟，《台灣殯葬資訊網》。

[17] 邱達能（2018）。〈從祭祀到追思——一個時代意義的反省〉。《教師進行產業研習或研究成果成果報告書》。苗栗市：仁德醫護管理專科學校。

五、結語

　　總結上述，我們發現殯葬的作為不能墨守成規。就算我們想墨守成規，在時代的巨輪下，這樣的成規也會因為不合時宜而成為過往雲煙。雖然如此，這也不表示任意配合時代的價值就可以解決死亡的問題。如果我們要解決死亡的問題，還是要考慮人們對於殯葬的要求，也就是傳統禮俗所傳達的入土為安的要求，以及善盡孝道的要求。

　　那麼，要怎麼做到這一點？從海葬、樹葬與花葬的綠色葬法的推動中，我們發現了現代人所遭遇的問題，也從中省思出一些解決的方案。對綠色葬法而言，它雖然考慮了時代價值的配合，卻忘了人們對於死亡的文化要求。在遺忘文化要求的情況下，綠色葬法不是被認為是一種處理廢棄物的葬法，就是一種被認為是遺棄親人的葬法。為了回歸傳統禮俗的正軌，讓人們覺得這樣的葬法是一種善盡孝道的葬法，也是一種入土為安的葬法，我們必須針對裡面所遭遇的問題做處理。例如對於親人最後相處的問題，就必須藉由好的環保葬具，運用雷射雕刻將每一個人的思念、言語、宗教信仰、花卉雕刻在骨函上，同時減少印刷對大自然的汙染，藉由將感情投射在骨函上，讓每個逝者都有客製化的葬具，讓自然葬不要再有冷冰冰的感覺，希望達到尊重逝者，撫慰生者的核心理念，希望這份心意能讓社會接受自然葬，減少子孫負擔又能對環境盡最後一份心力，像奉金甕這樣有亡者個人特質的產品，讓人們願意接受這樣的最後相處。又如在拋灑或裝入容器中處理時，就不能只是單純的處理，而要能夠有一個回老家的儀式，表示這一次的分離不是永遠的分離，而是為了下一次再見的短暫分離。再如在拋灑或裝入容器中埋葬的問題，如何讓骨灰不會屍骨無存或結塊，就必須透過儀式觀念的引導與針對問題的現實作為來解決問題。最後，就祭祀問題的解決而言，科技會是一個很好的解決幫手。但是，這樣的工具內容卻必須做進一步的規劃與設計，使之與亡者個人特質相結合。當這樣的模式可以成功複製到傳統文化上，達到文化與環保的平衡，才可能讓人們在可親與啟發的雙重感受下，與亡者重新取得家人情感與關係的聯繫。

本文為雙方產學合作具體成果之一

參考文獻

內政部編印（2012）。《殯葬管理法令彙編》。

王夫子（2012）。《殯葬哲學與人生》。長沙：湖南人民出版社，2015年。

邱達能（2017）。《綠色殯葬》，頁54。新北市：揚智文化。

邱達能（2017）。〈儒家土葬觀新解〉。《綠色殯葬暨其他論文集》。新北市：揚智文化。

邱達能（2017）。〈對台灣綠色殯葬之省思〉。《綠色殯葬暨其他論文集》。新北市：揚智文化。

邱達能（2018）。〈從祭祀到追思──一個時代意義的反省〉。《教師進行產業研習或研究成果成果報告書》。苗栗：仁德醫護管理專科學校。

徐復觀（1982）。《中國人性論史・先秦篇》。台北市：臺灣商務印書館。

郭慧娟。《台灣殯葬資訊網》。

尉遲淦（2014）。〈殯葬服務與綠色殯葬〉。《103年度全國殯葬職能提升研討會》。苗栗：中華民國葬儀商業同業公會全國聯合會、仁德醫護管理專科學校。

鄭志明、鄧文龍、萬金川。《殯葬歷史與禮俗》。台北市：國立空中大學。

23

芳香療法與生命倫理養生之道

李佳諭

南華大學生死學系助理教授
美國NAHA整體芳療師協會芳療師級國際講師
英國TASI臨床芳療師協會芳療師級國際講師

摘　要

　　本文淺談芳香療法（Aromatherapy）[1]與生命倫理養生之道，從生命倫理學的角度探討芳香療法與養生的哲理發展歷程；探討當代自然醫學養生療法面臨的困境與發展之優勢。衛生福利部[2]2017年公布國人十大死因：(1)惡性腫瘤（癌症）；(2)心臟疾病；(3)肺炎；(4)腦血管疾病；(5)糖尿病；(6)事故傷害；(7)慢性下呼吸道疾病；(8)高血壓性疾病；(9)腎炎、腎病症候群及腎病變；(10)慢性肝病及肝硬化。只有(6)跟飲食是無關的，其餘的9項都和飲食有很大的相關性。近年來見到科技與醫學領域的快速發展，及社會生活模式的急遽轉變，人類反而出現更多從未見過的病症，西方醫學面臨更大的挑戰極限，眾所皆知西醫不再是能治百病的專利，到底是哪個環節出了問題呢？而養生之道乃是預防疾病的基礎，國人應特別重視健康，多加利用自然環境資源才能打造樂活人生。芳香療法與生命倫理的養生之道，論點是提倡從日常生活中透過芳療精油的應用，探究自然療法的養生保健照護方法，藉此照養自己的身體並能關顧周遭他人。生命如花開花落，當繁華落盡，去留無意，萬事皆空，從大自然生生不息的觀點結合中西生命倫理，探討對自然界的義務與自然界的價值；從中體悟大自然的價值以及人對大自然的義務，進而探索出生命意義與價值；從生命的開展到對於人生生命的關懷與意義、對公益的落實、對社區與文化的想法以及實踐對生命價值的省思，去實踐所謂的生命關懷淨化身心靈安頓凝聚生命的能量。

關鍵詞：芳香療法、香道養生、自然療法、精油、生命教育

1　芳香療法（Aromatherapy），簡稱芳療，是指藉由芳香植物所萃取出的精油（essential oil）作為媒介，並以按摩、泡澡、薰香等方式經由呼吸道或皮膚吸收進入體內，來達到紓緩精神壓力與增進身體健康的一種自然療法。芳香療法起源於古埃及，近代盛行於歐洲，是一種不被主流醫學承認的另類醫學。

2　衛生福利部，https://www.mohw.gov.tw/mp-1.html

一、前言

　　當人們有了覺知，領悟到生命的稍縱即逝，就會想要探索生命的意義與價值，如何才算是安康樂活？這個議題值得深思。19世紀後，由於化學合成製造業的蓬勃發展，遇到疼痛或重病症的治療，通常醫生的醫療法就是給患者化學合成藥物或手術治療，比起自然療法而言，西醫的藥效就顯然來得快速強效多了，導致古老經驗的芳香療法，地位削弱光景不再，在醫學界雖偶爾有人提起或使用，仍是一種不被主流醫學承認的另類醫學，相對也被人們視為落後療法或輔助醫療。

　　近年來人們感受到大地的反撲已經悄然開始，人類重視生態順應自然環境、四時節氣的變化，維持人與大自然界之間的微妙平衡是一門重要課題，當了解無副作用的芳香療法能讓您享受真正健康的滋味，運用天然植物的芳香精油達其養生之道，所謂醫為調和，生在調和，養為美食，食在美味，美味者香，源自於自然界的植物萃取精華香道與養生之道是相通的，由此可以鑑得芳香療法、自然療法與健康飲食是很溫和而安全的療法，每個人都可以經由學習了解植物精油，就足以平衡自己的身心，讓我們達到真正的健康狀態。

　　回顧一下香料發展的歷史，便不難發現，我國早在5000年前就已應用香料植物驅疫避穢；3350年前的埃及人會在沐浴時使用香油或香膏護膚，並認為可潤澤肌膚；古希臘和羅馬人也早就知道使用芳香植物當作提神、鎮靜、止痛的良方；相傳起源於春秋時代的端午節活動，更把香草的應用推廣成為「全民運動」的節日。端午節當日會焚燒或薰燃艾草、菖蒲等香料植物來驅疫避穢，端午正午時可以艾草、菖蒲泡澡沐浴淨身，制五毒、斬千邪，菖蒲更有神仙、長生傳說。在盛唐時期更有各種宗教儀式應用香草植物來焚香，香的神祕物質與能量一直是個謎，香的聖感至今仍然尚有無限的未知境界等待著聖賢去發掘，給人們無限的想像與希望可與神聖他界融通，亦象徵著祈願者的意念可直達天聽，悲懷上契佛心。由上述香料發展及其用途回顧可見相當深遠且耐人尋味。

香料[3]植物常可見運用於食品、醫藥、宗教、化妝等處,香料在人類歷史有著重大影響,最早香辛料大部分是用在醫療用途,中醫將其應用於疾病的治療。在中國,漢朝的張騫開發了通往西域的商路之後,胡麻、胡椒等香料是從西域獲得的重要商品之一;在歐洲,香料的產量不多,被當作相當珍貴的藥材。

芳香療法[4],源自大自然植物的化學產品,可說是21世紀的養生主流,使用植物性的精油來改善或保持人類的健康美麗。反觀過去的文明科技雖帶給我們莫大的便利與享受,但卻也給我們帶來災害,更可能禍延子孫,藉此機會讓我們一起來省思未來的方向,從芳香療法與生命倫理養生之道的探索找出被人們漠視的古老經驗療法與正統醫學結合的可能性,互相交流、相輔相成地發展交融,甚至成為一門全新的芳香生命倫理養生療癒藝術。

二、芳香度人生的象徵意涵

人生最重要是健康,亦即健康是實現樂活人生的根本,近年來國人特別重視健康與養生,Google公司成立 Calico[5]公司,主力是生物科技產業;庫克在蘋果股東大會上向股東保證在醫療保健產業的積極度,藉著採取對消費者更友善的途徑,蘋果在該領域擁有「重要地位」;亞馬遜(Amazon)(AMZN-US)也跟摩根大通、波克夏等公司組成財團也考慮往保健藥品供應鏈推進。由此可知有重大計畫布局醫療保健產業的廠商,如雨後春筍強勢的一個個冒出頭,亦可看出產業商機及人類愈來愈重視養生。

3　香料,或名辛香料或香辛料,是一些乾的植物的種子、果實、根、樹皮做成的調味料的總稱,例如胡椒、丁香、肉桂等。它們主要是被用於為食物增加香味,而不是提供營養。用於香料的植物有的還可用於醫藥、宗教、化妝。

4　R. M. Gattefossé是「芳香療法」法文Aromatherapie這個詞彙的創造人,英文Aromatherapy是源自於此法文,是屬於自然醫學的範疇。

5　Calico是Google公司於2013年9月新成立的一間生物科技公司,主力研究對抗癌症、衰老相關疾病及延長壽命的科技。

　　芳香療法主要是利用純天然的植物精油，如高良薑[6]、艾草、薰衣草、茶樹、柑橘、檸檬等。以薰香、針灸、按摩、泡澡等方式應用於美容、娛樂、芬芳居家環境或治療上，讓精油的細小分子經由皮膚、嗅覺等進入人體，達到抗菌、消毒、撫慰情緒、提升免疫力。國內外已有研究證實，精油能幫助轉換情緒、促進細胞再生，當嗅覺神經把精油香味傳達到大腦下視丘時，會觸引一連串的生理反應進行新陳代謝，透過荷爾蒙的改變，抒解轉換情緒，美化心靈。芳香生命倫理養生之道試圖使用純天然植物精油萃取物之能量尋求影響、改變或調整身心靈的狀況，以及生理或心境，進而改善身體健康，讓生活多采多姿。

　　人在生病時，尤其到了不可逆轉藥石罔效的安寧階段，無論是家人或是

生薑　　　　　　　　艾草　　　　　　　　薰衣草

柑橘　　　　　　　　茶樹　　　　　　　　檸檬

資料來源：掃描《日本銷售第一的芳香療法聖經》，李佳諭攝影。

6　高良薑（學名Alpinia officinarum，英文名稱Galangal），別稱良薑、小良薑、蠻薑、風薑、膏良薑、膏涼薑、雷州高涼薑、佛手根、伙哈、賀哈及比目連理花等，為薑科山薑屬植物。本種以根莖入藥，中藥名為高良薑，藥用之名始載於《名醫別錄》，列為中品，味辛，性熱，歸脾、胃經，藥材主產於廣東、廣西。

病患，在精神與情緒上都受到無比的傷害與刺激，無法短時間平復與療癒，不難看出人間的愁苦。令人思考的是，除了接受醫院的治療外，可再給他們什麼？或是可再獲得更好的輔助醫療及精神上實質的感受？自從接觸芳香療法後，試著用天然精油幫助安寧病人放鬆情緒減輕疼痛，精油透過我的雙手輕撫擦拭在安寧病人的身上，可以看到病人的渴望與感動！最常使用在安寧療護的精油有：純正薰衣草、甜馬鬱蘭、檸檬香茅、歐薄荷、甜橙、茶樹及澳洲尤加利等，當然要注意產品來源使用須知與說明，再則注意精油使用劑量必須經過專業的芳療師調配與把關才能安心使用。薰香、手足指壓按摩熱敷或足浴，加入芳香精油按摩後發現，除可減輕疼痛、抗菌、消毒、撫慰情緒的療癒功效外，藉由香氣薰染患者可讓他感受到人性的溫暖，傳遞生命關懷與愛的能量，人類相互扶持關懷的方式之一，這就是生命教育最好的實踐。

三、芳香植物的神聖感與他界融通的應用

近年來將芳香植物的自然療癒功效運用在生物科技、醫療保健、美容保養等產業不勝枚舉，幾乎每一個專業項目都可以結合，當然在宗教靈性的照護也不例外，埃及人將芳香療法運用在祭典的獻禮、神聖儀式的薰香、慶典中舞者助興等，埃及多種古書及古廟石牆上記載著數種祭司們使用的植物及使用方法。我國應用較早的藥物是艾葉，焚燒熏燃艾草、菖蒲等香料植物來驅疫避穢，春秋戰國時期的《五十二病方》、東晉時期葛洪的《肘後備急方》等早期的醫藥著作中就有艾葉煙熏治病的記載。而一些文學史記類書籍中也有類似記載，如春秋時期的《莊子》中就有「越人熏之以艾」的記載，孔璠之《艾賦》中也有「奇艾急病，靡身挺煙」的記載。可見在當時民間已有用艾葉煙熏治療和預防疾病的習慣，而且這種習慣一直延續至今。盛唐時期有著各種宗教儀式應用焚香的儀式代表神靈的神聖感與他界融通，爐煙裊裊也象徵著祈願者的意念直達天聽。正信的宗教教育不僅是三皈五戒求平安求福德而已，以正信佛教來說，應透過智慧的「信」了解到如同文殊菩薩、

觀世音菩薩的智慧慈悲，並學習菩薩的精神，成為菩薩的行者，這樣的信才是正信，有了正信心中自然沒有汙染，沒有汙染的心，身體免疫能力自然能夠增強，免疫能力增強身體便有了自我療癒能力。修行養生結合芳香療法是使用來自於大自然植物精華——香料、精油與信念，現今各宗教團體皆沿襲古老儀式使用大量的香，只是鮮少有人加以探討香的品質來源與功效，今天談的是養生就必須關注香的品質，芳香度人生是從宗教的用香角度展現了這些植物和芳香精油神奇、持久、令人不可思議的物質能力與靈性的結合，激發出無限的可能與奇蹟，這神祕物質能量就是宗教神聖感與經驗，亦是所謂的古老的傳說。

四、芳香療法的應用與常用精油功效

「芳香療法」的意義是使用植物性的精油來改善或保持人類的身心健康與美麗，R. M. Gattefossé是「芳香療法」法文Aromatherapie這個詞彙的創造人，英文Aromatherapy是源自於此法文。精油為一種高度濃縮的物質，每一種精油均具有相當複雜的化學成分，每一種精油約含有50～500種不同的化學成分，這些成分各有其特性，不同的化學成分會賦予精油不同的特性與能量。許多有關芳香療法文獻記載顯示，古代人類已經開始普遍使用草藥和芳香植物，從史前時代開始就有關於使用芳香植物的資料保存，煙熏驅魔、食用藥用植物、藥草浸汁與煎劑。新石器時代：橄欖油、篦麻油、芝麻油的出現。西元前4000年：古蹟石版記錄蘇美人使用芳香植物。埃及芳香療法的歷史西元前3000年埃及人將植物運用於醫療、美容、木乃伊、宗教儀式。洋茴香、雪松、絲柏、大蒜，都是當時埃及人常用的藥用植物。埃及人習慣將芳香療法運用在生活上；祭典的獻禮、神聖儀式的薰香、慶典中舞者助興……從多種古書及古廟石牆上記載，數種祭司們使用的植物及使用方法，我們可以了解埃及人已將芳香植物廣泛的運用在藥材、化妝品，甚至是屍體的保存上。最有名的實例，西元3000年前，埃及豔后克麗奧佩德拉運用精油的神祕魅力，保養皮膚並使得全身充滿香氣，讓安東尼凱撒大帝也因為這樣，甘心

成為埃及豔后愛情的俘虜。在1922年「埃及圖坦卡門墓」被挖掘時，考古學家發現，埃及人使用了樹脂白松香、肉桂、乳香及雪松等，來防止屍體腐化。經過現今科學證實，迄今已超過三千年考驗的木乃伊，展現了這些植物和芳香精油神奇、持久、令人不可思議的抗菌防腐能力。中國芳香療法的歷史最早記載於西元前2800年《神農本草經》，西元前2650～2500年《黃帝內經》。西元1579年《本草綱目》（李時珍著作）中記載2000種草藥和20種精油的使用方法。近代芳香療法自1970年代開始，由於一些芳香療法書籍的出版，使得芳香療法更蓬勃發展。目前芳香療法的使用相當普遍，而世界各國政府及學院也陸續將芳香療法視為一門正式學科，很多私立的醫療診所、醫院、療養院等也使用芳香整體治療法來輔助人們恢復健康。

「醫食同源」其實在醫療保健的領域內常常會探討飲食與注重食安，懂得日常的保健與養成正確飲食習慣，對食材「求鮮」的習性可以從孔老夫子言行論中發現，《論語》[7]鄉黨第十之八：

> 食不厭精，膾不厭細。食饐而餲，魚餒而肉敗，不食。色惡，不食。臭惡，不食。失飪，不食。不時，不食。割不正，不食。不得其醬，不食。肉雖多，不使勝食氣。惟酒無量，不及亂。沽酒市脯不食。不撤薑[8]食。不多食。祭於公，不宿肉。祭肉不出三日。出三日，不食之矣。食不語，寢不言。雖疏食菜羹，瓜祭，必齊如也。

孔子的生命倫理養生之道哲學中可以看出其糧食盡量精，肉類盡量細緻新鮮。孔子極為講究飲食的精緻和衛生，《論語》鄉黨篇第十提出了許多飲食衛生的原則和鑑別食物的衛生標準。文中可以看出，孔子在其生命倫理與養生思想，是獨具匠心的。

7　《論語》是一本以記錄春秋時期思想家孔子言行為主的言論彙編，涉及多方面內容，自漢武帝「罷黜百家，獨尊儒術」之後，它被尊為「五經之輨轄，六藝之喉衿」，是研究孔子及儒家思想尤其是先秦儒家思想的一手資料。

8　薑（學名：Zingiber officinale），原產於東南亞熱帶地區植物，開有黃綠色花並有刺激性香味的根莖。根莖鮮品或乾品可以作為調味品。薑經過泡製作為中藥藥材之一，也可以沖泡為草本茶。薑汁亦可用來製成甜食，如薑糖、薑母茶等。

　　孔子的飲食習慣中觀察到他每餐都必會有薑入菜，但不多吃。期刊實驗也證實高良薑素透過減少組織胺對AD的發展具有抑制作用。高良薑素可能是天然補救劑，有效防止異位性皮膚炎，可用作有用的藥理劑或食品補充劑。生薑精油療法排毒抗壓，提神振奮，促進血液循環，改善膚質，能調整身體機能及情緒，催情及增加迷人的體香；沐浴後塗抹全身，讓溫暖的生薑氣息徐徐散發，全身感覺溫熱，再用溫水沖洗，能幫助身體排毒減壓，促進血液循環，讓肌膚紅潤健康；泡手和泡腳可改善手腳冰冷，體寒等問題；香薰洗髮、腦力保養可驅頭風，對改善偏頭痛、頭風，也可放鬆頭部神經，使人頭腦清晰，活化思緒，增進記憶力；全身按摩可活化全身精神組織，令全身發熱，驅風，治療感冒，舒解肌肉痠痛；腹部按摩上腹部可治療消化不良、腸胃脹氣、腸寒、胃寒等問題，下腹部可改善宮寒、不孕、月經不調、經痛等問題；香水調配後裝置於小掛瓶中，佩戴在身上，可隨時拿出來使用，芬芳的香氣不單給自己補充能量，還可使身心振奮，提升自身魅力。

五、自然醫學養生療法面臨的困境與發展

　　高科技雖帶給我們莫大的便利與享受，但卻也給我們帶來災害，近年來，生態危機讓地球上呈現出幾多殘酷的現狀，極端氣候、物種滅絕，環境嚴重汙染更是浩劫不斷，有群人找到與自然和諧相處的方式，也得到最鮮甜的食物與自然養生之道從天然芳香植物開始，用心愛地球並重視自然永續，對生活的全面反省一起來省思未來的方向，找出被人們漠視的古老經驗療法與宗教正信修行結合的可能性，甚至成為一門全新的正信療癒藝術，我們的眼睛看到藝術的東西，耳根聽到悅耳的音聲，乃至鼻根嗅到芳香的氣息，都能在身體中產生調和進而達到養生，以心靈的正信，芳香氣息的身體調和自然就能成就了正信度人生芳香善養生。藉由宣導新的芳香療法養生理念，結合芳香身心靈療癒照護、宗教生命關懷的方式與服務，帶動正信養生的創新與發展。植物萃取精油可藉由兩種途徑抵達大腦：一是嗅覺位於鼻子正上方的嗅球，其實屬於大腦的一部分，它是從邊緣系統延伸出來的。情緒、性

愛、記憶與學習的中樞，這些功能會受嗅覺的刺激，邊緣系統介於自主及不自主神經中樞之間，並連接左、右腦。精油透過嗅球，直接與邊緣系統接觸；二是血液循環：透過鼻腔上方的微血管、透過口腔及呼吸道的黏膜、經由陰道及肛門、消化系統、經由皮膚吸收。由此可知芳香分子傳導路徑與體感是相當複雜的反應，更是奇妙與自然界給的芳香魔力。

六、結語

　　透過自然療法來探討生命倫理，如「生命探索」、「自然體驗」、「食物養生」、「自然醫學」等，都是所謂自然療法的養生之道，但由於現代科技媒體發達能快速接觸廣大群眾，許多不正確的知識傳遞於社會大眾，保健在日常生活極為重要，但觀念的建立許多人還是由以訛傳訛所構成的，許多人使用錯誤的方式進行生活作息調養與醫療，反而沒達成效果又傷身，這時候生命倫理芳香療法養生課程的教育就是很重要的推手，芳療師需經過完整課程訓練藉由國際專業認證後才能為他人服務，也可以預防一般大眾對精油錯誤使用與認知。而中西生命倫理之養生特色在於古今中西之比較後，發現西醫無察覺的病症有時能夠藉由中醫的調理與正常作息後有所改變，西方多治病大於調理，和中醫採取和緩滋補有較大的差異，若能深入了解生命倫理與中西互補則對人類中西生命倫理學互補仍有發展的空間，其互補須藉二者之長，整體局部並重，如此才能為人類帶來福祉，運用植物所蘊含的能量與美感來跟生命教育的結合，進而達到身心靈覺醒，撫慰我們的心靈，啟發探索生命的靈感，實踐生命關懷重新找回生命價值與喜悅。

參考文獻

一、中文書目

三采文化（2003）。《精油芳療事典》。台北市：三采文化。

卓芷聿（2003）。《芳香療法全書》。台北市：商周出版。

卓芷聿（2006）。〈芳香療法的應用——聞香紓緩身心壓力〉。《安寧療護雜誌》，11（3），312-325。

林巧研（2007）。《美容、治病芳香精油DIY》。新北市：大吉。

施美惠（1987）。《實用芳香療法》。台北市：聯經出版公司。

蔡錦文（2015）。《調香手記：55種天然香料萃取實錄》。台北市：本事文化。

蔡錦文（2015）。《調香手記：55種天然劉淑女（2011）。《芳香療法》。台北市：群英文化。

鄧淼（2004）。《五行芳香自然療法》。台北市：諾亞森林。

鄧淼（2004）。《五行芳香療法(二)》。台北市：諾亞森林。

鄭百雅譯（2017）。珍妮佛・琳德（Jennifer P. Rhind）著。《成功調製芳香治療處方》。新北市：大樹林出版社。

譚鈜瀞、謝炘樺、譚媛霓（2017）。《芳香療法》。新北市：揚智文化。

Melissa Studio（2002）。《精油全書——芳香療法精油使用小百科》。台北市：商周出版。

Ruth von Braunschweig、溫佑君（2003）。《精油圖鑑》。台北市：商周出版。

二、論文期刊

鄒碧鑾（2010）。〈芳香療法課程介入對銀髮族自覺健康狀況影響之研究——以台中市南區社區照顧關懷據點銀髮族為例〉。朝陽科技大學碩士論文，台中。

何毓倫（2007）。〈薰衣草、茉莉、洋甘菊、檀香或佛手柑精油吸入性芳香療法對心率變異度的影響〉。南華大學自然醫學研究所未出版之碩士論文，嘉義。

林晴筠、杜明勳、薛光傑（2007）。〈芳香治療在臨床醫學的運用新知〉。*Primary Medical Care & Family Medicine*, 22(11), 408-413。

曾月霞（2005）。〈芳香療法於護理的應用〉。《護理雜誌》，52（4），11-15。

曾月霞、林岱樺、洪昭安（2005）。〈台中地區社區成人輔助療法使用現況〉。《中

山醫學雜誌》，16（1），59-68。

黃宜純、賴仁淙、劉波兒、譚蓉瑩（2006）。〈吸入性芳香療法改善慢性過敏性鼻炎門診病人症狀之初探〉。《美容科技學刊》，3（1）。

溫佑君（1999）。〈芳香療法與安寧照護〉。《安寧療護》，13，30-33。

林英哲、黃奕彰、劉文信（2009）。〈慢性疲勞症候群〉。《基層醫學》，24（2），66-70。

陳妍君（2003）。《探索通往心靈的消費——SPA》。台北：國立政治大學廣告研究所碩士論文。

Choi, J. K. and S.-H. Kim (2014). "Inhibitory effect of galangin on atopic dermatitis-like skin lesions." *Food And Chemical Toxicology: An International Journal Published For The British Industrial Biological Research Association, 68*, 135-141.

https://www.chinatimes.com/newspapers/20160821001397-260307

24

佛教生死觀的當代意義

康美玲

華梵大學東方人文思想研究所碩士生

摘　要

對大多數的人來說，說死亡都來得太早，儘管如此，並不表示永生不死就是好的。本研究旨在探究佛教對生死觀精神與內涵，以及現化人對死亡的了解及其意義儒釋道三家為中國古代思想的代表，他們對於生與死的界定其認知與佛教生死觀相同之處。從儒家孔子說：「未知生，焉知死？」教導人在生的時候要先處理好生的問題，才及於死的問題。莊子說：「生也死之徒，死也生之始，孰知其紀？人之生，氣之聚也。聚則為生，散則為死。若死生為徒，吾又何患。故萬物，一也。是其所美者為神奇，其所惡者為臭腐。臭腐復化為神奇，神奇復化為臭腐。故曰：『通天下一氣耳。』聖人故貴一。」《莊子·知北遊》：你為何而來？有人為生？有人為死？有人為生死？而來用在此時此地此刻此人，而不是臨終才面對，臨終已沒這個問題了。

關鍵詞：佛教、生死觀

一、前言

生死這件事每天都在上演著，但現代的人每天忙著工作忙著生活，我們根本沒注視到，死亡這件事，你有多常停下腳步來思考我們其實在地球上只待上一小段時間，然後就不存在這個世界了呢？大多數的人都跟以前的我一樣不喜歡思考死亡這件事情，因為死亡給人帶來恐懼。死亡為什麼會帶給人們帶來恐懼，根據原因找到因，因為死亡不是在經驗範疇內的，所以無法從經驗的本身去判斷思考，人們對於死亡很難理解會害怕是因為死亡在經驗以外，而死亡讓我們不存在會剝奪我們現在的存在，死亡如果到死的臨頭才碰觸死亡，死的問題就無法解決，因為來不及了。死亡如果只是一個事實，死亡是一問題，我們是否可知死的好不好安不安，打破死的禁忌才可以了悟生死。

二、佛教生死觀

　　佛教是專門研究生死問題的宗教，佛陀姓喬達摩，名悉達多，西元前六世紀頃出生於北印度，是今尼泊爾境內釋迦國太子，由於見到人生的真相及痛苦，於二十九歲毅然捨家修行，六年後於菩提樹下證得正覺，之後，人即稱之佛陀，是覺者的意思。覺是表示自己覺悟了真理，也教化世間人能夠覺悟，同時他的修行達到最完美的境界。他教導的修行方法及其衍生之宗教儀式則統稱為佛教。佛陀在出家前，在貴族時就看到並且觀察人的生老病死，常常在思考著人生，為何會有生、有死、有病到死，人生為何要這麼苦呢？如何才不苦？有什麼解決的方法？於是他為了要解決人生死的問題苦行於修行，他用降低欲望來看所有眾生，回歸於一切人的最根本來完成，自覺覺他覺行圓滿的心願。在各種宗教中最看重生死的莫過於佛教了，佛陀把生死當作人間最根本的問題，明朝憨山大師提到，「從上古人出家本為生死大事，即佛祖出世，亦特為開示此事而已，非於生死外別有佛法，非於佛法外別有生死」。

三、靈魂存在與否

　　靈魂存在理由如何？是根據經驗？或者是前世今生的經驗呢？這輩子是人下輩子是狗如果沒靈魂怎麼會變那樣呢？有哪些特殊的表現？佛陀說（相信某人說應該不會騙我）別無證據相信，那這種經驗是否可靠，相信可靠，不相信不可靠。有說法有根據及說法上述理由的分析反省，我們的經驗理由可不可靠，經驗強不強有無一萬，我們的經驗可否談為間接經驗，但無直接經驗來得可靠。今生經驗誤以為是上輩子的經驗，總結，我如何解釋靈魂在不存在。不存在理由是什麼呢？在我們經驗無法看到靈魂，所以靈魂不存在，以經驗為準則。所以試問我們，要如何證明一個不存在的東西，要如何確認我們有正當理由不相信靈魂存在與否。

　　有理由是一回事，理由並不是成立靈魂，並不是能夠說出理由就一定是真的不見得，有可能是假的、錯誤的，按一般經驗我們看不到靈魂所以不存在，依沒見過靈魂為無經驗為理由。假設，我們支持靈魂不存在，在知識上的義務，只是我們對於這種知識義務的界定必須要非常的謹慎。我們要如何為自己不相信靈魂存在的立場提供正當理由。首先，就是駁斥一切支持靈魂存在的論證。美國耶魯大學教授雪萊・卡根（Shelly Kagan）在《令人著迷的生與死》一書中認為靈魂的存在的觀點，只要是同一個靈魂，就仍然是我；如果是不同的靈魂，就不會是我。是根據個人同一性的靈魂理論，他假設上帝在睡夢中把他的靈魂取代成另一個靈魂，上帝把那個新靈魂連接在他的肉體上，然後為那個替代靈魂賦予了我所有的記憶、信念、渴望與意圖。假設上帝做了這些事情，而接下來會怎樣呢？如此一來，星期日的早晨就會有個人醒過來，說：「嘿，這真是個美好的一天。能在這一天活著，在這一天身為雪萊・卡根，在這一天工作，真是太美妙了。」而雪萊・卡根認為這似乎有個問題。他認為他被取代的靈魂是創造出來的，所以那個人並不是雪萊・卡根的靈魂，因為新的靈魂沒有多少過去的歷史。因為根據靈魂觀點，那個取代他靈魂的新靈魂必須要和雪萊・卡根有相同的靈魂，所以這個假設說明了那不是同一個靈魂。雪萊・卡根認為，根據靈魂觀點，個人同一性的關鍵有同一個靈魂。而沒辦法檢視靈魂，沒辦法看見自己的靈魂是不是同一個。所以，如果真的發生了這樣的事情，那麼在星期日早上醒來的那個人就不會是雪萊・卡根，不會是在上星期書寫哲學的那個人。不過，他根本無從知道這一點。雪萊・卡根又認為同一性關鍵所在的三項不同理論靈魂觀點、肉體觀點、人格觀點。哪一項理論才是正確的？由於不相信靈魂，因此不認為個人同一性的靈魂理論是正確的理論。認為就是必須在個人同一性的肉體理論與人格理論之間做選擇。兩者在現實生活中＝是不可分離的。在他的案例分析中同一肉體，就必須擁有同一個人格，反之亦然，如果靈魂和人格不同就非同一人，所以這兩項理論都會指出這個人是同一種人的關鍵在於人格的同一性，由此可知人格與肉體是不能分離。

　　科學關點死亡後靈魂不存在，人死了什麼都沒有，因為無證據可考，因為目前沒有，人去天堂走一遭回來人世間報告天堂一切，可以說明人死後靈

魂真正的存在，靈魂是有重量的為討論，物理學家費雪（Len Fisher）在《靈魂有多重？》一書中推測是因為斷氣後體溫突然下降，致使周遭空氣產生對流而影響了天平。而狗的皮毛與隔絕老鼠的密封燒杯都因為隔熱效果，所以沒有產生立即的影響。

　　以我對佛教的個人淺見人會來到這世上是因緣的結合，會投胎轉世到哪一家哪一戶會有怎樣的父母，會認識怎樣的朋友，會是貧窮還是富貴，今生會當總統決策國家大事，還是會成為音樂家寫出動人的弦律，都是因為因果輪迴業力的關係，俗話說「前世種什麼因，後世結什麼果」。以上為我個人對佛教人的定義由來，也相信人的存在說是肉體是受到六道輪迴的因果關係，因果輪迴是短暫的，都是有前因後果的關係下，也就是佛教說的業力牽連，你種下什麼因，就得什麼果，萬物皆是如此。比方說上輩子自殺在下輩子還是會自殺，因為自殺是一個逃避的行為，都是因為在有限的人生之下沒有妥善的解決人生的課題以致於不斷的輪迴自殺的因果。所以說，人生不易且行且珍惜，人生得來不易，今生為人，就要好好愛自己，一生太短，就要好好過生活，沒什麼比活著更重要。人活著一天，就是福氣。人生短短幾十年，不要給自己留下更多遺憾。日出東落，愁也一天，喜也一天；遇事不要鑽牛角尖，人也舒坦，心也舒坦。人如果順應自然是不是就可以不用受到輪迴之苦，六道裡頭下輩子不一定可以當人。依個人不喜歡人並不存人，肉體不存在，喜歡爺爺在身邊，這個年紀不想到，生病時，認同佛教，不知死亡存在著，軀殼可以換，靈魂是不可以被取代的，但是想要把這力量繼續存在著，大部分的人，事事無常，是不是應該隨時準備好死亡這件事，如果說生命是短暫的，是不是不要去爭論這些，而是好好過日子對現社會對人有貢獻，這樣有這些善因是不是可以有下輩子下一世可以遇見喜愛珍惜的人，可以用這種善念生生不息。

　　一休禪師自幼就很聰明。他的老師有一只非常寶貴的茶杯，是一件稀世之寶。一天，他無意中將它打破了，內心感到非常害怕。就在這時候，他聽到了老師的腳步聲，便連忙把打破的茶杯藏在背後。當老師走到面前時，他忽然開口問道：人為什麼一定要死呢？這是自然之事。老師答道，世間的一切，有生就有死。這時，一休拿出打破的茶杯接著說道：你的茶杯死期到

了！《佛教故事》由此可見一休和尚了解再怎麼珍貴的東西都會有消失不見的時候，更何況是生命，生命無比珍貴，珍惜生命，人生得來不易，好好珍惜，好好在這一生中，學習人生的課程，不要懵懵懂懂過一生。

中國文學受佛學影響，經常用一句話：人生如夢。不錯，人生是如夢，但是夢也是人生。我們在剎那之間做一個夢，有時幾十年的生活都反映在夢中。像有名的黃粱夢，是中國佛道兩家的名人呂純陽得道以前做的夢，他夢到自己考功名、中狀元、出將入相，四十年功名寶貴、家庭兒女樣樣圓滿，最後犯罪被殺頭，頭一砍醒了。醒後看到旁邊有個老頭在煮飯，飯還沒有熟呢！四十年中一頓飯還沒熟，形容人生的短暫。因此呂純陽想到這個就修道去了。實際上一個夢幾十年在一頓飯裡還太長，真正的夢再長沒有超過五分鐘的。有些夢從年輕夢到老，經歷很多事，其實沒有超過五分鐘。夢中的時間與現實生活的時間是相對的，證明一切時間都是唯心相對。人生如夢，夢也是人生。活到八十歲的人回頭看過去的八十年，仿佛昨日的事。我經常說走路可以看到人生，爬山走路看前面還有那麼遠，回頭看看走過的路，很短，人生就是這麼一回事。

生滅當中是有，但它不是永恆的存在，這個地方要細細地體會。念念是生滅，但是能夠使你的念頭發動、跳動的那個東西，它不生不滅。因此，我們曉得汝等觀是心，念念常生滅；如幻無所有，它本來是空的，而能得大報，為什麼最後要受大果報？不要認為念頭空，無所謂，想一想沒有關係。真正了解佛法的人，單獨一個人坐在房間，或坐在高山頂上四顧無人，一個念頭都不敢亂想亂動，一想，因果歷然。

在古老的觀念裡，生之可喜，死則可悲。當人之生也，弄璋弄瓦，皆在慶賀之內；一旦撒手人寰，即呼天喊地，萬分的感傷悲泣。其實，當人出生之時，就注定了死是必然的結果；所以人之生也，都要死亡，又有何可喜呢？當人之死也，如冬天去了，春天還會再來，死又有何悲呢？生死是一體的，不是兩個，生了要死，死了還會再生，所謂生生死死，死死生生，循環不已，生也不足為喜，死也不足為悲。反觀現代社會的發展，日新月異。在各項進步當中，有一項非常可喜、可貴的現象，那就是生死學，不但受到社會大眾的關心，甚至熱心研究。生死，這是人人都免不了的問題，然而過去

大家一直都忌諱而避開不談；不過到了現在，大都已能坦然地面對生死，而且不但不再逃避，反而有心來揭開生死的面紗。

　　人之死亡，如住久了的房子，一旦朽壞，就要拆除重建，才有新屋可住；當新居落成之時，這是可喜呢？還是可悲呢？一部舊的汽車，將要淘汰換新；當換一部新車之時，我們是歡喜呢？還是悲傷呢？老朽的身體像房屋喬遷，像破落的汽車汰舊更新，這是正常的過程，應該可喜，不是可悲！人之懼死，就是認為生可見，死是滅，所以滅之可悲也！其實，人之生命如杯水，茶杯跌壞了不可復原，水流到桌上、地下，可以用抹布擦拭，重新裝回茶杯裡。茶杯雖然不能復原，但生命之水卻一滴也不會少。人之身體，又如木材；木材燒火，一根接著一根，縱然木材不同，但是生命之火，仍會一直延續不斷。

四、死亡觀念在當代社會中的意義及影響

　　以佛教的觀點，生跟死是天注定，人生命長短是由個人的業力及因緣所形成。生老病死既由天注定，那安樂死屬於自殺行為。筆者當然不能體會患重疾病的痛苦跟恐懼，但個人所患的疾病都是個人所造成或是因業力帶來這一世。生病的苦病是因為業力，要引導每人去消除前世今生所種的業障，每個人因為生病才會了解生命有多重要，多脆弱且短暫，進一步去做一些對大眾社會有利之事，不去為小事或自我而活著。比如抽菸這件事，如果一個人長期抽菸，那結果很明顯是得到了肺癌或其他相關疾病，各人所造成的因，就要勇於面對自己造成的果，才能讓業障消除。如果以安樂死的方法提早結束生命，那下輩子可能會再做同樣的過錯，因為自殺是逃避的行為，簡單不負責任的行為。

　　修行本來就是是一件非常困難的事，自律是根本的條件之一，但現代人因為科技發達，各方面因科技的關係也快速成長，每人的腳步也隨著變快，大家的思想逐漸往自我的方向而生，比方說社會很多詐騙就是因為貪，每人都幻想在很短期內可以賺大錢，卻不知賺大錢的背後是要經過一翻努力奮鬥

長期的投資，才有可能開花結果。那麼為什麼有這麼多業障病，就好像現代人每人忙到沒時間煮飯，選擇方便的外食，方便又快速，餐飲業者也為了要滿足每人需求，添加加工食品，快速量產出來，而畜牧業為了供應問題，也加速雞、牛、鴨、羊等成長時間，這方便及快速致使現化人文明疾病隨之而來，這就是我們所造成的因。

佛教關於世界本質的看法、關於人的本質及人生現象本質及人生最後的看法，在很大程度上表現在其所謂的「空」的觀念之中。因此，信仰佛教，並非就沒有了生死問題，只是要人看破生死！生死是再自然不過的事，即使是佛陀，也要有緣佛出世，無緣佛入滅；來為眾生來，去為眾生去。人生世緣已了，隨著自然而去；重重無盡的未來，也會隨著因緣而來。能把生死看成是如如不二，生又有何喜？死又何足為悲呢？人對死亡很難理解，會感到害怕，死亡在經驗以外，死亡讓我們不存在，會剝奪了我們現在的存在，還是死亡後人可以存存，那麼存在不知道際遇會是如何？死亡到死臨頭才碰觸死亡，死的問題就無法解決，因為已來不及。如果死是一事實，死是一個問題，我們要如何知死的好與不好呢？我們要如何打破生死禁忌，才可以了悟生死，而佛學可有正面力量，暫時避開死亡的威脅。

參考文獻

勞思光（1993）。《中國哲學史》。台北市：三民書局。

湯用彤（1998）。《漢魏兩晉南北朝佛教史》。台北市：臺灣商務印書館。

牟宗三（1999）。《中國哲學十九講》。台北市：臺灣學生書局。

陳信宏譯（2015）。雪萊·卡根（Shelly Kagan）著。《令人著迷的生與死》。台北市：先覺出版社。

25

環保祭祀——以新竹地區之
釋教功德與西湖懷恩塔中元
慶讚實習服務為範例

張文玉

仁德醫護管理專科學校生命關懷事業科講師

2018
年綠色殯葬論壇學術研討會論文集

摘　要

　　中國的祭祀禮儀，充滿了情感的傳達，上求天神的護佑，或對祖先的崇拜，以至於對鬼的敬畏，都透過祭祀來傳達內心的祈求或敬畏之心。然而祈求者的心念，想藉著祭祀的裊裊香煙，傳達意念到每一個空間。

　　祭祀在民間信仰中占有重要的意義，因為它貫穿整個社會的生活脈絡，而祭祀活動伴隨著我們渡過了漫長的歷史，更給予傳統文化極深的影響。

　　在釋教喪祭科儀以及中元祭祖贊普中，為因應環保議題，而在祭祀時中而有所改變，主要對於被改變者心態上的接受度及行為上適應，以下記錄值為初步的觀察研究，實則可做更詳盡的探討，可在在往後的類似祭祀操作上，作為祭祀有所變動時的參考。

　　以環保祭祀為範例，希望在祭祀的過程中，能讓禮儀人員在從業當中做實質上的參考之依據，也希望未來的禮儀人員，能以己身落實環保做起，改變讓未來的祭祀環的境越來越好，還給大家一個舒適的祭拜空間。

關鍵詞：環保、釋教科儀、祭祀禮儀

一、新竹地區之釋教功德──科儀之流變

(一)釋教科儀之由來

　　新竹地區之釋教以龍華派為主，而龍華派起源於中國羅教，又多混合禪宗臨濟宗、淨土宗、道教等信仰，也吸納了儒家孝道傳承的說法。釋教又稱齋教，齋教係佛教臨濟宗的旁系，即所謂「在家佛教」，有龍華、金幢、先天三派。

　　齋是齋戒持戒之意，戒殺生，忌食葷，因之齋教又稱「菜教」。教義與佛教無異，所不同的，只是不出家、不穿僧衣、不剃髮，和一般俗人同營生業。其教徒曰「食菜人」，教徒互稱「菜友」，男稱齋公，女稱齋姑，平時

在齋期聚會叫做齋會。齋友間互相幫助，喪葬時即由齋友誦經不另請僧侶。

　　教徒在各地捐建齋堂俗稱「菜堂」，奉祀觀音、釋迦、三官大帝。此外，如龍華派祀阿彌陀、三寶佛、關帝，金幢派祀彌勒及自派的教祖等，祀祭略有不同。

　　在持戒上，以先天派最嚴，絕對忌食葷肉，因此先天派加入為齋友較不容易。金幢派則多道教思想，三派之中，龍華派成立於清朝時代。龍華派尤多俗世的色彩，持戒亦弛。「釋教」中，承襲在家佛教齋堂系統一脈思想，講究所謂的「龍華三寶」，「三寶」所指的是「佛、法、僧」，但齋法所謂的「僧」並非指出家眾，而是指齋法的執行人員，而「龍華會」的科儀執行人稱作「香花和尚」或稱「齋公」，雖名「和尚」卻過著世俗的生活，一如常人可以娶妻生子、茹葷[1]。

　　原來齋教為儒釋道三教合一之宗教，在本省菜堂的建立係以道光年間龍華派在台南設德善堂，崇禎年間金幢派在台南設慎德堂，咸豐年間先天派在安平設報恩堂為始。而齋友，以龍華派最多，金幢派次之，又龍華派分有多種分堂派。

(二)新竹地區釋教喪葬科儀——龍華派

　　龍華派的儀式可以分為例行祭儀、朔望供佛（農曆初一、十五日）、佛誕祭儀、「開光場」法會和做功德[2]。在龍華派的功德壇可看到佛教的色彩。其中作功德是指超拔亡魂的科儀，功德規模又分為：午夜功德、一朝功德、一朝宿啟、二朝、三朝等法事。

　　早期農業社會，當家中遭逢喪事時，以傳統法事做功德「作齋」，占了相當重要的喪葬儀節過程的一部分。做功德依時間長短大致分為三種：

1.午夜：現今一般人家中用，即下午兩點至晚上十點，現因《殯葬管理條例》的限制，通常到晚間九點結束。

2.一日夕：為空殼一朝，即早上九點前開始至晚上十點多結束。

---

[1]　鄭榮興（2004）。《台灣客家音樂》，頁174-178。台北市：晨星。

[2]　吳瀛濤（1998）。《台灣民俗》，頁40。台北市：眾文書局。

3.三日兩夜：為正一朝，即在出殯前兩日早上九點前開始，至出殯安靈
返家[3]。

壇前安奉一尊釋迦牟尼佛誕生時「一手指天，一手指地」特殊造型之佛
像，據釋教法師表示，之所以要安奉釋迦牟尼佛神像於科儀桌上，主要的目
的乃是為了鎮守壇場，以護佑拔渡法事能順利圓滿。

功德壇搭設的大小，差別在於所懸掛之捲軸掛圖數量不同，故呈現出來
的排場也有大小之異。

功德壇（張文玉攝）

目前新竹釋教功德，以午夜功德[4]法會居
多，都於下午二點左右開始到晚上九點前結束，
在功德開始之前，客家人會先行開羅、點主、成
服禮之後，在進行以下的功德科儀：設法壇、起
鼓、發表、請神、豎幡、安神、招魂、開懺、對
卷、放赦、獻敬、普施、還庫、過王、謝壇等，
如為男性往生則做「拜香山」女性往生則加上
「洗河崗」跟「打血盆」等科儀。

棺前成服（張文玉攝）

3　鄒正全（2015）。〈中華釋教——台灣客家午夜功德科儀之研究以苗栗頭份「廣福
壇」及新竹竹北「瑞全壇」為例〉，頁35。玄奘大學宗教學系碩士班碩士論文。

4　午夜功德：前日中午起鼓，午餐後正式作之，這是日子夜，故名午夜（徐福全〈台灣
民間傳統喪葬儀節研究〉）。現今新竹地區多已改為下午2點起鼓，到隔日11點左右結
束。

(三)新竹釋教喪葬科儀——洗河崗

客家婦女死後會在河邊進行洗河崗的儀式（張文玉攝）

在客家的釋教科儀中，比較特別的科儀，則是「洗河崗」。「洗河崗」是客語發音，是屬於女性亡者往生時所做的科儀，而這女性亡者是必須有生養過的婦女，在往生後由其後代子女，為亡者所做的赦罪科儀。

婦女往生時要做「洗河崗」的科儀，釋教科儀中的「洗河崗」或稱「拜江河」亦稱「酬謝水神」，所指的是同一種科儀，是指婦人經血或坐月子時的汗血汙染了河水，為此而做的赦罪科儀。

在早期的時代背景中，不如現在取得水源便利，因此會到河邊洗滌婦女坐月子時沾染汙穢之血的衣褲，因此汙染了河水，然而在客家人的信仰中，認為河水有河神[5]的存在，因此便冒犯了河神，而犯了無心之過，故此在婦女往生時，子女須在河邊透過科儀的祈求，請求河神原諒赦免母親生前的無心之過，儀式的最後則會在河邊焚燒金紙，以答謝水神的赦免。

5　《中國古代祭祀》一書中寫道，道教產生後創造出河伯、河精等兩個形象，河伯是油淹死者得道成仙，《淮南子‧齊俗訓》馮夷，是河伯。他是華陰潼鄉堤首里人，服用八石，得道成為水仙。

　　劉曄原、鄭慧堅（1998）。《中國古代祭祀》，頁85。台北市：臺灣商務印書館。

在新竹地區，如果在宅治喪，有一部分較為傳統的師父，會堅持科儀進行的場地，則請孝眷到鄰近的河邊做「洗河崗」的科儀，最後科儀完成時在，會河邊焚燒金紙以答謝河神，但燒後所剩下的灰燼，卻會造成環境與河川的汙染。

但新竹「瑞全壇」則在「酬謝水神」的科儀中，有另一種做法，則是在喪宅中恭請水府扶桑丹霞大帝蒞臨，請求水神赦免其罪，在恭讀疏文哀求寬恕，最後化金銀財寶酬謝[6]。喪家會準備一桶水，作為象徵性的河水，在科儀完成後，再將水桶的水倒入長流水（指流動的河水）中。

在環保的議題中，除金紙燃燒所產生的空汙問題之外，河川汙染也是極需重視的問題，一個相同形式的科儀，當改變做法後，所得到的後續效應卻不同，當衝突出現時，傳統與現代或許有時難以取捨，但只要給家屬一個適度與合理化的引導，衝突的情形是可以化解的，為了使空氣汙染跟水源汙染能獲得改善，是需用積極的態度來重視，而嘗試改變也是為了更好的未來。

(四)科儀中的流變

在訪談新竹幾位的釋教師父中，說到：「在提倡環保的現代社會中，會因為地點的不同，而做替代性的做法，但前提是釋教科儀儀軌是不可更改的，就如在宅治喪與殯儀館治喪，在兩種不同的地點，就會有不同的做法，在宅治喪會遵循較為傳統的做法，在殯儀館當然會有許多替代性的抉擇。

客家人是重視傳承的族群，所以不管婚喪喜慶，皆有一套固有的處理方式，以一代傳一代的做法傳承下去，就以喪禮的處理方式來解析，在科儀功德中不乏許多對自然的崇拜，例如：敬天、敬地、敬鬼神，所以會在喪禮中有行喪祭三獻禮[7]的禮儀；而對河水的崇敬則認為河水有河神的存在，因而有祭河神的科儀，所以如此一個傳統的族群，當在面對傳統與現代的衝突時，還是需要演繹出一套，可以詮釋與替代原有傳統的方法。

---

[6] 同註3，頁86-87。

[7] 客家喪祭三獻禮為告天、告祖、告靈，一般在家奠禮之前舉行，由通、引贊引導完成。

(五)結論

　　傳統的客家族群，如果在宅治喪時許多觀念比較傳統，因為宗親的參與，所以比較守舊，而對科儀也不會做太多的更改。但如果是在殯儀館治喪，可就有所不同了，礙於場地的限制，在流程中有許多事項必須簡化。首先是科儀進行時的音量需降低分貝，二則科儀的時間會緊湊進行，並壓縮中間串場的時間，提早完成功德科儀，三則燃燒金紙的數量減少，最後是繳庫的部分，燃燒大型紙紮，大量的庫錢，此時才是空汙產生最大量的時候。

　　以前傳統的紙紮較為大型，在還未提倡環保時還是可以燃燒，但後來許多殯儀館為了控管燃燒大型紙紮，而將燃燒金紙的爐口變小，現代的紙紮則會配合爐口的大小，做得精緻小巧較好燃燒處理，雖然最後還是免不了產生空汙，但是以前燃燒大型紙紮所產生的空汙，跟現在相比確實減少許多燃燒時廢氣的產生。由此可知許多事項的推動，除了法規的強制執行外，家屬在觀念上的改變是需要有所引導的。

　　環保不只是口號，很多觀念需要落實，禮儀人員從工作中做起，很多家屬對禮儀人員所給予的建議大部分會採納，而落實環保觀念的推行，只要循序漸進的改變，相信未來會有更多不同改變。

二、中元慶讚——以西湖懷恩塔實習之範例

(一)中元祭祀之由來

　　《論語學而》：「曾子曰：『慎終追遠，民德歸厚矣。』」儒家禮儀中主要部分，莫重于祭，是以事神致福。祭祀對象分為三類：天神、地祇、人神。天神稱祀，地祇稱祭，宗廟稱享。古代中國「神不歆非類，民不祀非族」，祭祀有嚴格等級。天神地祇由天子祭。諸侯大夫祭山川。士庶只能祭己祖先和灶神。是以清明節、端午節、重陽節則為庶民所重視之祭祖日。

　　「祭祀」意為敬神、求神和祭拜祖先。從原始時代開始，人們認為人縱使已經死亡，但是靈魂是不滅的。只是去另一個世界，但人類對於死亡與靈

魂的存在仍抱著一種未知的恐懼心態。於是藉由儀式舉行來過渡亡靈與祭祀祈福來安定人心，以達到趨吉避凶的目的，祭祀祖先便是由這樣的靈魂觀念所衍生而來的。

自父系氏族社會奠定之後，於是有了宗法制度的產生，因此子孫之間血統相承，使人們與祖先神靈的關係更密接，因此，祖先的祭祀便占據了重要的地位。而今「祭祖」已納入了社會倫理的範疇，主要是表現感恩報德，孝道盡心的精神[8]。

中國的三大祭祖節日為清明節、中元節跟重陽節，清明前後的掃墓活動常成為社會全體親身參與的事。每當清明節時，以台灣當今之社會型態，還是相當重視祭祖與掃墓，而苗栗的客家族群則在元宵節過後的第二天，一直到清明節為止，都有人掃墓，掃墓時常見許多全家扶老攜幼一起出遊掃墓，有些大家族甚至有上百人到同一家族墓祭拜，可看到一個家族的子孫綿延、開枝散葉的情景，每年家族成員利用清明節掃墓的機會彼此聯絡情感，也以實際行動確實做到「慎終追遠」之精神。

接著中元祭也是台灣重要民俗節慶，源起於兩個信仰系統的宗教儀式，道教稱之為中元節，佛教則為盂蘭盆節。道教說法，農曆七月十五為地官壽誕，掌管地獄的地官起慈悲心，釋放獄中眾鬼囚，從七月初一起重返人間享受一個月的香火、施食，以激起其向道之心，經由祭典與道士作法的過程，信徒協助地官，超渡亡魂餓鬼，使他們得以早日解脫，避免在人間作祟，因此道士都在這一天誦經、作法、事以三牲五果普渡十方孤魂野鬼，其間並顯示出道教對於地獄亡魂的觀念。相傳這天是祖先歸家的日子，因此家家戶戶各具金紙祭品祀之[9]。

佛陀弟子目連尊者，為解救亡母墜入鬼道，在農曆七月十五日作盂蘭盆，具五果供養眾鬼，使其母脫離地獄之苦，所以佛教又稱這一天為「盂蘭盆節」。信徒咸信七月十五日是眾僧閉關悟道的圓滿之期，如果在這一天布施十方大德，可增福百倍，從此中元節普施的習俗便廣為流傳，而形成了目

8　王貴民（1993）。《中國禮俗史》，頁94。台北市：文津出版。

9　鐘義明（1992）。《台灣的文采與泥香》，頁275。台北市：武陵出版。

前這個蘊涵了中國人的包容、博愛以及孝道精神的節日。在傳統的習俗中，農曆七月俗稱「鬼月」，也就是陰間裡所有無人祭祀的孤魂野鬼，全被放出來覓食，從七月一日到七月三十日，鬼門關閉才重返陰間。

中元節的名稱，起源於北魏時期，當時因佛教盛行，「盂蘭盆會」一度為重要盛會，由此演變出「中元節」的祭祀節慶。因為時值收穫的季節，需要象徵性地用新收成的稻穀祭祀祖廟，表達對祖先的敬意，這樣的習俗留傳至今。

古時相傳，農曆七月是「鬼月」，所有的無祀鬼魂均到人世享受人間煙火，各農家均有「普渡」的儀式，大小廟宇前豎立高達數丈的「燈篙」，且在河上「放水燈」，通告路上水中孤魂連袂赴宴，另外還有搭設「孤棚」，並有「搶孤」的活動，據說首先登上孤棚搶到供品者，終年會獲得好運[10]。

祭祀得實質力量來源於感情，當一種行為成為一種習俗時，就產生約束力。祭祖行為也是如此，習俗形成後，從眾的心理和行為形成了模式，不祭祖反而成為不孝的行為，人的情感表達有了固定的表達方式，且表達的方式蓋過了情感的需求，成為例行的公事，而祭祀則成為一種「規則」，為千家萬戶所共同遵守[11]。

(二)中元慶讚──生關科實習範例

苗栗縣西湖鄉的懷恩塔，也在中元節時舉行盛大的中元法會西湖鄉首座納骨塔懷恩塔民國87年啟用，迄今每年都可從收益中提撥600萬元挹注鄉庫，納入年度預算作為地方基層建設使用，堪稱西湖鄉的「金雞母」，不但創造財源，也成為鄉民及鄰近鄉鎮居民安厝先人的好地點西湖鄉人口不足萬人，鄉公所每年自有財源僅數百萬元，當年懷恩塔興建時有省府及內政部補助，啟用後創造穩定收益。

107年18、19日舉行中元節法會，兩天的時間湧進三千多位客家鄉親，

10　洪進鋒（1990）。《台灣民俗之旅》，頁38。台北市：武陵出版。

11　劉曄原、鄭慧堅（1998）。《中國古代祭祀》，頁160-161。台北市：臺灣商務印書館。

前來祭祀先人，重視祭祀祖先的客家鄉親，在這兩天很多是家族相約一起來為先人上香。

早期在中元節時舉辦普渡法會，鄉親並不熱絡，前鄉長何木炎說：「第一次舉辦法會時，當時只有六十幾位民眾報名，超薦先人的費用每名500元，當時所收的報名費還不夠支付師父誦經的功德費，後來逐年增加，到今年報名已增加至三千多名，如以500元報名費計算，總共約一百五十萬的收入，著實為西湖鄉公所帶來一筆可觀的收入，懷恩塔堪稱西湖鄉的金雞母。」

從前兩年開始，參加普渡法會的鄉親倍增，西湖鄉公所的職員在這兩天全部待命取消休假，就為因應一年一度的普渡盛會，由於湧進大量的本鄉與出外工作的客家鄉親前來祭祖，鄉親在祭祀時，因為無人服務點香，於是大家還是習慣性點燃大把的香，以致造成整個懷恩塔整個環境的空氣嚴重汙染，讓祭拜的鄉親與工作人員都苦不堪言。

有了之前的經驗，今年在代理鄉長楊秀霞女士的帶領下，楊鄉長希望今年在祭祀時，提倡環保觀念，先從減爐減香，並且將金紙集中管理著手，而金紙則由清潔隊送往竹南集中燃燒，以減低納骨堂塔祭拜空間的空汙，讓鄉親有一個較舒適的祭祀空間。

由於每年懷恩塔的中元普渡時，仁德生關科在職專班的同學們，會在這兩天以輪流的方式來服務西湖的鄉親，而這次應鄉長要求，希望我們的同學們，能予以協助，希望從燃香的源頭加以控管，鄉親以手中未點的香，換已點燃的香並以一人三炷香為控管，達到燃香數量的管制。

以往懷恩塔中元普渡時，祭祀時需用到八、九炷的香，而今年則控管給民眾三炷香，後續的祭拜動作，則由仁德生關科的同學們，用解說的方式，引導鄉親們順利完成祭拜的整個流程。

祭拜流程如下：點香（用以香換香的方式，控管燃香的數量）→地藏王大殿祭拜（由同學在動線上指引鄉親入殿祭拜，並起鄉親插一炷香於地藏殿的主爐中）→土地公祭拜（由地藏殿轉向旁側的土地公祭拜，並將第二炷香插入土地公爐中）→各姓氏祖先、無主孤魂、嬰靈等等祭拜（以上共用一個香爐，最後一炷香則由同學收齊集中插入爐中）。

　　以上中元慶讚的祭祀流程，在仁德生關科同學們辛苦協助下，圓滿成功並達到減少空汙的目的，在法會結束後，西湖鄉長楊秀霞女士致電，感謝同學們服務的辛苦，更讚嘆仁德生關科的同學們，在禮儀服務的品質是值得肯定與嘉許。

　　在近年來高雄、台南縣市對環保祭祀漸漸在推動中，以「以功代金」的方法倡導減少金紙的燃燒，所謂「以功代金」是希望民眾將購買金紙的預算，捐給需要幫助得弱勢團體，將做公益的功德迴向給先人，如此既可減少空氣汙染，又可幫助需要幫助的人，尤其是在大型祭祀時，如果可以加以推倡，才是真正為子孫謀福。

(三)祭祀動線

　　祭祀動線如下：

第一站：點香、控制分香數量（同學們輪流服務）。
第二站：祭拜路線引導。
第三站：地藏殿祭拜（引導祭拜並將金、銀紙集中管理）。
第四站：土地公（引導祭拜並將金紙集中）。
第五站：引導祭拜並集香。

由仁德同學輪流點香服務（張文玉攝）

由仁德同學引導進入地藏殿祭拜
（張文玉攝）

由仁德同學解説祭拜流程（張文玉攝）

地藏殿金紙集中管理（張文玉攝）

由地藏殿引導至土地公祭拜（張文玉攝）

環保祭祀——以新竹地區之釋教功德與西湖懷恩塔中元慶讚實習服務為範例

集中金紙管理（張文玉攝）　　　引導進入最後一個祭拜流程（張文玉攝）

最後一站集中收香（張文玉攝）

(四)結論

慎終追遠的精神，尤以祭祀先人為重，在客家族群裡極受重視，在此次西湖鄉中原贊普祭祀的過程中，兩天來湧進大量的客家鄉親來到西湖的懷恩塔祭祀先人，為了給鄉親們一個較為舒適的祭祀空間，環保減香與金紙集中管理是必須實施，而落實環保這也是未來必然的趨勢，然而在此次的服務的過程中，深刻的學習並體會到，只要做到適當的引導，讓鄉親們有條理地完成整個祭拜的流程，且鄉親也在祭拜流程中感受到今年落實環保減香，確實比往年在祭拜所產生的煙霧減少很多，並透過仁德同學們的解說與引導，鄉親們所表現的態度是不排斥且樂於配合的。

在學校培養禮儀師時，不僅要求禮儀師的涵養面，禮儀師不僅是道德操守的培養，對於社會環境的淨化，更須負起一份責任。因為禮儀師的工作與各種祭祀禮儀的規劃息息相關，尤其在治喪的流程中燃燒香與金銀紙、紙紮等等都是不可避免的，所以相信禮儀師只要用心去落實，協助大家減少燃燒廢氣的排放，減低環境的空氣汙染源，大家為環保盡一份心力，讓祭祀環境的空間更加淨化。

參考文獻

鄭榮興（2004）。《台灣傳統客家音樂》。台中市：晨星。

吳瀛濤（2010）。《台灣民俗》。台北市：眾文書局。

鄒正全（2015）。〈中華釋教——台灣客家午夜功德科儀之研究以苗栗頭份「廣福壇」及新竹竹北「瑞全壇」為例〉。玄奘大學宗教學系碩士班論文。

徐福全（2008）。〈台灣民間傳統喪葬儀節研究〉。

劉曄原、鄭慧堅（1998）。《中國古代祭祀》。台北市：臺灣商務印書館。

王貴民（1993）。《中國禮俗史》。台北市：文津出版。

鐘義明（1992）。《台灣的文采與泥香》。台北市：武陵出版。

洪進鋒（1990）。《台灣民俗之旅》。台北市：武陵出版。

生命關懷事業叢書

2018 年綠色殯葬論壇學術研討會論文集

主　　編／王慧芬
作　　者／王治國、王琛發、郭慧娟、趙志國、邱達能、盧　軍、
　　　　　胡立中、潘衛良、馮月忠、楊盈璋、陳伯瑋、曾煥棠、
　　　　　黃棟銘、張秀菊、郭燦輝、李慧仁、郭宇銨、王清華、
　　　　　黃玉鈴、何冠妤、徐廷華、詹坤金、涂進財、黃勇融、
　　　　　楊雅玲、魏君曲、張孟桃、鄧明宇、英俊宏、顏鴻昌、
　　　　　李佳諭、康美玲、張文玉
出 版 者／揚智文化事業股份有限公司
發 行 人／葉忠賢
總 編 輯／閻富萍
特約執編／鄭美珠
地　　址／新北市深坑區北深路三段 258 號 8 樓
電　　話／02-8662-6826
傳　　真／02-2664-7633
網　　址／http://www.ycrc.com.tw
 E-mail ／service@ycrc.com.tw
 I S B N ／978-986-298-325-6
初版一刷／2019 年 6 月
定　　價／新台幣 550 元

國家圖書館出版品預行編目（CIP）資料

綠色殯葬論壇學術研討會論文集. 2018 年 /
王治國等著；王慧芬主編. -- 初版. -- 新
北市：揚智文化, 2019.06
面；　公分.--（生命關懷事業叢書）

ISBN　978-986-298-325-6（平裝）

1.殯葬業　2.喪禮　3.文集

489.6607　　　　　　　　　　108009129